国家出版基金项目
NATIONAL PUBLICATION FOUNDATION

中国煤矿建井技术与管理

# 非矿山地下工程冻结法施工技术

主编 张 勇 岳丰田 王存举 齐 鹏

中国矿业大学出版社
·徐州·

## 内 容 提 要

本书是国家出版基金项目“中国煤矿建井技术与管理”丛书之一，系统总结了近年来冻结法的研究成果和应用技术，详细介绍了冻结法在非矿山领域的设计和施工技术以及相关的试验方法和信息化施工技术。本书可供非矿山地下工程建设、设计、施工、监理和管理人员以及相关专业院校师生和科研人员参考。

**图书在版编目(CIP)数据**

非矿山地下工程冻结法施工技术 / 张勇等主编. —徐州：中国矿业大学出版社，2023.8

(中国煤矿建井技术与管理)

ISBN 978-7-5646-4917-3

Ⅰ. ①非… Ⅱ. ①张… Ⅲ. ①地下工程—冻结法施工—研究 Ⅳ. ①TU94

中国版本图书馆 CIP 数据核字(2020)第 268844 号

**书　　名**　非矿山地下工程冻结法施工技术
**主　　编**　张　勇　岳丰田　王存举　齐　鹏
**责任编辑**　史凤萍　吴学兵
**出版发行**　中国矿业大学出版社有限责任公司
（江苏省徐州市解放南路　邮编 221008）
**营销热线**　(0516)83885370　83884103
**出版服务**　(0516)83995789　83884920
**网　　址**　http://www.cumtp.com　**E-mail**:cumtpvip@cumtp.com
**印　　刷**　江苏苏中印刷有限公司
**开　　本**　787 mm×1092 mm　1/16　**印张** 15.25　**字数** 390 千字
**版次印次**　2023 年 8 月第 1 版　2023 年 8 月第 1 次印刷
**定　　价**　200.00 元

# 前　言

近年来，矿山工程建设领域新技术、新设备不断涌现，施工技术标准和规范化水平不断提高，原有的一些技术、设备逐步被更新与淘汰；另外，我国深井建设一直处于世界领先水平，取得了一大批具有自主知识产权的重大成果。为了适应这种变化，并推广近年来在矿井建设实践中形成、积累和完善的经验，向施工人员提供实用、可靠、先进的技术资料，中国矿业大学出版社组织相关高校和大型矿山施工企业，对建井技术与管理经验进行了全面的总结与梳理，编纂了包括《非矿山地下工程冻结法施工技术》分册在内的“中国煤矿建井技术与管理”丛书。

随着轨道交通和基础建设的高速发展，城市地下空间开发规模的逐渐扩大，建设中面临的地质环境越来越复杂，工程施工难度也越来越大，对地下施工技术的要求也越来越高。

我国城市地下工程常采用注浆、深层搅拌桩、地下连续墙等加固方法。冻结法作为一种软弱土体加固的工法自 20 世纪中叶在我国开始应用，从 20 世纪 90 年代以来在我国隧道、地铁和建筑基础等领域中得到不断应用和发展。与其他方法相比，冻结法具有如下特点：

(1) 冻结法适应复杂的地质条件，冻土强度高，阻水效果好。

(2) 冻结法施工灵活，形式多样。冻结加固体形状可根据需要灵活设计，既可形成圆柱形加固体，又可形成棚拱形加固体；冻结范围大至整个街区，小至局部抢险工程。

(3) 冻结加固均匀、完整。注浆法和深层搅拌桩，只是对土体局部加固，加固范围不易控制，加固体强度不均匀，而冻结技术可以把设计的土体全部冻成冻土，冻结加固体均匀，整体性好，可形成城市地下工程帷幕。

(4) 冻结法施工不对大气和地下水产生污染，作为一种绿色施工方法，符合当今环境岩土发展趋势。

本书基于多年来冻结法在轨道和市政工程等领域中的研究和应用，全面论述了冻结法在非矿山领域的设计和施工技术以及相关的试验方法和信息化施工监测技术。

本书的特点是：

(1) 内容新颖、全面系统、言简意赅。

(2) 全书取材于工程实践,结合实际开展理论研究,注重实用价值。

(3) 模拟试验和理论分析为工程实践提供理论依据,促进了相关理论的发展。

(4) 对信息化施工监测技术的内容叙述详细,为同类工程使用提供了借鉴。

(5) 通过大量案例的介绍,为冻结法的应用和推广及类似工程的借鉴提供了参考。

本书的出版对我国当前的冻结法在非矿山领域的应用具有较高的指导意义和促进作用。书中所介绍的成果大多已应用于工程设计和工程实践,为经济建设发挥了一定作用。科学是不断进步的,技术是不断发展的,认识是逐渐深入的,学术水平是逐步提高的。非矿山领域的冻结还会面临新的课题,还存在很多未知的问题,目前的认识和研究水平有待进一步深化、提高和发展。

衷心感谢沈阳极地冻结工程有限公司、上海隧道工程股份有限公司、北京中煤矿山工程有限公司、中煤科工集团南京设计研究院有限公司的领导和专家长期以来给予的支持。

由于编者水平所限,书中难免有疏漏欠妥或错误之处,恳请有关专家和广大读者不吝批评指正。

**作　者**

2023 年 4 月

# 目　录

# 第一章 绪　　论

## 第一节 概　　况

### 一、概述

地层冻结技术，简称冻结法，是从冻结凿井技术发展起来的，它是利用人工制冷技术将含水地层中拟施工的结构（包括地铁联络通道、洞门等）周围地层中的水暂时冻结，以提高地层的承载能力与封水性能来保护结构施工安全的一项特殊施工技术。人工地层冻结技术中常用的制冷技术分为两大类：机械压缩制冷（用氨或氟利昂作为制冷剂）与制冷剂（液氮或干冰）直接蒸发制冷。人工地层冻结技术原理示意图见图 1-1～图 1-3。

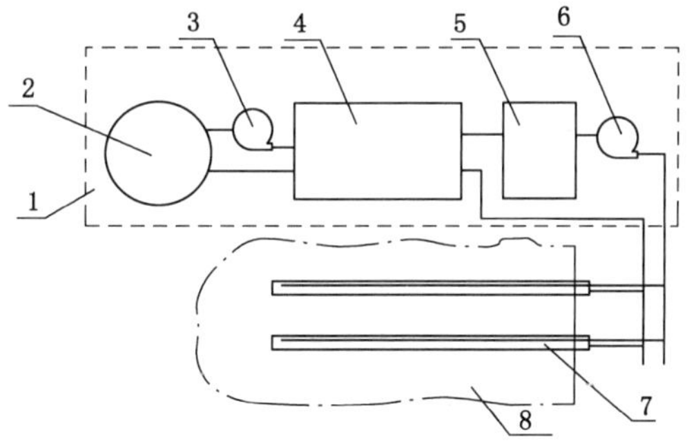


1—冻结站；2—冷却塔；3—清水泵；4—冷冻机；5—盐水箱；6—盐水泵；7—冻结器；8—冻结地层。

图 1-1　市政工程盐水地层冻结系统示意图

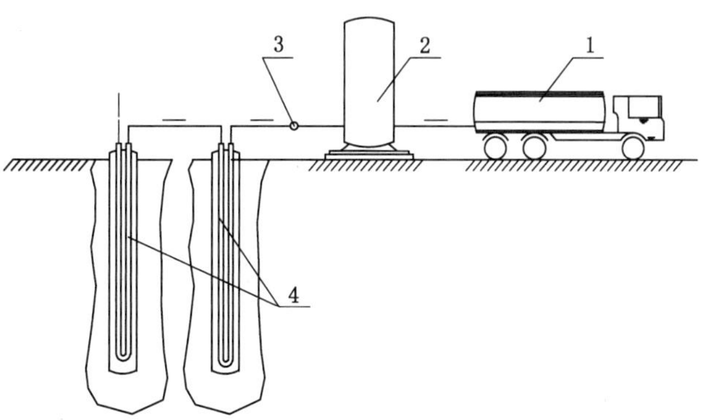


1—液氮车；2—贮罐；3—串联冻结器首管；4—串联冻结器尾管。

图 1-2　液氮地层冻结系统示意图

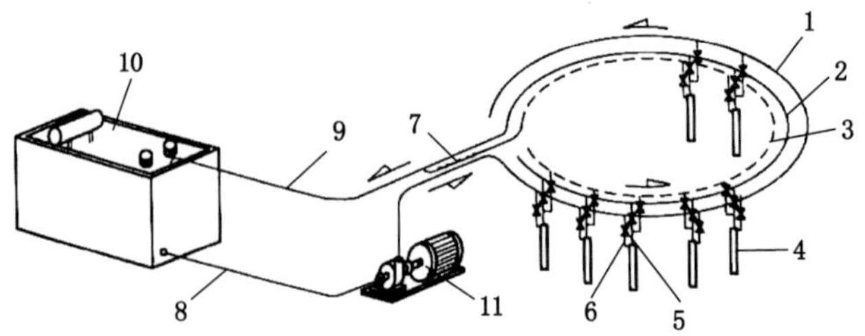


1—配液圈;2—集液圈;3—流量检测管;4—冻结管;5—供液管;6—回液管;7—流量计;8—去路干管;9—回路干管;10—蒸发器;11—盐水泵。

图 1-3　立井冻结盐水循环系统示意图

利用机械压缩制冷系统实施人工地层冻结时,冻结系统按功能分主要由两大部分组成:① 地面的冻结站以及地层冻结盐水的收集、分配系统;② 地下的地层冻结系统。地面冻结站由冷冻机、撬块蒸发器(或立式蒸发器)、蒸发式冷凝器、盐水箱、清水箱、盐水泵和清水泵等设备组成,负责冻结制冷工作。地层冻结盐水的收集、分配系统主要包括:去、回路盐水干管、集配液圈(管)(负责分配低温盐水与回收工作),以及冻结器地面部分的集、配液头。地下的地层冻结系统由冻结器、测温管与水位观测管等组成。冻结器负责吸收地层中的热量,在拟建结构周围形成冻结壁并使冻结壁具有隔水与承载的能力,保证冻结壁满足保护结构施工安全的需要。测温管与水位观测管监测冻结壁发展、冻结壁交圈与冻结壁承载能力情况,提供计算冻结壁平均温度的有效数据等。

冻结制冷系统按内部循环可分三大系统:制冷剂(氨、氟利昂)循环系统、载冷剂(氯化钙、盐水)循环系统和冷却水循环系统。

## 二、冻结法的优缺点与适用条件

冻结法作为地层加固与封水的技术手段,在地层加固施工中占有重要地位,甚至被称为地层处理的最后手段。任何一种技术手段都有其优缺点与适用条件,地层冻结技术也不例外。

冻结法的优点:

① 安全性好。冻土强度高(−10 ℃时冻土的瞬时抗压强度从几十兆帕到上百兆帕),基本可以满足一般岩土工程施工需要;封水性能良好,冻结壁均匀、可靠,容易检验。

② 应用面广。只要是含水(不管含水率大小、是否承压)土层(不管土层颗粒大小)或岩层,大部分均可用冻结法进行施工。

③ 可控性好。只要冻结设计科学、合理,冻结施工的质量、工期、投资均可控制在一定范围之内。

④ 不污染地层。冻结法施工只改变地层的物理性质,不改变地层的化学性质,是一种绿色施工方法。

⑤ 地层加固的最后手段。在其他加固地层方法都无效的情况下,冻结法会提供最后的可能。

冻结法的缺点:

① 当地下水流动速度过大(≥5 m/d)时,需要采取相应措施应对,否则冻结壁不能正常

按期交圈。有文献报道，冻结施工中遇到的最大地下水流速为 72 m/d，经过处理冻结施工成功完成。

② 含盐量大的地层由于结冰温度低，不易冻结。

③ 黏性土地层冻结施工时会产生冻胀、融沉，这种特性对后续的结构施工与环境会产生不利影响，甚至破坏性影响。

④ 一般冻结施工需要的装机容量大、耗电多，特别不适合电力紧张的地区，大量的耗电提高了施工成本。

⑤ 高温、高湿地区的机械制冷效率较低，在这些地区不利于机械压缩制冷的冻结施工。

冻结法适用地层条件及作用见表 1-1。

**表 1-1 冻结法适用地层条件及作用**

<table>
<tr><th>序号</th><th colspan="2">地层</th><th>地层描述</th><th>作用</th></tr>
<tr><td>1</td><td colspan="2">含水土层</td><td>冻结施工的含水土层包括常见的我国东部大部分地区的表土层，以及西部的风积层和市政建设中常见的淤泥层等多种土层，只要是含水土层，均可用冻结法进行加固与施工</td><td>封水，提高土层承载力</td></tr>
<tr><td>2</td><td rowspan="2">含水岩层</td><td>风化带及软岩</td><td>风化带一般位于土层与岩层之间，分为强风化带、弱风化带和微风化带。软岩一般指成岩年代比较晚（比如白垩系与侏罗系）、岩石强度比较低（饱和抗压强度＜30 MPa）、遇水软化、遇空气风化的岩石。这类含水软岩大多为孔隙性含水，各种注浆（化学浆材、超细水泥、水玻璃注浆）堵水效果很差，无法满足施工要求</td><td>风化带虽由岩石组成，但由于自然的风化作用，其很多性质接近土层，在冻结施工时应按土层考虑。冻结法用于软岩地层施工的主要作用是堵水，视岩石自然强度及在自然状态下的自稳情况，适当提高设计冻结壁的强度</td></tr>
<tr><td>3</td><td>硬岩</td><td>岩石强度高（饱和抗压强度≥30 MPa），整体性较好，基本稳定</td><td>对于硬岩冻结的作用主要是封水，不需要提高岩体的总体强度</td></tr>
</table>

# 第二节 冻结法研究现状

## 一、冻结法起源与应用历史

19 世纪初期，人们在西伯利亚印尼塞大森林中开采金矿时发现，由于地层松散、有水无法掘进，于是便选在冬天浇水冻结后开挖，而夏天冰化了以后便停工，待来年冬天上冻以后继续施工，年复一年。这是人类利用自然的力量进行冻结施工的例子。1862 年，英国南威尔士矿山首次用人工冻结的方法解决立井开挖过程中含水地层的塌陷问题。由于当时的制冷技术尚未成熟，冻结法施工尚不能成为一种施工方法。直到 1875 年氨蒸气压缩式制冷机的出现，成功解决了人工制冷技术的难题，才为冻结法施工提供了必要的技术保证。1883

年，弗德里希·海尔曼·波埃雪在德国获得冻结法施工的专利，正式宣告了冻结法施工技术的诞生。

冻结法诞生之后，首先在德国、英国、法国等多个欧洲国家的立井(煤矿、金属矿与钾盐矿等)建设中得到应用。苏联于1928年在卡姆斯克钾盐矿二号井首次采用冻结凿井技术，1932年前后，金属矿山与煤矿都采用冻结法。早期立井冻结法施工的深度较浅(深度大多在200～400 m)、盐水温度较高(一般在－30～－25 ℃)。早期，人们甚至认为冻结法理论的极限冻结深度为300 m，但后来(1951年)的事实证明冻结法可以施工的深度远大于此。由于第一次世界大战和第二次世界大战的影响，冻结法施工技术发展基本处于停滞状态，战后大量新开井筒与市政建设为冻结法技术的应用提供了广阔的市场。立井冻结深度、市政工程冻结技术和其他地层冻结技术也有了长足进步。与地层冻结技术相关的地层冻结理论、冻结井筒支护理论、冻结孔施工技术改进、冻结制冷设备的更新等也都得到了发展。地层冻结技术也从欧洲传到世界各地。表1-2列举了主要使用冻结法施工国家立井的最大冻结深度。

**表1-2 各国立井冻结的最大深度**

| 序号 | 国家 | 井筒 | 井筒深/m | 净径/m | 土层深/m | 冻结深度/m |
|---|---|---|---|---|---|---|
| 1 | 中国 | 华能核桃峪煤矿副井 | 1 005 | 9 | 214.6 | 950 |
| 2 | 英国 | 博尔比钾盐矿1号井 | | 5.5 | | 945 |
| 3 | 加拿大 | 美国钾盐公司所属矿井 | 1 052 | 4.88 | ＜100 | 915 |
| 4 | 比利时 | 侯泰灵井2号井 | | 4.99 | 600 | 638 |
| 5 | 苏联 | 雅可夫列夫铁矿主井 | | 7.5 | 571.2 | 620 |
| 6 | 德国 | 维尔德风井 | 1 060 | 6.0 | ＜60 | 582 |
| 7 | 荷兰 | 马乌里兹三号井 | 810 | 6.7 | 300 | 338 |

## 二、冻结法在国内的发展

1955年1月，在波兰专家的帮助下，我国第一个冻结井筒——开滦林西矿风井开始施工，该井冻结深度105 m(井筒全深111.95 m)，第四系表土层厚50.7 m，井筒净直径5 m，开创了冻结法在我国施工的先例。1956年，在苏联专家的帮助下，我国第一次自己设计并施工的冻结井筒是开滦唐家庄矿风井，该井冻结深度60 m，第四系表土层厚56.31 m，井筒净直径5 m。从此，冻结法开始在我国得到应用与推广。从最初15年内冻结深度主要在100 m左右，到随后30年冻结深度在500 m以内徘徊，到2000年以后冻结深度一下增加至近千米，我国冻结凿井深度已达到世界第一(见表1-2)。

我国冻结法发展过程大致可以划分为以下四个阶段：

(1) 从引入冻结法施工技术到20世纪70年代初，主要应用冻结法的基本技术和工艺，建成国内首批冻结井筒，培养了自己的技术人员与施工队伍。

(2) 从20世纪70年代初至80年代中后期，以500 m深以内冻结井筒为目标，以“二壁一钻”为技术关键进行攻关。解决了当时认为的深井(300～500 m)冻结理论与技术，研制成功了冻结孔专用钻机、小直径电脑化新型陀螺测斜仪；开展了定向钻进技术、双层夹层井壁技术攻关；进行了(冻结)地层与井壁的应力与位移测量。同时还进行了冻土特性试验及井壁、冻结壁设计等基础理论研究，并应用于指导施工工艺研究等。我国具备了建设500 m深以内冻结井筒的基本技术条件，建成一批深度大于300 m和若干深度超过400 m的冻结井筒。

(3) 20世纪80年代中后期至21世纪初，主要解决了冻结井筒中出现的两大技术难题：深厚表土层中冻结法施工的安全性，疏水沉降地层中冻结壁的可靠性。同时，冻结法凿井技术也逐步向地层冻结技术转化，冻结法施工不再局限在煤矿井筒，逐渐向市政工程、水利工程、桥梁工程、隧道工程等领域渗透。据不完全统计，近年地铁联络通道施工案例近600个，已经在数量上远远超过了井筒冻结案例。

(4) 21世纪以来，冻结立井井筒的总深度、表土层的冻结深度都创造了世界纪录，冻结斜井斜长达681 m。随着国家经济的发展与建设力度增大，大量非煤矿山冻结工程已经建成或是正在建设，特别是以上海地铁隧道联络通道为代表的地铁联络通道冻结工程已经形成了规模效应，也形成了地方性施工规范。地层冻结技术已广泛进入市政工程、隧道施工、非煤矿山等领域。地层冻结技术已经真正成为岩土工程施工的主要工法之一。

## 第三节 软土工程冻结施工新技术

冻结法作为一种成熟的工法，随着需要解决的问题的复杂性增加也得到了快速的发展，产生了许多新的冻结施工技术。

### 一、管幕冻结

管幕冻结是管棚法与冻结法相结合的工法。管幕冻结法是利用顶管设备将钢管管节顶入土体中，各单管间的空隙采用冻结的方法进行封闭止水，在管幕及冻结圈组成的支护体系下进行土体开挖的一种施工方法。钢管棚在管幕冻结中主要起承载作用，冻结所形成的冻土帷幕则主要发挥止水作用。管幕冻结既能发挥管棚法施工对周围环境影响小的优点，又能利用冻结法的适应性、可控性、封水性强的优势解决管幕间的封水问题。

### 二、注浆改良冻结

冻结产生的冻胀融沉不可避免，为了抑制冻土冻胀融沉，利用水泥优先改良软土再进行冻结，可以达到减小冻胀融沉的目的。注浆改良冻结法是在一些工程地质条件较差或者对冻胀融沉控制要求较严的地区进行冻结法施工时，先对土体进行注浆改良，然后进行冻结的施工方法。该方法的优点，一是可以很好地减少冻胀融沉对周边环境的影响，二是水泥浆液的注入在一定程度上提高了冻土的强度。

### 三、盾构对接冻结

盾构对接是指两台盾构机在挖掘同一条隧道时，分别从隧道的两端相向掘进，当掘进到对接处时，两台盾构机将它们之间的土体掘通，从而使得隧道顺利贯通的过程。

为保证盾构对接的安全，需要对对接范围内的土体进行加固，冻结加固是一种可靠的加固方式。盾构对接冻结一般是在盾构机的一侧或两侧的土体中打入冻结管，然后依靠冷媒介质对土层进行冻结，使其在盾构机周围形成一圈不仅封闭而且强度高的冻土帷幕，阻止地下水在盾构对接过程中渗入对接掌子工作面。此外，它还有承担外部水土压力的作用，可以充当有效的支护结构。盾构对接冻结适应地层广泛、加固效果好，但造价高、施工工期长，一般在其他施工方法无法保证地层稳定或有效止水时选用，尤其适合于地层条件差、开挖直径大、隧道位于水底等情况。

## 四、盾构换刀冻结

盾构法施工中，当盾构刀具磨损时，会出现结泥饼、刀盘转矩过大等导致无法继续掘进的情况，必须进行开仓换刀。换刀方法有常压开仓和加压开仓两种方式。当地层属于含水丰富的砂层或条件复杂时，宜采用冻结加固进行开仓换刀。目前盾构换刀冻结有两种方法，一种是对地层采取冻结加固的方式，在地层中打入冻结管，在冻结管中循环低温盐水将盾构土仓周围的土层变成不透水的冻结加固体，冻结帷幕强度和厚度达到作业安全要求，在冻结帷幕的保护下进行开仓换刀；另一种是盾构冷冻刀盘技术，将盾构设备与地层冻结技术相结合，通过盾构刀盘上的设备可使刀盘周围的墙体形成冻结圆盘，充分隔绝地下水，在此环境下进行开仓换刀。与常压开仓、加压开仓相比，盾构换刀冻结有明显的安全可靠性和更广泛的适应性、更高的工作效率，符合经济节约、工期保障等要求。

## 五、盾尾刷更换冻结

盾构施工中，盾构长距离推进后，尾部的盾尾刷会因磨损而失去密封作用，此时须更换盾尾刷。

冷冻法更换盾尾刷的技术，可以实现在复杂地层下进行盾尾刷更换作业。相比较注浆法加固形成的注浆帷幕具有不确定性，人工冻结法形成的冻土帷幕施工速度快、冻结效果好、可控性强。盾尾刷更换冻结的基本原理是通过人工制冷技术将地层中所含的水凝结成冰，把盾构尾部和管片连接处的土体变成冻土，从而形成具有密封效果的环形冻土加固区域，利用冻土来隔绝地下水和隧道内部的联系，实现盾尾刷的更换。

盾尾刷更换冻结一般采用的方法是在通用钢管片的基础上，增加冷冻管路。管片拼接形成完整的环形隧道管片，各管片内的冷冻管相互连接形成冷冻回路。与普通预制管片一样，一环冷冻管片由若干块管片首尾拼接形成一个完整的封闭区域，每块冷冻管片包括若干条设置在管片内侧的冷冻管，各冷冻管均设置有进水口和出水口。为了防止能量损失、确保冷冻效果，冷冻管片的内侧均覆盖有保温层。第一块管片的进水口、最后一块管片的出水口可以分别与外部冷冻机的供水管和回水管相连接，其他管片进水口和出水口首尾相连形成冷冻管路回路。

## 六、盾构机脱困冻结

盾构卡机原因多种多样，其中设备原因包括开挖直径不足、铰接力太小和刀具磨损严重等，地质原因包括岩层收敛、塌方和地层破碎等，施工原因包括注浆控制、姿态控制、管片选型与拼装、铰接刚性连接等。采用冻结法使盾构机脱困是目前使用的一种新的施工技术。

一种是采用垂直冻结加固方式，对刀盘周边土体进行加固止水，在盾构机刀盘左右两侧、刀盘上部及刀盘前方利用垂直冻结孔冻结加固地层，使盾构刀盘左右侧、上部和前方范围内土体冻结，形成“∩”状冷冻加固体。一种是采用水平冻结加固方式，利用盾构机周围边界的水平冻结孔加固地层，使盾构刀盘四周和前方范围内土体冻结，形成冻结加固体。

随着工程的复杂性和多样性的出现，冻结技术也会不断发展，冻结新技术也会不断涌现。

# 第二章　软土地层冻结设计

## 第一节　冻结壁的设计方法

冻结壁设计主要指其平均温度与厚度的设计，是岩土工程冻结法设计的核心内容之一。冻结壁承载特性不仅与平均温度、厚度有关，还与冻结壁形状、外载分布特征等密切相关。岩土冻结工程中，冻结壁往往具有不同的几何形状与荷载分布特征，设计方法存在较大差异。

### 一、地铁联络通道冻结壁设计

#### （一）概述

根据相关规范和法规的要求，双线地铁隧道中必须每隔一定距离设置一条联络通道，以便在隧道正常运营中当一条隧道内发生火灾等非正常情况下，可通过所设的联络通道将人员迅速、安全地疏散至另一条隧道内，给抢险救援工作提供通道。联络通道的施工一般在区间隧道施工完成后进行，常规的施工方法很难进行，多采用矿山暗挖法的施工方式。在地质条件比较复杂的情况下，使用水平冻结法加固土体几乎是联络通道施工区域进行土体加固的唯一施工方法，并且水平冻结法加固土体的施工可以全部在已经完成的隧道内进行，不会影响周围的其他施工，并且可以有效减少施工对周围环境造成的地面变形等影响。

在隧道联络通道的冻结设计中，最重要的就是确定冻结帷幕的厚度。冻结帷幕的厚度是评定应用冻结法加固经济合理性的基本参数，是人工冻结法技术设计的核心。过大或过小的冻结帷幕厚度将导致冻土体积大幅度增加或冻结帷幕破裂，甚至导致地下水涌入开挖空间，从而造成整个地下工程的失败。

#### （二）冻土帷幕结构计算

冻土帷幕是联络通道开挖施工的临时支护结构物，其功能是隔绝联络通道外的地下水和抵抗外部的水土压力，其厚度取决于结构外水土压力的大小和冻土的强度。冻结帷幕的力学计算模型可按均质线弹性体简化，其力学特性参数取冻结帷幕平均温度下的冻土力学特性试验值。

联络通道上部结构简化的钢架见图 2-1，拱上作用均布荷载，垂直部分受梯形水土压力荷载。

由于结构和荷载是对称的，取左侧一半为研究对象，在拱顶截面有一个弯矩 $\boldsymbol{M}_0$ 和一个轴力 $F_x$，见图 2-2。

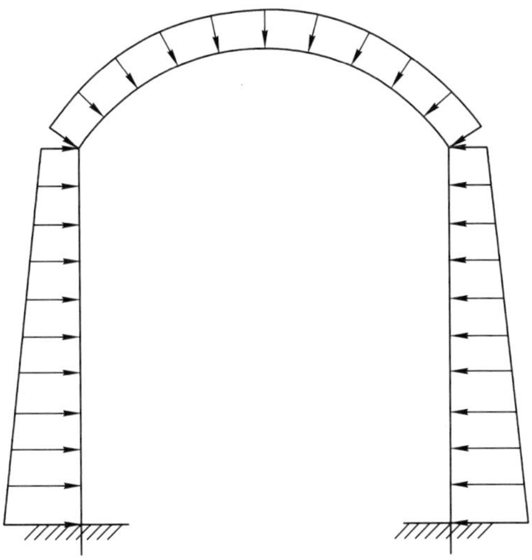

图 2-1　上部结构简化成的钢架图

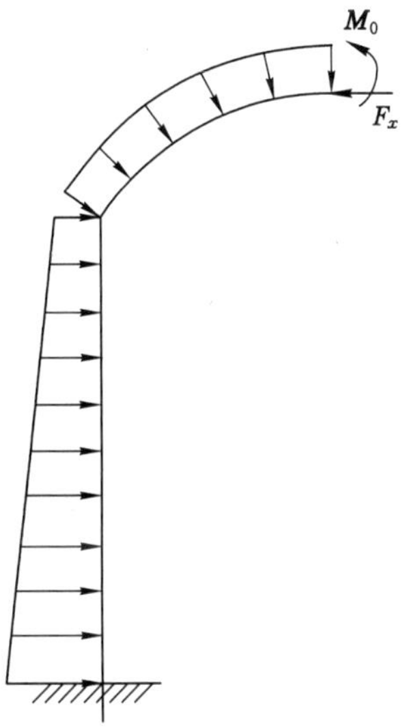


图 2-2　上部钢架受力分析图

拱顶横梁的弯矩方程：$\boldsymbol{M}(x)=0.0832+1.6179(1-\cos\varphi)-2.6231\frac{\varphi}{180^{\circ}}\cdot\sin\frac{\varphi}{2}$，$\varphi\in(0^{\circ},49.96^{\circ})$。

变化曲线见图 2-3，可以求得最大弯矩值。

根据不同的检验指标，相应的安全系数选取如下：抗压验算取 2.0；弯拉取 3.0；抗剪取 2.0。

（三）冻土帷幕受力的数值计算

1. 几何模型

根据隧道和冻结体及周边土体建立模型。根据结构和荷载对称性的特点，可以建立

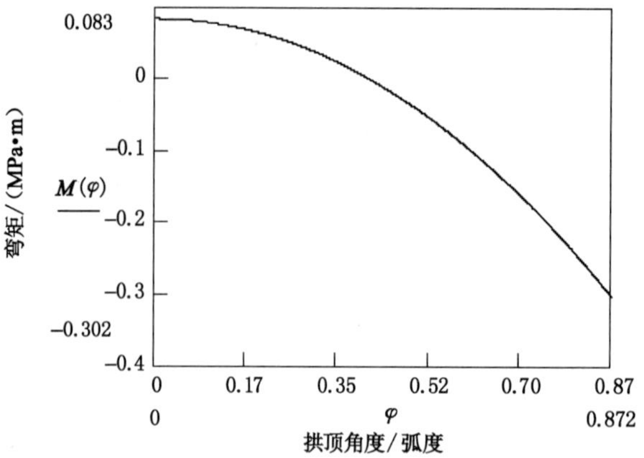


图 2-3　拱顶横梁弯矩图

1/2 结构的几何计算模型。沿联络通道纵轴面方向取结构的二分之一进行计算，见图 2-4，虚线代表对称部分。根据结构的具体工况分别选取相应的冻结帷幕厚度进行计算。

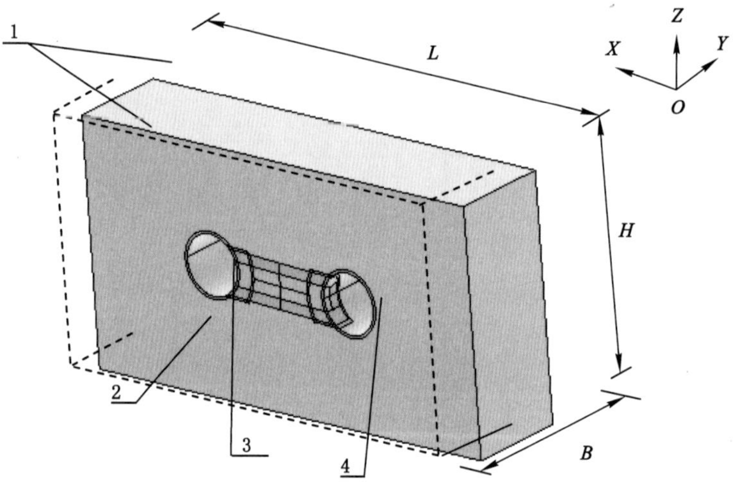


1—隧道上部土体顶面；2—对称面；3—左线隧道；4—右线隧道。

图 2-4　计算结构图及边界条件

2. 边界条件

隧道上部土体的顶面取为自由面。根据对应于联络通道纵轴面结构和荷载对称性的特点，认定在纵轴面上沿垂直于它的 $Z$ 方向不发生变形，对应于纵轴面的两侧的应力和变形相应对称。其余各面(模型长度的两端面，模型的底面和宽度的两面)均取为固端约束。

3. 材料参数的选取

对于隧道的钢筋混凝土衬砌的弹性模量、泊松比、重力密度，未冻土的弹性模量、泊松比、重力密度，冻土的弹性模量、泊松比、重力密度，根据现场试验或者参考类似材料进行选取。

4. 计算内容

根据计算模型，计算以下内容：冻土体与隧道交汇处衬砌水平变形和垂直变形；破洞口位置衬砌应力和衬砌应力变化态势；拱顶水平位移、冻土墙体和底板水平位移、冻土体拱顶垂直变形、冻土体底部垂直变形；冻土体结构两端顶部应力、端部应力和冻土体结构底部应力分布。

（四）平均温度

1. 稳态导热理论计算公式

$$\bar{t}_{\mathrm{i}} = t_1 + \frac{t_2 - t_1}{\left[\left(\frac{r_2}{r_1}\right)^2 - 1\right]\ln\frac{r_2}{r_1}}\left[\left(\frac{r_2}{r_1}\right)^2\left(\ln\frac{r_2}{r_1} - \frac{1}{2}\right) + \frac{1}{2}\right] \tag{2-1}$$

$$\bar{t}_{\mathrm{o}} = t_2 + \frac{t_3 - t_2}{\left[\left(\frac{r_3}{r_2}\right)^2 - 1\right]\ln\frac{r_3}{r_2}}\left[\left(\frac{r_3}{r_2}\right)^2\left(\ln\frac{r_3}{r_2} - \frac{1}{2}\right) + \frac{1}{2}\right] \tag{2-2}$$

$$\bar{t} = \frac{\bar{t}_{\mathrm{i}}(r_2^2 - r_1^2) + \bar{t}_{\mathrm{o}}(r_3^2 - r_2^2)}{r_3^2 - r_1^2} \tag{2-3}$$

式中　$\bar{t}_{\mathrm{i}}$，$\bar{t}_{\mathrm{o}}$——冻结管布置圈内侧区域、外侧区域的平均温度，℃；

$\bar{t}$——冻结壁的总平均温度，℃；

$r_1$，$r_2$，$r_3$——冻结壁内表面、轴面、外表面的位置半径，m，冻结壁进入井内时，$r_1$ 按井帮取值；

$t_1$——冻结壁内表面平均温度，℃，冻土未进入井内时，$t_1 = t_{\mathrm{d}}$（$t_{\mathrm{d}}$ 为岩土结冰温度）；冻土进入井内时，$t_1 = t_{\mathrm{n}}$（$t_{\mathrm{n}}$ 为井帮温度）；

$t_3$——冻结壁外表面平均温度，℃，取 $t_3 = t_{\mathrm{d}}$；

$t_2$——冻结管布置圈位置即冻结轴面平均温度，℃，可按冻结管外表面温度取值。

2. 国外单圈管冻结轴面的平均温度计算公式

$$t_{\mathrm{zm}} = t_{\mathrm{y}}\left(0.77 + 0.03\frac{l}{2R_0} - 0.4\frac{l}{E_2} + \frac{d_{\mathrm{y}}}{l} + 0.07\frac{E_1}{E_2}\right) \tag{2-4}$$

式中　$t_{\mathrm{zm}}$——冻结轴面的平均温度，℃；

$t_{\mathrm{y}}$——冻结管外表面温度，℃；

$l$——冻结管间距，m；

$R_0$——冻结管布置圈半径，m；

$d_{\mathrm{y}}$——冻结管外直径，m；

$E_1$，$E_2$——冻结壁在冻结管布置圈径内、外侧的厚度，m。

3. 国内经验公式（成冰公式）

$$t_{0\mathrm{c}} = t_{\mathrm{b}}\left(1.135 - 0.352\sqrt{l} - 0.785\frac{l}{\sqrt[3]{E}} + 0.266\frac{l}{\sqrt{E}}\right) - 0.466 \tag{2-5}$$

$$t_{\mathrm{c}} = t_{0\mathrm{c}} + \omega t_{\mathrm{n}}$$

式中　$t_{0\mathrm{c}}$——冻土未进入开挖荒径时，冻结壁的平均温度，℃；

$t_c$——冻土进入开挖荒径时，冻结壁有效厚度范围内的平均温度，℃；
$t_b$——盐水温度，℃；
$E$——冻结壁厚度，m；
$\omega$——经验系数，取 0.25～0.30；
$t_n$——井帮冻土温度，℃，井帮未冻结时取 0 ℃。

4. 国外经验公式——И. М. 斯捷潘诺娃公式

$$t_c = t_y\left(0.42 + 0.09\frac{l}{2R_0} - 0.2\frac{l}{E_2} + 0.37\frac{d_y}{l} + 0.01\frac{E_1}{E_2}\right) \quad (2\text{-}6)$$

各符号含义同前。

5. 国外经验公式——И. Д. 纳斯诺夫与 М. Н. 苏普利克公式

$$t_c = t_b\left(0.32 + 0.8\frac{d_n}{l} - 0.2\frac{l}{E}\right) \quad (2\text{-}7)$$

式中 $d_n$——冻结管内直径，m。

其余符号含义同前。

## 二、盾构进、出洞冻结壁设计

### （一）概述

盾构施工法作为一种安全快速的全断面隧道施工方法，在我国地铁等地下设施的施工过程中有着广泛的应用。经过多年的施工实践与技术研究，盾构法隧道工程的诸多技术难题，如管片设计、衬砌防水、轴线偏斜及地表沉降的控制等均得到不同程度的解决，唯独盾构进出工作井的施工技术，特别是盾构进、出洞口土体加固技术仍然是困扰盾构隧道施工的技术难题。当调试好的盾构机切削机构抵紧井壁、凿除封门、刀盘切进，盾构机正待进入推进时，如果岩土体加固不当，在巨大压力作用下将出现大量水土坍塌，引起周围地表下陷，并危及各种管线及建筑物的安全。

目前盾构进、出洞的土体加固方法有冻结法、注浆法、旋喷法、搅拌法等，其中冻结法由于安全可靠性好而得到大量的应用。

盾构进洞：是指盾构机在区间隧道推进完成后，由正常段隧道进入工作井的过程。

盾构出洞：是指盾构机从工作井进入正常段隧道的过程。

盾构进、出洞过程中，需预先对隧道与工作井基坑连续墙外侧一定范围内的含水地层进行加固，使之具有一定的强度和封水性。这样，盾构机在等待连续墙凿通时，可保证不会出现地层涌砂出水、坍塌等问题。

盾构进、出洞冻结加固设计应满足以下条件：

① 盾构进、出洞时，冻结壁能够承担洞门凿除后作用在冻结壁上的荷载；

② 形成的冻结壁与地下连续墙外表面完全胶结，隔断洞门周围方向与地下水的联系，保证盾构推进的安全。

### （二）盾构进、出洞冻结壁设计

#### 1. 盾构出洞冻结壁设计

（1）盾构出洞加固模型。

冻结壁在盾构出洞过程中起到临时替代基坑连续墙封水挡土的作用。为此，要求冻结壁必须能承受基坑连续墙洞口处水土压力的作用。盾构出洞加固体、荷载、计算模型及冻结管布置示意图见图 2-5。

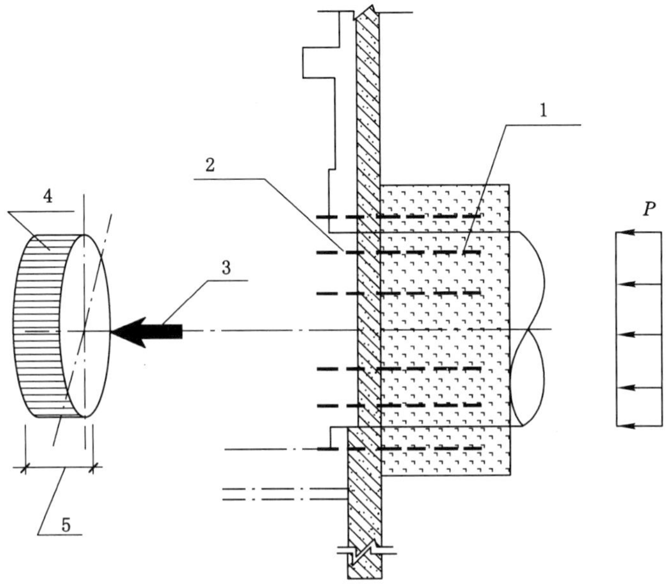


1—冻结加固区；2—冻结管；3—盾构推进方向；4—受剪切面；5—加固体厚度。

图 2-5 盾构出洞加固体、荷载、计算模型及冻结管布置示意图

（2）地层水土压力计算。

盾构机中心深度水土侧压力，按重液公式和经验公式分别计算：

① 重液公式。

$$P = 0.013H \tag{2-8}$$

② 经验公式。

$$P = k\gamma H \tag{2-9}$$

式中 $P$——盾构机中心深度水土侧压力，MPa；

$k$——侧压力系数，取 0.7；

$\gamma$——土的平均重力密度，取 18.5 kN/m$^3$；

$H$——盾构机中心埋深，m。

（3）盾构出洞冻结壁计算。

① 冻结壁厚度。假定加固体为整体板块而承受水土压力，运用日本计算理论计算加固体的厚度。

$$h=\left(\frac{K\beta PD^2}{4\sigma}\right)^{\frac{1}{2}} \tag{2-10}$$

式中　$\sigma$——冻土弯拉强度，MPa；

$P$——水土压力，MPa；

$D$——加固体开挖内直径，m；

$\beta$——系数；

$K$——安全系数；

$h$——冻结壁厚度，m。

② 最大弯曲应力验算。得到冻结壁厚度 $h$ 后，运用建筑结构静力计算理论公式对圆板中心所受最大弯曲应力进行验算。

$$\sigma_{max}=\frac{P\ (D/2)^2}{16}(3+\mu)\ \frac{6}{h^2} \tag{2-11}$$

式中　$P$——水土压力，MPa；

$D$——加固体开挖内直径，m；

$\mu$——冻结壁泊松比；

$h$——冻结壁厚度，m；

$\sigma_{max}$——最大弯曲应力，MPa。

③ 最大剪切应力验算。沿地下连续墙开洞口周边加固体剪切应力的验算采用下述公式：

$$\tau_{max}=\frac{PD}{4h} \tag{2-12}$$

式中　$D$——加固体开挖内直径，m；

$h$——冻结壁厚度，m；

$\tau_{max}$——最大剪切应力，MPa。

2. 盾构进洞冻结壁设计

(1) 盾构进洞冻结加固模型。盾构进洞冻结壁受力简图见图 2-6。

(2) 地层水土压力计算[见式(2-8)、式(2-9)]。

(3) 盾构进洞冻结壁计算。

弹性固定板计算简图见图 2-7。

板中最大弯拉、压应力：

$$\sigma_{max}=\frac{3P\left(\frac{1}{2}D\right)^2(1+\mu)}{8h^2} \tag{2-13}$$

式中　$P$——水土压力，MPa；

$D$——洞口凿除净直径，m；

$\mu$——冻结壁泊松比；

$h$——冻结壁厚度，m。

板中最大变形：

$$U_{max}=\frac{3P\left(\frac{1}{2}D\right)4(1-\mu^2)}{16Eh} \tag{2-14}$$

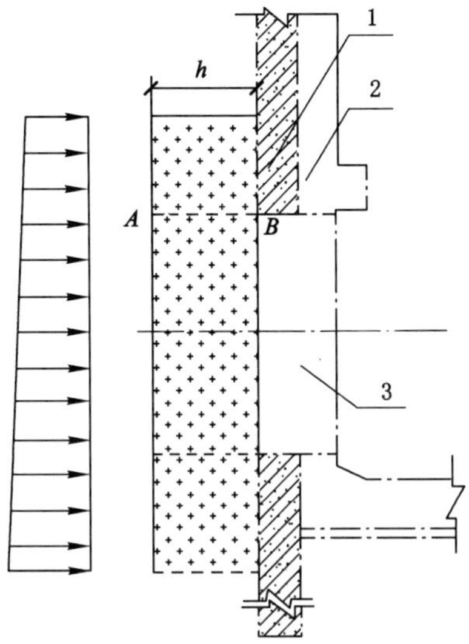


1—冻结加固区连续墙，厚度 800 mm；2—内衬，厚度 1 000 mm；3—连续墙洞口，直径 6 700 mm。

图 2-6　盾构进洞冻结壁受力简图

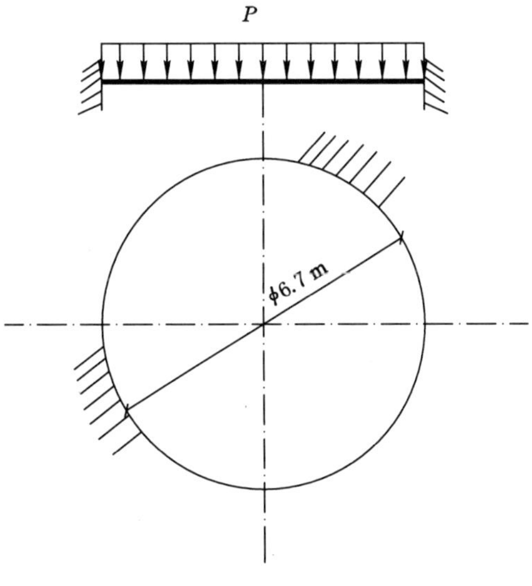


图 2-7　弹性固定板计算简图

式中　$P$——水土压力，MPa；

$D$——洞口凿除净直径，m；

$\mu$——冻结壁泊松比；

$h$——冻结壁厚度，m。

$E$——冻结壁弹性模量，MPa。

## 三、基坑冻结壁设计

### （一）基坑冻结壁（冻土墙）荷载的确定

1. 作用在冻土墙上的主要荷载

冻土墙所受侧土压力如图 2-8 所示。

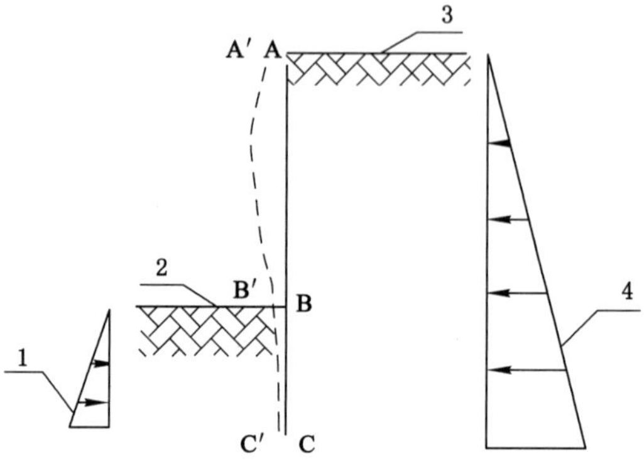


1—被动土压力；2—基坑底部；3—地面；4—主动土压力。

图 2-8 冻土墙所受侧土压力

作用在冻土墙上的主要荷载：侧土压力、冻土墙体的自重、温度荷载、其他荷载。

2. 荷载的计算

冻土墙受力图如图 2-9 所示。土压力的计算，当不考虑地下水的存在时，比较简单。但是在地下水位以下，而且基坑内外存在较大的水位差的条件下，土压力应包括两部分，即水压力和有效土压力。目前，比较统一的认识是对于渗透性好的砂粉土或杂填土，同时考虑水压力，即进行水土压力分算法；对于透水性差的黏土，宜进行水土压力合算法。

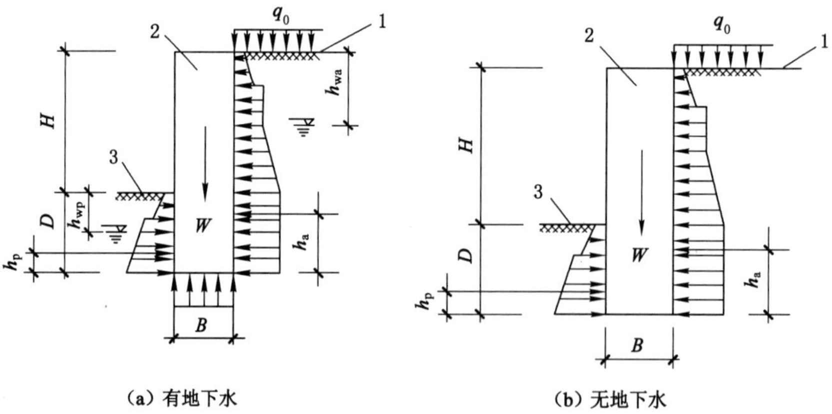


1—地面；2—冻土墙；3—基坑底。

图 2-9 冻土墙受力图

(1) 主动土压力计算。

如图 2-9(a)所示，砂性土、粉土及透水性好的杂填土按水土压力分算原则确定主动土压力为：

$$e_{aik}=\sigma_{aik}K_{ai}-2c_i\sqrt{K_{ai}}+\gamma_w(z_i-h_{wa})(1-K_{ai}) \tag{2-15}$$

式中　$e_{aik}$——作用于冻土墙上的主动土压力，MPa；

$\sigma_{aik}$——作用于深度 $z_i$ 处不考虑水浮力的正压力的标准值，MPa；

$z_i$——计算点深度，m；

$c_i$——第 $i$ 层的内聚力，根据直剪试验确定，MPa；

$\gamma_w$——水的重力密度，$kN/m^3$；

$h_{wa}$——基坑外侧水位深度，m；

$K_{ai}$——第 $i$ 层土的主动土压力系数；

$$K_{ai}=\tan^2\left(45°-\frac{\varphi_i}{2}\right)$$

$\varphi_i$——第 $i$ 层土的内摩擦角，(°)。

如图 2-9(b)所示，对于黏性土，根据水土合算的原则确定主动土压力为：

$$e_{aik}=\sigma_{aik}K_{ai}-2c_i\sqrt{K_{ai}} \tag{2-16}$$

多数基坑支护工程的实测资料证明，主动土压力在基坑开挖深度以下与朗肯主动土压力有较大的差距。在基坑底以下主动土压力不再随深度呈线性增加。从另一角度分析，在按传统的计算重力式挡土墙的方法进行稳定性验算时，出现基坑底以下随着挡土墙深度的增加而降低的趋势。因此在计算主动土压力时，采用如下修正方法：计算点位于基坑开挖面以下时，可以取 $\sigma_{aik}=\gamma\cdot h$($\gamma$ 指开挖面以上土层的加权平均值，$h$ 指基坑开挖深度)。

② 被动土压力的计算。

对于砂性土、粉土及透水性好的杂填土，采用水土分算原则计算被动土压力为：

$$e_{pjk}=\sigma_{pjk}K_{pj}-2c_j\sqrt{K_{pj}}+\gamma_w(z_j-h_{wp})(1-K_{pj}) \tag{2-17}$$

对于黏性土，按水土分算的原则确定被动土压力为：

$$e_{pjk}=\sigma_{pjk}K_{pj}+2c_j\sqrt{K_{pj}} \tag{2-18}$$

式中　$e_{pjk}$——作用于冻土墙上的被动土压力，MPa；

$K_{pj}$——第 $j$ 层土的被动土压力系数；

$$K_{pj}=\tan^2\left(45°-\frac{\varphi_j}{2}\right)$$

其他符号意义同前。

### (二) 冻土墙墙体嵌固深度的确定

#### 1. 按临时支护作用考虑

采用冻结法施工的工程，为确保施工阶段基坑的稳定性，必须将墙体深入基坑底面以下某一深度；同时，为了降低工程造价，在确保安全的前提下，应尽量减小嵌固深度。

冻土墙的嵌固深度与基坑抗隆起稳定、挡墙抗滑动稳定、墙体整体稳定、管涌等因素有关。墙体嵌固深度主要取决于土的强度与墙体的稳定性，而不是变形的大小，即嵌固深度满足墙体稳定最小值要求的条件下，与变形量关系不大。因此，确定冻土墙嵌固深度时应通过稳定性验算取最不利条件下所需的嵌固深度。

(1) 按整体稳定计算嵌固深度。

如图 2-10 所示，采用圆弧滑动简单条分法计算，则有：

$$K_s = \left[\sum_{i=1}^{n} c_i l_i + \sum_{i=1}^{n}(q_i b_i + W_i)\cos\alpha_i \tan\varphi_i\right] \Big/ \sum_{i=1}^{n}(q_i b_i + W_i)\sin\alpha_i \geqslant 1.0 \sim 1.25 \tag{2-19}$$

式中 $c_i$——最危险滑动面上第 $i$ 土条滑动面上的黏聚力，MPa；

$\varphi_i$——最危险滑动面上第 $i$ 土条滑动面上的内摩擦角，(°)；

$l_i$——第 $i$ 土条的弧长，m；

$q_i$——第 $i$ 土条对应的地面单位宽度的荷载，N/m；

$b_i$——第 $i$ 土条的宽度，m；

$W_i$——第 $i$ 土条的单位宽度的实际质量，N/m；

$\alpha_i$——第 $i$ 土条弧线中点切线与水平线夹角，(°)。

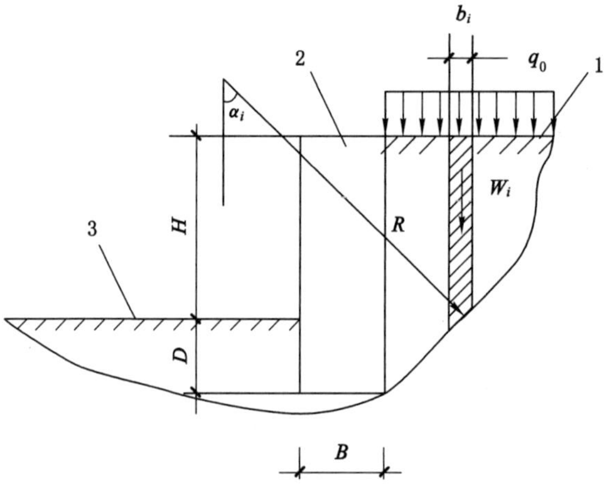


1—地面；2—冻土墙；3—基坑底。

图 2-10 整体滑动计算图

(2) 抗隆起稳定确定嵌固深度。

抗隆起稳定采用极限承载力法来计算，它是将围护结构的底平面作为极限承载力的基准面，其滑动线见图 2-11。

$$D \geqslant \frac{K_s(H+q_0) - \dfrac{c}{\gamma}(k_p e^{\pi\tan\varphi} - 1)\dfrac{1}{\tan\varphi}}{k_p e^{\pi\tan\varphi} - K_s} \tag{2-20}$$

式中 $\gamma$——土层的平均重力密度，kN/m$^3$；

$\varphi$——土体的内摩擦角，(°)；

$c$——土体的黏聚力，Pa；

$q_0$——地面超载，kPa。

(3) 按抗滑动稳定确定嵌固深度。

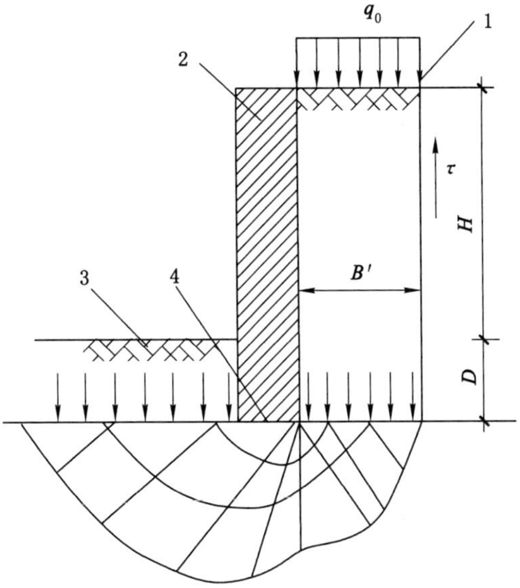


1—地表面；2—冻土墙；3—基坑底；4—冻土墙底面。

图 2-11　抗隆起稳定计算图

此法认为开挖面以下墙体能起到抵抗基底土体隆起的作用，并假定土体沿墙体底面滑动，认为墙体底面以下的滑动面为一圆弧，如图 2-12 所示。

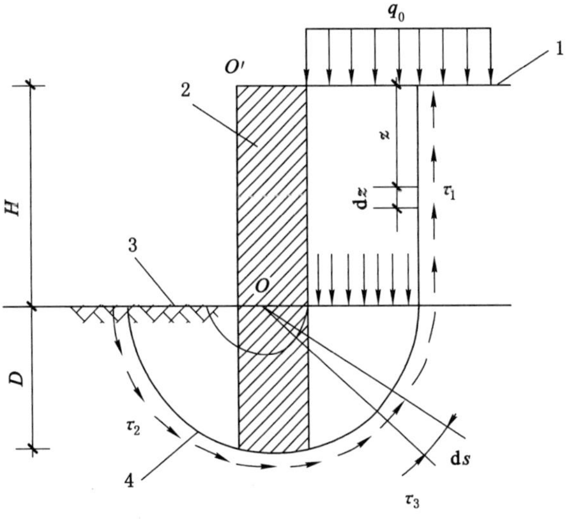


1—地面；2—冻土墙；3—基坑底；4—圆弧滑动面。

图 2-12　抗滑动稳定计算图

将滑动力与抗滑动力分别对圆心取力矩，得：

滑动力矩：

$$\boldsymbol{M}_s=\frac{1}{2}(\gamma H+q_0)D^2$$

抗滑动力矩：

$$\boldsymbol{M}_{\mathrm{T}}=\int_{0}^{H}\tau_1\mathrm{d}z\cdot D+\int_{0}^{S_1}\tau_2\mathrm{d}s\cdot D+\int_{0}^{S_2}\tau_3\mathrm{d}s\cdot D+\frac{B}{2}W$$

$$\boldsymbol{M}_{\mathrm{T}}=k_{\mathrm{a}}\tan\varphi\left[\left(\frac{\gamma H^2}{2}+q_0H\right)D+\frac{1}{2}(\gamma Hq_0)D^2\right]+$$

$$\tan\varphi\left[\frac{\pi}{4}(\gamma H+q_0)D^2+\frac{4}{3}\gamma D^3\right]+c(HD+\pi D^2)+\frac{B}{2}W \tag{2-21}$$

为保证抗隆起安全系数，必须满足

$$K_{\mathrm{s}}=\frac{\boldsymbol{M}_{\mathrm{T}}}{\boldsymbol{M}_{\mathrm{s}}}\geqslant 1.2\sim 1.3 \tag{2-22}$$

即可从上式中求得最小嵌固深度 $D$。

2. 按止水作用考虑

冻土墙作为止水帷幕有两种作用：一种是防止流土出现；另一种是阻止或减少坑外地下水向坑内的渗流。

(1) 防止流土的嵌固深度验算。

当地下水位较高且基坑底面以下为砂土、粉土地层时，冻土墙作为帷幕墙的插入深度应满足防止发生流土现象的要求。

如图 2-13 所示，离墙体距离为 $B_{\mathrm{w}}$ 的范围内单位宽度地下水上浮力为：$F=\gamma_{\mathrm{w}}B_{\mathrm{w}}h_{\mathrm{w}}$，其中，$h_{\mathrm{w}}$ 为 $B_{\mathrm{w}}$ 范围内单位宽度地下水头平均高度，其按经验取 $h_{\mathrm{w}}=H_{\mathrm{w}}/2$，$B_{\mathrm{w}}=D/2$。

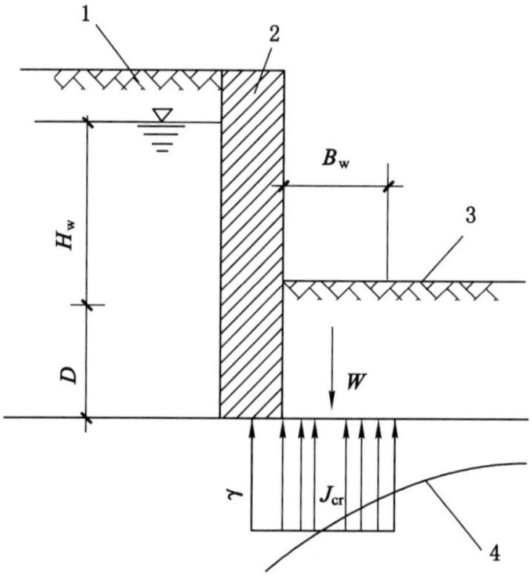


1—地面；2—冻土墙；3—基坑底；4—渗透压力分布。

图 2-13　流土计算图

离墙体距离为 $B_{\mathrm{w}}$ 的范围内墙底端高程以上土重为：$W=J_{\mathrm{cr}}\gamma_{\mathrm{w}}DB_{\mathrm{w}}$，其中，$J_{\mathrm{cr}}$ 为临界水力坡度[$J_{\mathrm{cr}}=(G_{\mathrm{s}}-1)(1-n)$，其中 $G_{\mathrm{s}}$ 为土的相对密度，$n$ 为土的孔隙比]。

当 $W\geqslant F$ 时不会发生流土现象，则嵌固深度：

$$D\geqslant K_{\mathrm{s}}\frac{H_{\mathrm{w}}}{2J_{\mathrm{cr}}} \tag{2-23}$$

其中，$K_s$ 为抗流土安全系数，一般取 1.5～2.5。

(2) 阻止地下水渗流的冻土墙嵌固深度确定。

为阻止或减少坑外地下水向坑内的渗流，冻土墙嵌固深度的确定常与土层的分布有关。坑底以下存在黏土层时，冻土墙仅需进入黏土层一定的深度；在深厚透水层中，冻土墙原则上应穿透透水层。在这种情况下，随着冻土墙嵌固深度的增加，水土压力也增大，这样势必也要增大墙体的厚度，大大增加了工程的造价和施工的难度。这时可以考虑采用降水方案或在基坑开挖面以下形成冻土垫层与冻土墙相结合的方法。

通过以上按冻土墙的临时支护作用和止水作用所确定的最大嵌固深度，即为所需的冻土墙嵌固深度计算值。当引入地区性的安全系数和基坑安全等级进行修正后，即为嵌固深度的设计值，一般取计算值的 1.1～1.2 倍。

### （三）冻土墙墙体厚度的确定

冻土墙的厚度取决于外部压力的大小、冻土强度特性和变形特性、冻土墙暴露高度和时间、冻土和周围环境的温度状况以及其他因素，所以冻土墙厚度的计算是个复杂的热-力学问题，特别是当考虑空间影响、蠕变影响、非均质影响等因素后，要取得一般的显式简单解是极其困难的。因此在设计中进行如下的假定：① 未冻土为线弹性体；② 冻土为各向同性、均质的弹性体；③ 冻土墙墙体厚度为等厚体。

圆形基坑假定计算图形如图 2-14 所示，则冻土墙厚度可按下式计算：

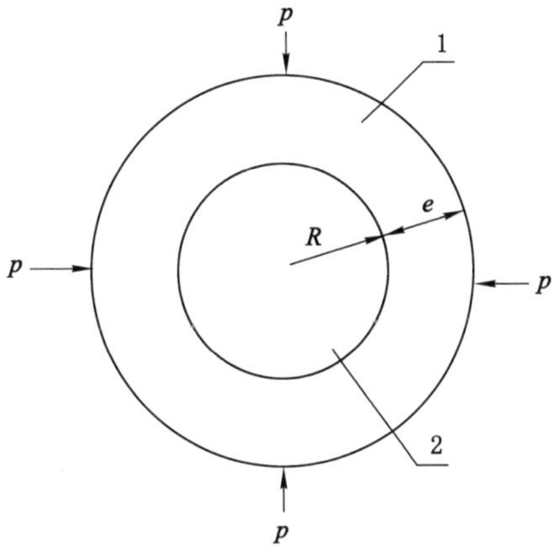


1—冻土墙；2—圆形基坑。

图 2-14　冻土墙厚度计算

$$e = R\left(\sqrt{\frac{\sigma}{\sigma - 2p}} - 1\right) \tag{2-24}$$

式中　$e$——冻结壁厚度，m；

$R$——冻结壁内半径，m；

$\sigma$——冻土极限抗压强度(已考虑安全系数)，可用长时强度替代，MPa；

$p$——地压，MPa。

对于矩形基坑，可以按照下面的方法计算。

1. 按抗倾覆稳定确定墙体的厚度

重力式围护结构的嵌固深度确定后，墙厚对抗倾覆稳定起控制作用。而在所确定的嵌固深度条件下，当抗倾覆满足后，抗滑动自然满足。因此，按重力式围护结构的抗倾覆极限平衡条件来确定最小结构厚度，取单位长度(1 m)墙体进行计算。

(1) 砂性土、粉土及透水性好的杂填土[见图 2-9(a)]。

倾覆力矩：

$$\boldsymbol{M}_{\mathrm{s}} = \sum E_{\mathrm{a}} h_{\mathrm{a}}$$

抗倾覆力矩：

$$\boldsymbol{M}_{\mathrm{T}} = \sum E_{\mathrm{p}} h_{\mathrm{p}} + \left[\gamma_{\mathrm{D}}(H + D) - \frac{\gamma_{\mathrm{w}}}{2}(H + 2D - h_{\mathrm{wa}} - h_{\mathrm{wp}})\right]\frac{B^2}{2}$$

满足

$$\boldsymbol{M}_{\mathrm{T}} \geqslant 1.5\boldsymbol{M}_{\mathrm{s}}$$

则求得冻土墙厚度 $B$：

$$B \geqslant \sqrt{2\left(1.5\sum E_{\mathrm{a}} h_{\mathrm{a}} - \sum E_{\mathrm{p}} h_{\mathrm{p}}\right)/[(\gamma_{\mathrm{D}} - \gamma_{\mathrm{w}})(H + D) + \gamma_{\mathrm{w}}(H + h_{\mathrm{wa}} + h_{\mathrm{wp}})/2]} \tag{2-25}$$

式中 $\sum E_{\mathrm{a}}$—— 基坑主动侧水平力的总和，kN；

$\sum E_{\mathrm{p}}$—— 基坑被动侧水平力的总和，kN；

$h_{\mathrm{a}}$——基坑主动侧水平合力作用点距墙底部的距离，m；

$h_{\mathrm{p}}$——基坑被动侧水平合力作用点距墙底部的距离，m；

$h_{\mathrm{wa}}$——基坑外侧地下水位埋深，m；

$h_{\mathrm{wp}}$——基坑内侧地下水位埋深，m。

(2) 黏性土[见图 2-9(b)]。

倾覆力矩：

$$\boldsymbol{M}_{\mathrm{s}} = \sum E_{\mathrm{a}} h_{\mathrm{a}}$$

抗倾覆力矩：

$$\boldsymbol{M}_{\mathrm{T}} = \sum E_{\mathrm{p}} h_{\mathrm{p}} + \gamma_{\mathrm{D}}(H + D)\frac{B^2}{2}$$

满足

$$\boldsymbol{M}_{\mathrm{T}} \geqslant 1.5\boldsymbol{M}_{\mathrm{s}}$$

则求得冻土墙厚度 $B$：

$$B \geqslant \sqrt{2\left(1.5\sum E_{\mathrm{a}} h_{\mathrm{a}} - \sum E_{\mathrm{p}} h_{\mathrm{p}}\right)/[(\gamma_{\mathrm{D}} - \gamma_{\mathrm{w}})(H + D)]} \tag{2-26}$$

2. 按变形条件确定墙体厚度

按变形条件确定冻土墙厚度，然后按强度条件对墙身截面承载力及剪应力进行验算，且所求得的墙体厚度满足抗倾覆稳定，这样所求得的冻土墙厚度即为设计厚度。

作为深基坑支护结构，冻土墙和其他支护结构一样必须满足基坑支护结构位移的控制标准 $\delta$；另外还应考虑到冻土是一种黏弹性体，它作为重力式挡土墙时表现出较大的转动变

形 $U_1$、弹性挠曲变形 $U_2$ 以及蠕变变形 $U_3$。即使冻土墙在没有被破坏、没有丧失承载力之前，墙体的弹性挠曲变形 $U_2$ 以及蠕变变形 $U_3$ 也可能导致冻结管断裂，引发工程事故。这时，应根据冻结管相对挠度不超过其允许值的原则来确定，即 $f \leqslant [f]$。冻结管的相对挠度 $f$ 可表示为冻土墙的弹性挠曲变形 $U_2$ 和蠕变变形 $U_3$ 之和与冻结管长度 $H_d$ 的比值。综合以上两方面的变形要求，冻土墙的最大位移应满足：

$$\begin{cases} U_2 + U_3 \leqslant [f] \cdot H_d \\ U_1 + U_2 + U_3 \leqslant \delta \end{cases} \tag{2-27}$$

(1) 冻土墙墙体变形的计算。

① 墙体的转动变形 $U_1$。

假定墙体的刚度无限大，即不计其本身挠曲变形的影响，挡墙在土、水压力作用下只产生转动，按极限平衡状态理论进行计算(取墙长 1 m 为计算单元)，如图 2-15 所示。下面对墙体两侧和底端进行受力分析。

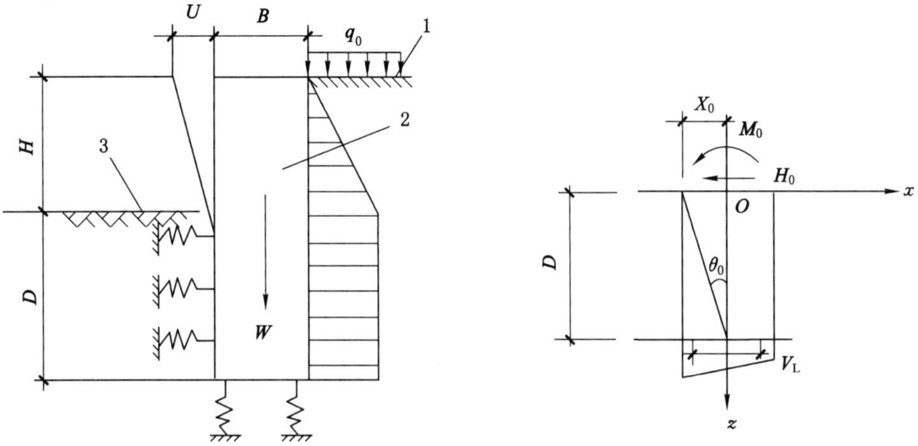


1—地面；2—冻土墙；3—基坑底。

图 2-15　墙体转动变形计算简图

墙体两侧：

挡墙墙背侧主动土压力分布可按前文主动土压力公式计算，并等效到挡墙坑底截面处(为 $\boldsymbol{M}_0$、$H_0$)。

将墙前被动土体视为弹簧，土的弹簧系数随深度增加，用"$m$"法则有 $k=mZ$，其中 $m$ 为土的水平地基反力系数。

设坑底截面处的水平位移为 $X_0$，墙体转角为 $\theta_0$，则坑底以下墙身任一点的水平位移为：

$$X = X_0 - \theta_0 Z$$

则墙前被动土体的水平抗力为：

$$P_p = kX = mZ(X_0 - \theta_0 Z) \tag{2-28}$$

墙体底端：

将墙底土体也等效为一组弹簧，则各点的弹簧系数为 $k_v = m_v D$，其中 $m_v$ 为土的竖向地基反力系数，经过计算比较，$m_v$ 对 $X_0$、$\theta_0$ 的影响很小，可近似取 $m_v = m$。

在墙体的倾斜变形下，墙体将产生梯形分布的基底竖直反力(见图 2-16)。其反力可分解为由墙体竖向位移引起的矩形分布力和墙体转动在基底边缘产生位移引起的三角形分布力。矩形分布力的合力与墙重 $W$ 相平衡；三角形分布力对墙底产生力偶 $M_\theta$，其值为：

$$M_\theta = 2 \times \frac{1}{2} \times \frac{B}{2} \times m_v \times D \times \frac{B}{2} \times \tan\theta_0 \times \frac{2}{3} \times \frac{B}{2} \approx mDI_B\theta_0 \tag{2-29}$$

式中 $B$——墙体宽度，m；

$m_v$——地基土的竖向地基反力系数，$kN/m^3$；

$D$——挡墙墙体在坑底截面以下的高度，m；

$\theta_0$——坑底截面处的墙体转角，(°)；

$m$——土的水平地基反力系数，$kN/m^3$；

$I_B$——挡墙墙底宽度方向的惯性矩，$m^4$。

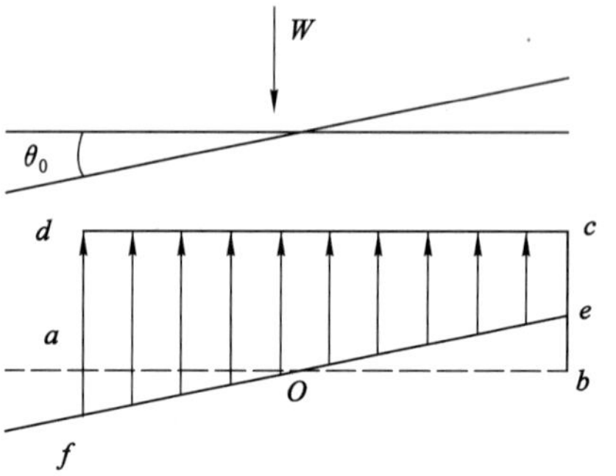


图 2-16 墙底受力图

另外，除了竖向受力外，墙体还受到水平方向的墙底与土层间的摩阻力 $S_L$ 作用，其值可按下式计算：$S_L = c_u B$（$c_u$ 为墙底土的不排水抗剪强度）或 $S_L = W\tan\varphi + cB$（$c$、$\varphi$ 为墙底土的固结快剪强度指标）。

取墙长 1 m 为计算单元，根据平衡条件可以求得：

$$\sum F_X = \int_0^D P_p \mathrm{d}z = H_0 + E_a - S_L$$

$$\sum M = \int_0^D P_p (D - z)\mathrm{d}z + M_W + M_\theta = M_0 + E_a h_a + H_0 D$$

则

$$\begin{cases} X_0 = \dfrac{D(24M' - 8H'D)}{mD^4 + 36mI_B} + \dfrac{2H'}{mD^2} \\ \theta_0 = \dfrac{36M' - 12H'D}{mD^4 + 36mI_B} \end{cases} \tag{2-30}$$

式中 $X_0$——坑底截面处的水平位移，m；

$\theta_0$——坑底截面处的墙体转角，(°)；

$D$——挡墙墙体在坑底截面以下的高度，m；

$\boldsymbol{M'}$——主动土压力等效到挡墙坑底截面处的力矩，kN·m；

$H'$——主动土压力等效到挡墙坑底截面处的水平力，kN；

$m$——土的水平地基反力系数，$kN/m^3$；

$I_B$——挡墙墙底宽度方向的惯性矩，$m^4$。

由上式可求出 $X_0$ 和 $\theta_0$。

冻土墙墙体顶端的转动变形为：

$$U_1 = X_0 + H\theta_0 \tag{2-31}$$

由上述计算公式可以看出，冻土墙墙体的转动变形计算只涉及墙体的几何尺寸和土层的性质参数以及冻土的重力密度，而与冻土本身的温度、强度、变形等性质无关。

② 墙体弹性挠曲变形 $U_2$。

采用弹性地基反力法，即假定地基土为弹性体，用梁的弯曲理论来求墙的水平抗力。将坑底以上的墙背土压力简化到挡墙坑底截面处，坑底以下墙体视为桩头有水平力 $H_0$ 和力矩 $M_0$ 共同作用的完全埋置桩（见图 2-17），取墙长 1 m 为计算单元，可求得坑底处墙身的位移为：

$$\begin{cases} X_0 = \dfrac{1}{\alpha^2 EI}\left(\dfrac{H_0}{\alpha}Y_{OH} + M_0 Y_{OM}\right) \\ \varphi_0 = \dfrac{1}{\alpha EI}\left(\dfrac{H_0}{\alpha}\varphi_{OH} + M_0 \varphi_{OM}\right) \end{cases} \tag{2-32}$$

式中　$X_0$——坑底截面处的水平位移，m；

$\varphi_0$——坑底截面处的墙体转角，(°)；

$E$——弹性模量，MPa；

$I$——挡墙计算单元惯性矩，$m^4$；

$m$——土的水平地基反力系数，$kN/m^3$；

$b_1$——挡墙计算单元长度，m；

$\alpha = \sqrt{\dfrac{mb_1}{EI}}$——挡墙截条的变形系数；

$Y_{OH}$，$Y_{OM}$，$\varphi_{OH}$，$\varphi_{OM}$——$\alpha D$ 的函数。

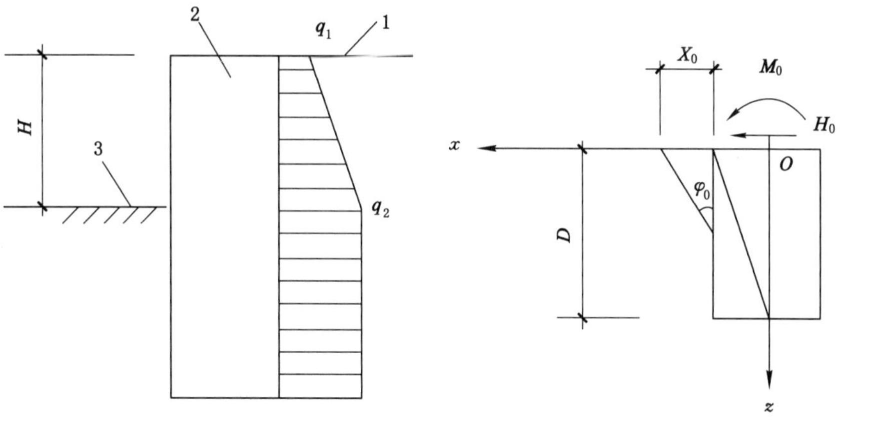


1—地面；2—冻土墙；3—基坑底。

图 2-17　弹性变形计算简图（“$m$”法）

作用在坑底处挡墙截面上的力矩 $\boldsymbol{M}$ 包括坑底以上的墙背上压力产生的力矩 $\boldsymbol{M}_0$ 和坑底以上的墙体自重产生的力矩 $\boldsymbol{M}_{W1}$，当 $\boldsymbol{M} = \boldsymbol{M}_0 - \boldsymbol{M}_{W1} < 0$ 时，略去力矩对位移的影响。

取墙长 1 m 为计算单元，可得墙顶最大挠曲变形为：

$$U_2 = X_0 + \varphi_0 H + \frac{11q_1 + 4q_2}{120EI}H^4 \tag{2-33}$$

式中 $X_0$——坑底截面处的水平位移，m；

$\varphi_0$——坑底截面处的墙体转角，(°)；

$H$——挡墙墙体在坑底截面以上的高度，m；

$q_1$——挡墙墙顶处所受的均布荷载，kN/m；

$q_2$——挡墙坑底截面处所受的均布荷载，kN/m；

$E$——弹性模量，MPa；

$I$——挡墙计算单元惯性矩，$m^4$。

（2）确定墙体厚度。

冻土墙墙体的最大位移：$U=U_1+U_2$，根据所计算的位移可求得冻土墙的厚度 $B$。

（3）按强度条件对墙身截面承载力及剪应力进行验算。

以抗倾覆稳定和冻土墙变形要求所求得的冻土墙厚度和所设计平均温度为基础，进行墙体应力校核。

求得基坑底面处的最大弯矩 $M_{max}$，则该截面处所受到的最大压应力为：

$$\sigma_{max} = \gamma_D H + \frac{M_{max}}{W} \tag{2-34}$$

最大拉应力为：

$$\sigma_{min} = \left| \gamma_D H - \frac{M_{max}}{W} \right| \tag{2-35}$$

基坑底面处剪力最大，求得坑底截面最大剪应力为：

$$\tau_{max} = \frac{H_0}{B} \tag{2-36}$$

对冻土墙抗压强度和抗剪强度进行校核：

$$\sigma_{max} \leqslant [\sigma] \tag{2-37}$$

$$\tau_{max} \leqslant [\tau] \tag{2-38}$$

其中，$[\sigma]$、$[\tau]$为冻土许用长时抗压强度和抗剪强度。

视平面冻土墙两端为铰支边，墙底和墙顶分别为固定边和自由边，按弹性理论的李兹方法得其自由边中点的位移为墙的最大位移公式：

$$u_{max} = \frac{2pH^4}{3\pi D\left[2 + \left(\frac{4}{3} - 2\mu\right)\right]\frac{\pi H^4}{L} + \frac{1}{10}\left(\frac{\pi H}{L}\right)^4} \leqslant [u] \tag{2-39}$$

式中 $[u]$——平面冻土墙允许变形，邻近无建筑物时，由冻结管允许挠度确定，取 $0.02H$；

$p$——冻土墙所受土压力的等效均布值，MPa；

$H$——冻土墙计算深度，m；

$D$——冻土的抗弯刚度，$D=Ee^3/[12(1-\mu^2)]$，MN · m；

$E$——长时弹性模量，MPa；

$e$——冻土壁厚度，m；

$\mu$——冻土的泊松比；

$L$——冻土墙跨距，m。

冻土墙厚度计算后，尚需进行下列强度验算。

① 抗倾覆验算。

冻土墙的受力状态见图 2-18。

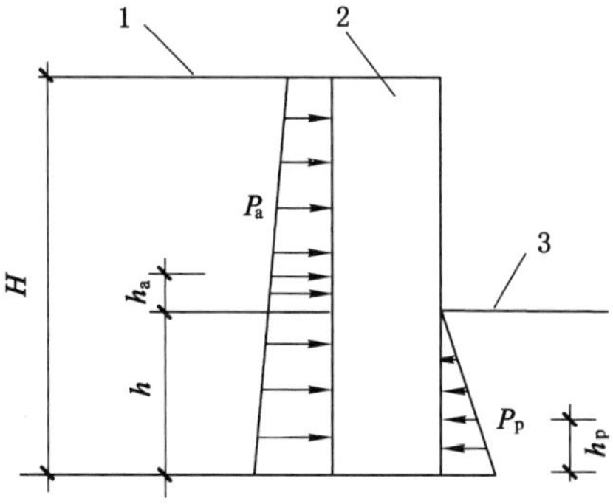


1—地表面；2—冻土墙；3—基坑底。

图 2-18　冻土墙的受力状态

$$K_g = \frac{\frac{Ge}{2}}{P_a(h_a + h) - P_p h_p 1} \geqslant 1.5 \tag{2-40}$$

式中　$K_g$——抗倾覆系数；

$h_a + h$——主动土压力作用点距墙底的距离，m；

$G$——每米长冻土墙自重，$G = 1 \times \rho_d eH$，kN；

$\rho$——冻土密度，$kN/m^3$；

$P_a$——冻土墙所受主动土压力，$kN/m^2$；

$h_p$——被动土压力作用点距冻土墙底的距离，m；

$P_p$——冻土墙在基底以下部分所受被动土压力，$kN/m^2$。

② 抗剪切验算。

$$K_j = \frac{1 \times e\tau}{P_a} \geqslant 1.5 \tag{2-41}$$

式中　$K_j$——抗剪系数；

$\tau$——冻土的抗剪强度。

③ 抗弯验算。

$$\sigma_{max} = \frac{\frac{P_a h_a e}{2}}{I} = \frac{3P_a h_a}{e^2} \leqslant [\sigma_e] \tag{2-42}$$

式中　$\sigma_{max}$——冻土最大拉应力，出现在冻土墙跨中的坑底处；

$[\sigma_e]$——冻土墙最大允许拉应力。

(4) 冻土墙高度的确定。

冻土墙高度(包括挡土部分高度和基坑底面下的入土深度)与基坑设计深度、土压力、墙体稳定系数关系密切。当基坑设计深度以下有含水层且其埋藏深度在基坑设计深度的

70%～80%范围内时，冻土墙高度应穿过含水层，坐落在隔水层中，并进行坑底抗隆起和抗管涌验算。

## 第二节　基于时空效应的开挖与支护设计方法

### 一、引言

TerZaghi、Peck、Clough、Davision、Bgerrum、Tsui 等学者在 1940—1977 年的研究中发现，土的工程性质与时间和空间是有关系的，其研究成果中的基坑稳定和变形与开挖施工中时空效应相关的概念为时空效应理论的提出提供了依据。同时，岩石隧道中的“新奥法”指出，可以通过适时支护、柔性支护、随挖随衬等方法充分发挥围岩自身的承载能力从而加强了支护。土既是一种荷载，又是一种介质，于是也可以通过调整开挖顺序和开挖方式发挥土体本身的强度。

借鉴国内外研究成果，在吸取前人正反面经验的基础上，我国学者刘建航、刘国彬等结合上海地区多年基坑施工经验，总结和研究了基坑中的时间和空间作用特点，提出了基坑工程时空效应理论，以此为指导思想形成了基坑工程的设计和施工方法。该方法的主要特点是设计与施工密切结合，在设计和施工中考虑时空效应。

基坑工程时空效应理论是指在基坑工程施工中科学地利用地层自身的控制位移的潜力，以解决软土深基坑稳定和变形问题的一整套设计、计算方法和施工工艺。该理论包括两方面：一是根据基坑工程设计所选定的主要施工参数（基坑规模、邻近环境要求、几何尺寸、支撑形式、开挖方式和地基条件等），通过时空效应理论的分析计算，设计出详细的可操作的开挖与支撑的程序及施工参数，一般按分层、分步、对称、平衡的原则开挖与支撑，其中最主要的施工参数是分层开挖的层数、每层开挖深度，以及每层开挖中基坑挡墙被动区土体开挖后、挡墙未支撑前的暴露时间和暴露的宽度及高度；二是根据已设计好的或正在施工的施工参数、施工工况，提出了计算基坑支护系统的内力、变形以及对周围环境影响的新方法（包括平面和空间三维有限元计算方法），多分析土压力随时间、工况等的取值方法及其规律，从软土流变性等理论基础上研究基坑周围位移及对邻近建筑物和地下管线等的影响的计算方法，并提出了应用时空效应原则控制基坑变形的设计方法和施工工艺。

人工冻土在受力变形时，除了瞬时弹性和塑性变形外，最显著的一个特征是随时间延长而改变的变形，即人工冻土的蠕变。蠕变主要受温度、荷载、土质、加载历史和时间的影响。

由于冻结帷幕（冻结壁）的蠕变，冻结压力随时间不断增加，可能造成冻结壁的破坏。同时由于冻结壁发生过大的蠕变，使冻结管发生弯曲甚至断裂。另外，由于冻结壁发生较大的蠕变，对与之相互作用的结构和支护结构的稳定性都带来一定的影响。因此，在冻土的本构关系中应包括时间因素。

在开挖过程中，冻土的暴露长度对冻结壁的稳定性也有较大影响，应及时提供支护，使冻结壁由开挖后的二向受力状态转化为三向受力状态。掌握冻土开挖过程的力学性状非常重要，可以确定支护的时机和强度，对冻结壁和结构的稳定有着十分重要的作用。结合基坑工程时空效应理论和隧道“新奥法”施工理论，冻结设计中应考虑冻土开挖过程中的时空效应。

## 二、冻结时空效应

### (一) 人工冻土的蠕变机理

人工冻土的蠕变取决于时间的材料变形性态，目前主要通过蠕变试验、松弛试验和常加载速率试验三种方法来研究。蠕变是材料在恒定应力条件下，其应变随时间延长而改变的性态。一般人工冻土的非衰减型蠕变可用三个阶段来描述，如图 2-19 所示。

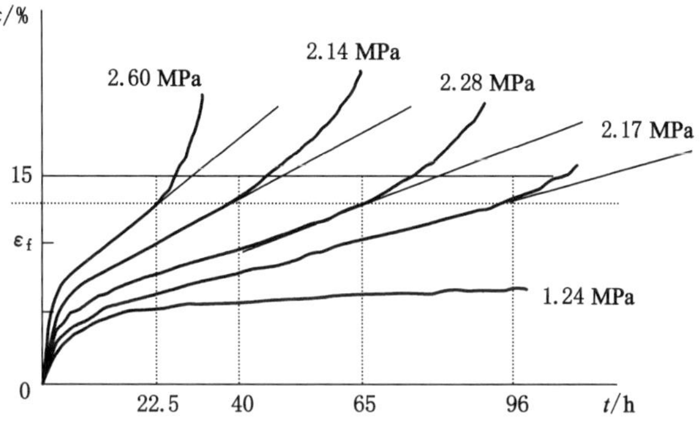


图 2-19　人工冻土的蠕变曲线

第一阶段为初始蠕变阶段，其应变随时间延长减速增加，土颗粒在外载作用下局部融化，土颗粒及其原来的集合体由局部发生错动扩展到大范围内的错动，伴随土颗粒重新组合及定向，占据与最小势能所对应的最近位置。第二阶段为常应变速率阶段，其应变随时间延长保持恒定速率增加，冻土内部裂隙扩展，土颗粒错动增加，伴随土颗粒向最小热能位置的愈合，这时错动的损伤与压密的愈合并存，但前者略占优势。第三阶段为加速应变阶段，其应变随时间延长加速增长，直至冻土结构破坏。这一阶段里，由于第二阶段内损伤的累积，愈合明显慢于损伤，造成裂隙扩展更大，土颗粒大范围错动，进而滑动至破坏。

### (二) 人工冻土的蠕变计算

人工冻土由外荷载引起的变形可以分为两部分，一部分是与时间无关的瞬时变形(包括弹性应变 $\varepsilon_e$ 和塑性应变 $\varepsilon_p$)，另一部分是与时间有关的蠕变应变 $\varepsilon_c$，即：

$$\varepsilon = \varepsilon_e + \varepsilon_p + \varepsilon_c \tag{2-43}$$

根据研究成果，我国人工冻土的单轴蠕变方程一般表示为：

$$\varepsilon = \frac{\sigma}{E_0(T)} + \frac{A_0}{(|T|+1)^k}\sigma^B t^C \tag{2-44}$$

式中　$\varepsilon$——应变；

$\sigma$——应力，MPa；

$E_0(T)$——冻土单轴弹性模量，MPa；

$A_0$，$k$——冻土蠕变试验常数，$(\mathrm{MPa})^B\mathrm{h}^C(℃)^k$；

$B$——试验确定的应力无量纲常数；

$C$——试验确定的时间无量纲常数；

$T$——冻土的温度，℃；

$t$——冻土蠕变时间，h。

若忽略弹性变形的影响，冻土的单轴蠕变方程简化为：

$$\varepsilon_c = \frac{A_0}{(|T|+1)^k}\sigma^B t^C \tag{2-45}$$

单轴蠕变速率方程简化为：

$$\varepsilon_c = \frac{A_0 C}{(|T|+1)^k}\sigma^B t^{C-1} \tag{2-46}$$

人工冻土蠕变应变表达式为：

$$\varphi_c(S_2) = f_1(J_2, T, I_1 t) \tag{2-47}$$

式中 $I_1$——应力张量第一不变量，$I_1=\sigma_1+\sigma_2+\sigma_3$；

$J_2$——应力偏量第二不变量，$J_2=\frac{1}{6}[(\sigma_1-\sigma_2)^2+(\sigma_2-\sigma_3)^2+(\sigma_3-\sigma_1)^2]$；

$S_2$——应变偏量第二不变量，$S_2=\frac{1}{6}[(\varepsilon_1-\varepsilon_2)^2+(\varepsilon_2-\varepsilon_3)^2+(\varepsilon_1-\varepsilon_3)^2]$。

根据弹塑性力学的基本理论，冻土蠕变剪切应变强度 $\bar{\varepsilon}$、剪应力强度 $\sigma_c$ 分别与第二应变不变量、第二应力不变量的关系为：

$$\bar{\varepsilon} = \frac{2}{3}\sqrt{3S_2}$$

$$\sigma_c = \sqrt{3J_2}$$

由单轴蠕变方程的进一步推广，采用分离变量法，忽略平均法向应力和内摩擦角的影响因素，可得：

$$\varphi_c(S_2) = g(J_2)h(T)k(T) \tag{2-48}$$

式中

$$\varphi_c(S_2) = 2\sqrt{S_2};g(J_2) = J_2^{\frac{B}{2}};h(T) = A_0/(|\ t\ |+1)^k;k(T) = T^C$$

即我国人工冻土蠕变的数学模型为：

$$2\sqrt{S_2} = A_0 J_2^{\frac{B}{2}} T^C/(|\ t\ |+1)^k \tag{2-49}$$

将等效应力($\sigma_e$)和等效应变($\bar{\varepsilon}$)代入上式，得到用应力强度表达的三轴蠕变方程为：

$$\varepsilon = A\sigma_e^B T^C \tag{2-50}$$

式中

$$A = \frac{A_0}{\sqrt{3}^{B+1}(|\ t\ |+1)^k}$$

对于三维蠕变问题，通常将塑性理论推广到蠕变情况，根据 Prundtl-Reus 塑性理论，用张量形式表示的塑性应变增量方程为：

$$d\varepsilon_{ij}^p = \frac{3d\bar{\varepsilon}^p}{2\sigma_e}S_{ij} \tag{2-51}$$

再根据时间应化理论

$$\dot{\varepsilon}_{ij}^{cr}=\lambda S_{ij}$$

因而得到人工冻土三轴蠕变速率方程为：

$$\dot{\varepsilon}_{ij}^{cr} = \frac{3}{2}ACS_{ij}\sigma_{e}^{B-1}T^{C-1} \tag{2-52}$$

（三）蠕变的数值模拟计算

蠕变问题以弹塑性理论为基础，但区别于弹塑性问题，即在求解蠕变问题时，用有限元求解，必须同时对时间域和空间域进行离散化处理，并以时间增量法为基础，建立求解公式。

在求解蠕变问题时，ANSYS 有限元程序有隐式和显式两种求解方法。显式法求解，即

$$\dot{\varepsilon} = f(\sigma^{t}, \varepsilon^{t}, T^{t+\Delta t}, \cdots) \tag{2-53}$$

由于蠕变按显式法求解，把蠕变经历的时间分成有限个时间间隔，在每一时间间隔内假设应力保持不变，按前一步的应力水平进行蠕变计算。这样变应力条件下求解蠕变量问题简化为逐段常应力蠕变量的累积，即把非线性蠕变计算分段线性化。显式法的优点是不需要重新组集和求解刚度矩阵，其缺点是步长不能太大，因而选择合理的时间步长，保证计算的稳定。

ANSYS 是通用的大型数值计算程序，利用 ANSYS 可以计算蠕变问题。蠕变数据可以采用指数的形式或分段线性曲线形式定义。采用材料属性定义选项 Creep 指定蠕变参数。

等效蠕变应变率与任何相关参数的相关性可以直接以幂定律形式输入，采用合适的指数。

$$\dot{\varepsilon}_{cr} = C_1\sigma^{C_2}t^{C_3}e^{-C_4/T} \tag{2-54}$$

通过 Material properties 选项直接输入三轴蠕变常数 $C_1$，$C_2$，$C_3$，$C_4$。

## 三、考虑冻土与结构相互作用的冻土帷幕开挖与支护的三维有限元分析

通过上海体育场（简称“上体场”）穿越工程，基于时空效应理论进行冻土帷幕的计算。

明珠线上体场车站穿越地铁一号线施工段，与地铁一号线斜交成约 79°角，方向大致为东西向。穿越段结构由相邻的上行线（南线）通道和下行线（北线）通道两部分组成，隧道结构横截面尺寸约为 5.74 m（高）×5.80 m（宽），穿越段顶面紧贴地铁一号线车站底板，穿越段结构顶部绝对标高约为－10.08 m，底板底标高约为－15.82 m，地面绝对标高为 4.19 m。穿越段总长度约 22.6 m，需要穿过一号线车站两侧厚 0.8 m 的地下连续墙。地面上方为高架桥。穿越段隧道横剖面如图 2-20 所示。穿越段施工范围内的地层有含水丰富的黏土和饱和粉土，而且施工对周围环境影响要求极其严格，采用水平孔冻结加固地层，矿山法开挖和结构施工。

### （一）冻结帷幕及开挖支撑形式

1. 冻土帷幕结构形式、厚度和平均温度

（1）冻土帷幕有效厚度。

侧墙不小于 2 m，底板不小于 2.5 m，竖隔墙不小于 1.5 m，水平隔墙不小于 1.3 m。冻土帷幕与地下连续墙和一号线车站底板冻结面宽度不小于 1 m。

（2）冻土帷幕平均温度。

侧墙和底板不高于－10 ℃，竖隔墙不高于－8 ℃，水平隔墙不高于－7 ℃。冻土帷幕与地下连续墙和一号线车站底板冻结面最低温度为－8～－5 ℃。

模拟计算时，侧墙和底板冻结壁分别按 2 m 和 3 m 考虑。

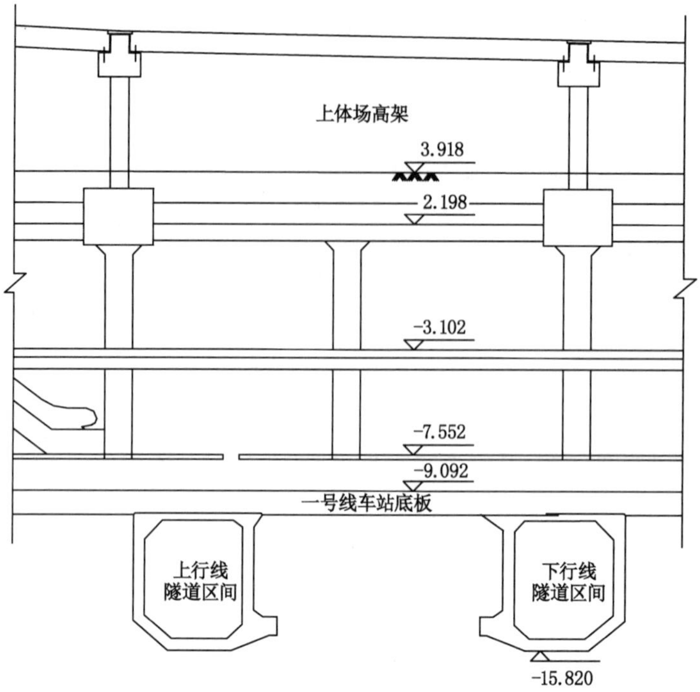


图 2-20　穿越段通道横断面图

2. 开挖支撑形式

开挖方式：由于穿越段结构断面大，井挖对环境的影响要求严格，采取分上下台阶的矿山暗挖方式，短段掘砌。一个开挖与支护循环的段长为 600 mm。分台阶开挖方式如图 2-21 所示。

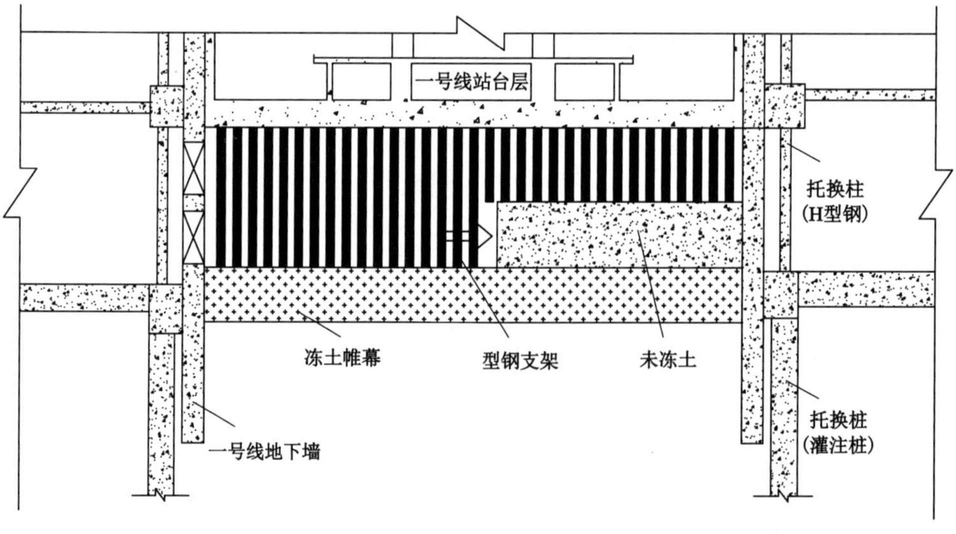


图 2-21　隧道分台阶开挖示意图

支撑形式：临时支撑体系自结构层向外由砂垫层、木背板、型钢支架、200 mm 厚 C15 喷射混凝土层和 4 mm 厚钢板组成，如图 2-22 所示。

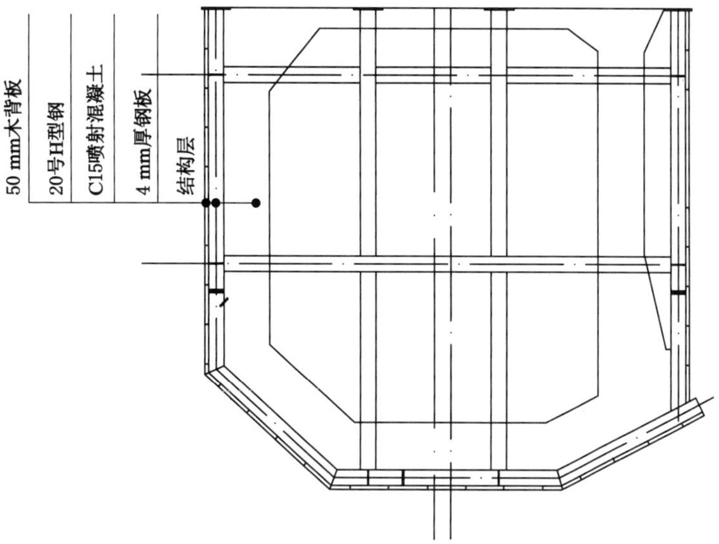


图 2-22　临时支护

3. 有限元分析方法和内容

采用 ANSYS 有限元程序，按设计方案及施工步骤对施工过程进行数值模拟。同时利用基坑开挖与支护时间关系，对影响冻结壁和结构变形的开挖段长、冻结壁暴露时间和开挖方式进行分析。

4. 开挖工况的模拟

开挖工况边界条件见表 2-1。

**表 2-1　开挖工况表**

| 序号 | 工况名 | 内容 | 边界条件 | 荷载条件 | 模拟方法 |
|---|---|---|---|---|---|
| 1 | 工况 1 | 上台阶开挖与支护循环为 1 m，冻土暴露时间为 12 h | 模型的南北端约束 X、Y 向位移，车站底板、地下连续墙约束 Y 向位移及冻结壁约束水平位移 | 车站顶板考虑分布荷载，结构及土均考虑自重 | ① 冻结壁按蠕变材料，土体按弹性介质考虑。<br>② 为节约机时，工况 1、工况 2 按开挖与支护前 6 m 模拟；工况 3、工况 4 按开挖与支护前 6 m 模拟 |
| 2 | 工况 2 | 上台阶开挖与支护循环为 1 m，冻土暴露时间为 24 h | | | |
| 3 | 工况 3 | 分上、下台阶开挖与支护循环为 1 m，冻土暴露时间为 12 h | | | |
| 4 | 工况 4 | 全断面开挖与支护循环为 1 m，冻土暴露时间为 24 h | | | |

5. 计算参数

(1) 冻土蠕变参数。

上体场穿越段黏土及粉土蠕变参数根据冻土试验确定，见表 2-2。

**表 2-2　冻土蠕变参数**

| 参数名称 | $C_1$ | $C_2$ | $C_3$ | $C_4$ |
|---|---|---|---|---|
| 参数取值 | $1.494\,5\times10^{-13}$ | 1.74 | −0.51 | 0 |

(2) 土及结构基本参数。

土及结构基本物理力学参数见表 2-3。

**表 2-3　土及结构基本参数**

| 类别 | 弹性模量/MPa | 泊松比 | 惯性矩 $I_{xx}$ | 惯性矩 $I_{yy}$ | 截面积/$m^2$ | 密度/($kg\cdot m^{-3}$) | 厚度/m |
|---|---|---|---|---|---|---|---|
| 土 | 5 | 0.35 | — | — | — | 1 800 | — |
| 冻土 | 150 | 0.35 | — | — | — | 1 800 | — |
| 混凝土 | $2.8\times10^4$ | 0.2 | — | — | — | 2 500 | — |
| 支架 | $2.8\times10^5$ | 0.3 | 0.000 13 | 0.000 13 | 0.003 95 | 7 800 | — |
| 喷射混凝土 | $2.8\times10^4$ | 0.2 | — | — | — | 2 500 | 0.2 |

(3) 计算荷载，如表 2-4 所示。

**表 2-4　计算荷载**

| 类别 | 荷载/Pa | 施加位置 |
|---|---|---|
| 一号线车站顶板 | 40 000 | 顶板均布 |

说明：水土压力计算中，土的密度取 1 800 $kg/m^3$。

6. 三维有限元计算网格

车站结构、地下连续墙、冻土墙和土体用八节点实体单元划分，支架采用二节点梁单元，衬砌采用四节点壳单元。计算模型见图 2-23，开挖方式见图 2-24。

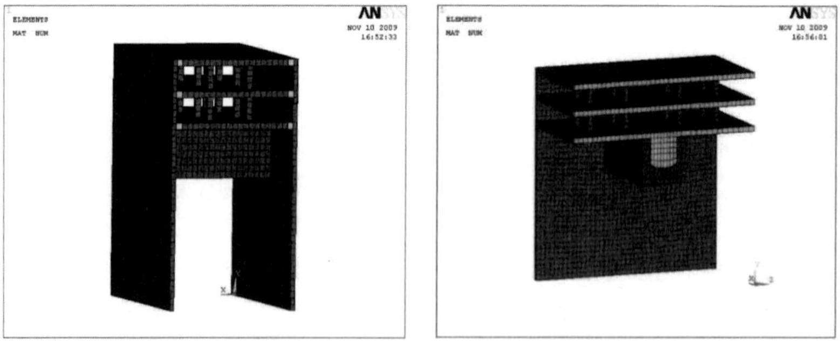

(a) 模型全貌　　(b) 穿越隧道（未显示东地下连续墙）

图 2-23　穿越段三维有限元计算模型

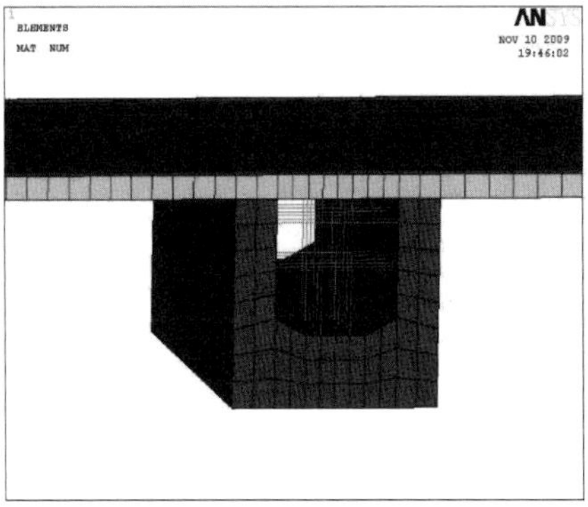


(a) 全断面开挖与支护

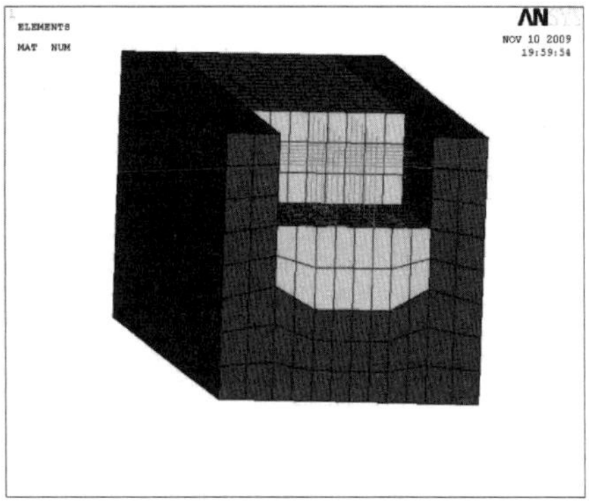


(b) 分台阶开挖与支护

图 2-24　开挖方式

7. 计算结果分析

工况 1、工况 2、工况 3、工况 4，开挖循环步距相同，都是每步 1 m。工况 1 开挖速度较快，一个循环在 12 h 内完成，冻土空帮暴露时间为 12 h。工况 2 开挖速度较慢，一个循环在 24 h 内完成，冻土空帮暴露时间为 24 h。

工况 3 分上、下台阶开挖，每步 1 m，冻土暴露时间为 12 h，共分 12 步。工况 4 全断面开挖，每步 1 m，冻土暴露时间为 24 h，共分 6 步。两工况均开挖 6 m。

分别计算车站底板竖向位移和应力、穿越段冻结壁侧墙水平位移和竖直位移、穿越段底部竖向位移和应力、支架轴力和喷层应力。计算分析结果表明：

(1) 冻土具有明显的随时间变化而变形的蠕变特性，冻结壁暴露时间延长 1 倍，冻结壁的侧向位移增加 25%；底板的膨胀量增加 14%～20%，而且变化速率较快。

(2) 冻土的蠕变特性对与之相作用的车站底板结构稳定性有影响，开挖的冻结壁暴露时间延长 1 倍，车站底板的沉降量增加 14.8%，压应力增加 23%。控制冻土井挖暴露时间，有利于维护结构的稳定性。

(3) 支架横梁的水平轴力是立柱轴力的 5 倍，这是由于侧墙冻结壁相对于底板冻结壁较薄。开挖暴露时间延长 1 倍，支架的轴力变化不大。

(4) 冻结壁的暴露时间延长 1 倍，喷层的拉应力减小 25.4%。这一结果同“新奥法”中围岩与支护相互作用的原理相一致。支护时机延迟了，支护层的内力减小了，但冻结壁(围岩)的变形增加了。

(5) 开挖与支护速度相同的情况下，分台阶开挖相比全断面开挖时，车站底板的最大沉降量减小 12%，车站底板的最大拉应力减小 84%。因而开挖方式对结构的受力状态及稳定性有十分重要的影响。

(6) 开挖与支护速度相同的情况下，分台阶开挖相比全断面开挖时，隧道冻结壁的侧墙水平位移最大减小 20%。可见，分台阶开挖的空间效应对冻结壁的变形有较大的影响。

(7) 冻结壁暴露时间延长(如工况 2)，引起车站底板位移最大近 1.9 mm。冻结壁蠕变的时间效应对车站整体有一定的影响。

考虑时空效应的计算结果可以指导冻结工程的设计。

# 第三节　冻结设计

冻结壁设计应根据冻结壁功能要求、类别选择不同形式和安全性能的冻结壁。冻结壁按其功能与要求分为三类，见表2-5。

**表2-5　冻结壁功能类别表**

| 类别 | 功能与要求 | 适用范围 |
| --- | --- | --- |
| Ⅰ | 仅用于止水而无承载要求 | 岩石裂隙和混凝土界面缝隙止水 |
| Ⅱ | 仅用于承载而无止水要求 | 不透水黏性土层的加固 |
| Ⅲ | 既要求承载又要求止水 | 含水砂土层的加固与止水 |

根据地层和周边环境的要求，冻结壁结构形式选择应遵循以下原则：含水砂性土层中采用封闭的冻结壁结构形式；冻结壁结构形式选择应有利于控制土层冻胀与融沉对周围环境的影响；对冻结壁有严格变形控制要求时，可采用开挖区域外有效冻结壁与开挖区域内完全冻结相结合的冻结壁形式。

联络通道部分宜采用直墙圆拱冻结壁，集水井、侧向泵站宜采用满堂加固或采用"V"字形冻结壁冻结加固。洞门冻结加固方式可采用水平杯式冻结、水平板式冻结、水平环式冻结和垂直板式冻结，在现场条件允许的情况下应优先采用垂直板式冻结。

开挖后冻结壁应设初次支护，冻结壁承载力设计仍应按承受全部荷载计算。洞门破除前冻结壁应有承载强度，经勘探不漏水、涌砂。冻结壁承载力设计应按承受全部荷载计算。

## 一、冻结孔设计

### （一）设计原则

#### 1. 联络通道冻结孔设计原则

联络通道冻结孔布置应根据冻结帷幕设计厚度及联络通道的结构来布置，并遵循下列原则：

（1）冻结孔的布置必须满足能够形成有效的冻结壁厚度和平均温度及界面平均温度的设计要求，联络通道喇叭口处的冻结壁设计厚度不应小于1 m，其他部位的冻结壁设计厚度不应小于1.4 m，冻结壁与隧道管片的交接面宽度不得小于1 m。要求冻结孔布置应避开管片接缝、螺栓孔，宜避开钢筋主筋。

（2）冻结孔布置参数应包括冻结孔孔位、冻结孔开孔间距、成孔间距、冻结孔深度和冻结孔偏斜精度要求等。冻结壁形成参数应包括冻结壁交圈时间、预计冻结壁扩展厚度、设计理想状态下典型断面和最薄弱处交圈图、冻结壁及界面平均温度等。

（3）对于长度小于20 m的联络通道，可采用从一侧布置冻结孔；对于长度大于20 m的联络通道，宜采用从隧道两侧布置冻结孔。

（4）当单排冻结孔不能满足冻结壁设计要求时，可布置多排冻结孔。

（5）冻结范围内存在富水易软化崩解地层，转角部位应加强冻结设计。

(6) 冻结孔布置设计时宜布置不少于 2 个的透孔(特殊情况可不打透孔,但联络通道两侧预留门洞要进行闭合导线测量),用于验证隧道管片预留门洞位置、线间距长度和对侧冻结管与冷排管供冷,透孔的数量根据流量计算是否满足设计要求确定。

2. 洞门冻结孔设计原则

(1) 盾构出洞冻结孔设计应根据盾构出洞结构及冻结加固范围布置,冻结孔的布置必须满足能够形成有效的冻结壁厚度和平均温度的设计要求。

(2) 垂直板式冻结类型的冻结壁平均温度宜按 −15～−10 ℃范围控制。仅作为对洞门四周工作井井壁封水的Ⅰ类冻结壁,应保持洞门四周一定范围的封水区域在负温状态,封水区域冻土与围护结构交界面的平均温度不应高于 −5 ℃;Ⅰ类冻结壁洞门四周隧道径向封水区域不宜小于 2 m;Ⅱ类冻结壁、Ⅲ类冻结壁不宜小于 3 m。

(3) 水平杯式冻结类型的冻结壁,冻结壁厚度一般在 1.5～2.0 m;外圈水平冻结的圆筒形冻结壁,盾构机壳体与冻土帷幕交界面的温度宜控制在 −5～−3 ℃;外圈冻结管形成的冻结壁,应保证冻结管之间冻土交圈,且冻结壁厚度不小于 1 m。

(4) 采用垂直板式冻结壁,一般应遵循以下原则:

① 采用水泥系加固的地层,如果下部位于砂性地层,冻结深度不宜超过水泥系加固深度;

② 布置两排或者两排以上冻结管时,排间距不应超过 1 300 mm;

③ 第一排冻结孔距离围护结构不宜大于 500 mm。

(5) 采用水平杯式冻结壁,一般应遵循以下原则:

① 对于短孔水平冻结,洞门圈外冻结管入土长度宜比洞门圈内冻结管长 1.5 m。

② 对于有纵向封水要求的长孔水平冻结,洞门圈外冻结管入土长度宜“包住”盾构机,长度一般为盾构机长度加 1～2 环管片长度;或者至少应覆盖盾构机应急注浆孔,长度超过应急注浆孔 1.5 m。

③ 冻结孔布置应考虑群孔效应,冻结孔的间距:洞门圈内不宜超过 1 300 mm,洞门圈外不宜超过 800 mm。

3. 基坑冻结孔设计原则

(1) 基坑冻结孔布置主要形式为垂直冻结孔,与竖井冻结孔布置的重要区别是冻结深度要考虑基坑底的隆起和管涌(竖井冻结的冻结深度只考虑深入稳定基岩 10～15 m),也就是说要考虑基坑封底。

(2) 基坑的封底方法通常有 4 种:① 冻结壁深入稳定岩层 10 m 以上;② 基坑开挖底部有足够厚的黏土层;③ 基坑的底部进行人工加固;④ 冻结孔超过基坑底部有足够深度。

(3) 基坑冻结孔布置排距 1.5～2.0 m,孔间距 1.2～2.0 m,盐水温度 −30～−28 ℃,冻结管规格 $\phi$159 mm×6 mm、$\phi$127 mm×5 mm、$\phi$104 mm×4 mm 等,冻结站装机容量要考虑基坑开挖后大面积冻结壁面的冷量损失,冻结壁平均温度一般取 −10 ℃,冻结壁有效厚度根据深度不同取 3.0～5.0 m。

### (二) 常规考虑因素

(1) 节能减排、减少对外部环境影响、隔离外部环境对冻结施工影响。

(2) 地层冻结设计应确保钻孔施工、土方开挖和结构施工的安全，并使周围环境和建(构)筑物不受损害。

(3) 开挖后，冻结壁应具备临时承载能力，并及时采取初次支护。

(4) 冻结壁表面直接与大气接触或通过导热物体与大气产生热交换时，应在冻结壁或导热物体表面采取保温措施。

(5) 冻结壁形成期间，冻结壁外 200 m 区域内的透水砂层中不应采取降水措施。必须降水施工时，冻结设计应考虑降水产生的不利影响。

### (三) 专项考虑措施

(1) 工程出现下列情况之一时：

① 联络通道结构顶部覆土厚度小于 6 m，或大于 25 m；

② 联络通道净距大于 20 m，或小于 3 m；

③ 区间圆隧道直径大于 10 m；

④ 侧式泵站；

⑤ Z 形通道；

⑥ 叠加通道；

⑦ 江底、湖底等水体下通道；

⑧ 地温高于 25 ℃；

⑨ 隧道内温度高于 28 ℃，风速过大。

(2) 水文地质条件出现下列情况之一时：

① 地下水流速大于 5 m/d，有集中水流或地下水水位有明显波动，或者含盐量高于 15 000 mg/L；

② 土层结冰温度低于－2 ℃或有地下热源可能影响土体冻结；

③ 土层含水量低、过饱和土层可能影响土体冻结强度；

④ 在含有承压水砂层中施工；

⑤ 存在有害气体、古河道等不良地质条件或因前期施工遗留的不利因素。

(3) 联络通道施工区域地面影响范围(影响半径为 1 倍中心埋深)竖向投影区域内存在下列情况之一时：

① 居民住宅、保护建筑、综合管廊及其他重要建(构)筑物或沉降敏感区域等；

② 城市主干道、城市高架桥或地下通道；

③ 给水、排水、供热、燃气、航油等压力总管或干管、市政排水总管(合流总管)、110 kV 及以上高压电缆、军用光缆、通信等重要管线；

④ 铁路、高速公路、机场跑道、已运营或已建成的轨道交通设施或大型越江隧道工程；

⑤ 江河湖泊；

⑥ 同步施工的其他地下工程。

(4) 其他影响因素：

① 联络通道施工与盾构推进或铺轨等施工交叉作业；

② 土体中含有聚氨酯等隔热材料，且范围、分布难以确定；

③ 用其他施工方法扰动过的地层；

④ 近 3 个月内进行过水泥系土体加固。

## 二、测温孔设计

冻结法施工中，需通过测温孔对不同地层中冻结温度场的发展状况进行监测，分析评估冻结壁交圈、厚度的发展状况。

### （一）联络通道测温孔布置

1. 布置原则

联络通道测温孔布置一般遵循以下原则：

(1) 测温孔应根据联络通道冻结壁的形式布置在典型断面上，应满足判断冻结壁形成和开挖施工的要求。

(2) 根据土层中冻结孔偏斜状况，布置在终孔（成孔）间距偏大（或较大）的冻结孔界面上，即冻结壁发展最薄弱部位。根据冻结壁设计厚度，在该界面的冻结壁内侧、外侧各布置测温孔，以便分别监测冻结壁向内、外两个方向的发展状况，获得最薄弱处冻结壁厚度和平均温度。

(3) 多排孔冻结时，应在相邻两排之间且背向偏离最大的冻结孔之间的位置，布置测温孔，以监测掌握内部冻土柱交圈及冻结壁温度发展状况。

(4) 测温孔应综合考虑所冻结地层不同地质条件进行布置，考虑主要含水层、膨胀性黏土层、高流速含水层等冻结难度较大的地层。外圈测温孔应布置在地下水流向的上游，以便根据监测资料获得冻土发展速度。

(5) 冻结范围内地质条件和周边环境复杂，应综合分析冻结孔布置方案、钻孔偏斜、地层性状、地下水流速流向和周边环境等因素，增加测温孔数量，并合理确定其布置位置。

(6) 监测冻结壁厚度的测温孔不得少于 4 个，至少有 1 个贯穿冻结范围的测温孔，冻结壁内、外设计边界上均应布置测温孔，测温孔深度不应小于 2 m。集水井中部应布置测温孔，深度应与相邻的冻结孔深度相同。底部两侧应布置测温孔，深度应与相邻的冻结孔深度相同。具体测温孔数量可根据实际工况适当调整。

2. 测点布置原则

温度测点布置一般遵循以下原则：

(1) 测点的布置应满足判断冻结壁形成质量的要求。

(2) 测定冻结壁与隧道管片界面温度时，测点距离界面不得大于 50 mm。

(3) 测温孔内的温度测点的纵向间距原则上不大于 1 m，地层产状复杂、土性变化大时，应增加测点数量，重点监控主要含水层、强膨胀黏土层、地下水流速大的地层，隧道结构与冻土交界面等位置。

(4) 测点布置应能满足冻结、开挖构筑及融沉注浆施工等其他要求。

3. 测温频次

在开始冻结前应测量原始地温。从开始冻结至试挖，所有温度测点每隔 12～24 h 观测不应少于 1 次；在开挖和结构施工期间，所有测点每隔 4～12 h 观测不应少于 1 次。

### （二）盾构进、出洞测温孔布置

1. 测温孔布置原则

盾构进、出洞测温孔布置一般遵循以下原则：

（1）应在能反映冻结壁厚度的部位和冻结孔间距较大的界面上，或预计冻结壁薄弱处，布置测温孔。

（2）应在能反映冻土与结构交界面温度、冻土与盾构壳交界面温度的位置布置测温孔。

（3）应在冻土的盾构切削区和非切削区分别布置。

（4）要进行测斜、测深，确定测温点的位置，为后续测温数据分析提供依据。

一般在盾构工作井冻结壁内、外侧布置测温孔，每排冻结孔之间和冻结孔与连续墙之间不少于 1 个测温孔。

2. 温度测点布置原则

温度测点布置一般遵循以下原则：

（1）应在能反映设计冻结壁范围、厚度的位置布置测温点。

（2）应在能反映冻土与结构交界面温度、冻土与盾构壳交界面温度的位置布置测温点。

（3）应布置在需要计算冻结壁平均温度的截面上。

（4）测温管内安装测温电缆和测温元件后，管口应进行密封和保护，防止测温元件及电缆被移位、损坏。

3. 测温频次

开始冻结前应测量原始地温；从开始冻结至始发或接收，所有温度测点每隔 24 h 观测不应少于 1 次，特殊情况应加密监测频率。

### （三）基坑冻结测温孔布置

在满足施工需要的同时，按科学合理、经济务实的原则布置测温孔，一般在基坑冻结壁内侧、外侧和相邻两圈冻结管之间各布置 4～8 个测温孔。

## 三、卸压孔设计

### （一）盾构进、出洞水文孔布置

冻结为实体板块，不是封闭的冻结帷幕，因此没有布置水文孔的必要。

### （二）地铁隧道联络通道冻结水文孔布置

一般在冻结帷幕内布置冻胀压力释放孔——卸压孔，卸压孔压力的变化也可作为冻结壁发展过程和冻结壁交圈判断的依据。

卸压孔一般要求如下：

（1）为了减少冻结过程中土体冻胀对地表和通道的影响并便于观测水文情况，一般在联络通道开挖断面内布置卸压孔，释放冻胀水及冻胀压力，测试水文情况，在与联络通道相接的隧道管片上应布置卸压孔，每侧卸压孔个数不宜少于 2 个。

(2) 通过卸压孔压力的测试,以及对卸压孔内水流的观察,可以判断冻土发展情况。卸压孔压力的变化也是冻结壁发展过程和冻结壁交圈判断的依据。冻结初期压力会逐渐增大,随着冻结的进行,冻土不断扩展,卸压孔的压力越来越大,直到冻结壁交圈,此时卸压孔的压力不再增大,打开卸压孔后水流逐渐变小直至不再流出。

(3) 卸压孔应布置在开挖区非冻土内,并宜深入地层不小于 1.0 m;卸压孔孔径不宜小于 38 mm。卸压孔孔口应安装压力表和用于泄水的旁通管和控制阀门。压力表的精度应达到±0.02 MPa。

(4) 冷冻站运转前,必须检测地层初始水压,并与卸压孔附近地层水文勘察资料比较,发现异常必须查明原因并及时进行处理,确保卸压孔畅通;在冻结壁形成后,卸压孔的压力应大于地层水压 0.1 MPa。

(5) 冷冻站运转前期,应每隔 12～24 h 观测 1 次。压力开始上升后,应每隔 6～12 h 测量不少于 1 次。卸压孔水压上升超过初始压力 0.2 MPa 时应放水卸压。卸压孔中有水成线流持续流出时,应立即关闭阀门,待压力上升超过初始压力 0.2 MPa 后再卸压。

(6) 卸压孔水压值宜升高超过初始水压值 0.1 MPa 以上;除少量滴水外,打开卸压孔应无水持续流出,卸压孔压力应上升超过 7 d。

(7) 卸压孔应确保畅通,开挖前打开卸压孔 24 h 以上应无水流出。

## 四、探孔设计

冻结器供冷发生异常或冻结效果难以确定的部位,应打探孔检测冻结壁温度或检测开挖区内土体的稳定情况。

(1) 联络通道冻结探孔宜设置在推测的零度线附近及管片与冻土交界面冻结薄弱处,每侧隧道不少于 2 个。探孔深度进入地层不小于 0.5 m,并进行测温。

(2) 盾构进、出洞冻结洞门凿除前,应在洞门内打“米”字形探孔,探孔深度深入土层 0.5 m。检验冻结壁形成状态与围护结构交界面冻结情况。

# 第三章 软土地层土体冻结加固试验研究

## 第一节 冻土物理力学特性

### 一、人工冻土的物理力学特性

(一) 岩土冻结过程

岩土冻结过程,实质上是土中水降温、结冰并将岩土颗粒胶结为整体,导致其物理力学性质发生转变的过程。岩土中水的降温结冰过程见图 3-1。

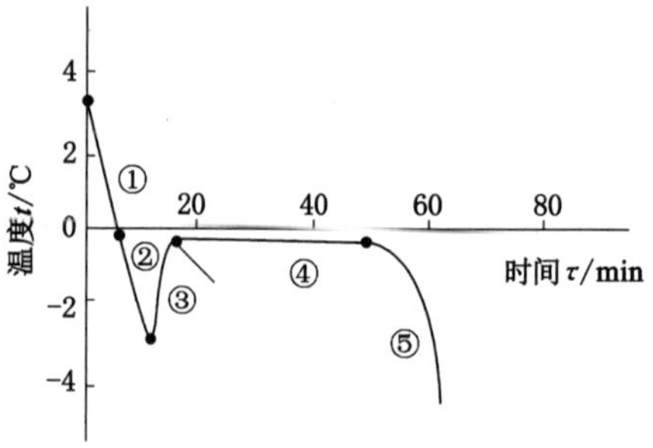


①~⑤—岩土中水结冰的五个阶段。

图 3-1 岩土中水的降温结冰过程

岩土中水的结冰可分为以下五个阶段。

①——冷却段:土层由常温逐渐降低至冰点。

②——过冷段:土体降温至 0 ℃以下,自由水尚不能结冰,呈现出过冷现象。

③——突变段:水在过冷阶段,一旦出现结晶立即出现潜热释放现象,出现升温。

④——冻结段:升温至冰点,当外部冷量与结冰潜热释放达到平衡,土中水进入持续、稳定的结冰过程,形成冻土。

⑤——冻土继续降温段:岩土中水结冰完成,随着冷量供给,冻土继续降温。

黏性土中的结合水,由于受土颗粒电场作用力甚至分子引力等的作用,冰点低于 0 ℃。已有研究表明:黏性土中的弱结合水,在温度降低至 −30 ℃时,才接近于全部冻结(一般仍有少量弱结合水处于未冻结状态)。

典型土壤冻结过渡状态的平均温度见表 3-1;冻土中水相变化及未冻水变化见表 3-2。

**表 3-1　典型土壤冻结过渡状态的平均温度**

| 土壤 | 过渡温度/℃ | |
|---|---|---|
| | 由融态向塑性状态 | 坚硬冻结状态 |
| 砂 | 0～－0.25 | 低于－0.25 |
| 砂质黏土 | －0.5～－1.5 | 低于－1.5 |
| 黏土 | －1.0～－3.0 | 低于－3.0 |

**表 3-2　冻土中水相变化及未冻水变化**

| 项目 | | 急剧转变区/℃ | 缓慢转变的过渡区/℃ | 实际冻结状态区/℃ |
|---|---|---|---|---|
| 水相变化 | 砂 | 0～－0.2 | －0.2～－0.5 | 低于－0.5 |
| | 粉状砂质黏土 | 0～－2.0 | －2.0～－5.0 | 低于－5.0 |
| | 饱和覆盖黏土 | 0～－5.0 | －5.0～－10.0 | 低于－10.0 |
| 未冻水量的变化 | | 温度每变化 1 ℃时，未冻水的变化量等于或大于1%（与干土质量相比） | 温度每变化 1 ℃时，未冻水的变化量为 0.1%～1% | 温度每变化 1 ℃时，未冻水的变化量小于 0.1%。砂土在－0.5 ℃时属于这种状态，当温度继续下降时不会引起含水率的变化 |

（二）岩土冻结的影响因素

1. 水中盐分

岩土介质中的自由水，在 1 个标准大气压且不含盐分的条件下，冰点为 0 ℃；当处于高压状态，或水中溶解有盐分时，冰点将受其影响而低于 0 ℃。

水中含盐分导致冰点降低的程度，与盐分的种类、含量都有关系。

$$\Delta t = \frac{kg\alpha}{M} \tag{3-1}$$

式中　$\Delta t$——含盐分水的冰点降低度数，℃；

$k$——水作为盐分溶剂时的冰点降低常数，取 1.86；

$g$——在 1 kg 水中盐分的质量，g；

$M$——所溶解的盐分的分子量；

$\alpha$——溶液冰点降低的修正系数，由一价金属与一元酸组成的盐类稀溶液，$\alpha=2\sim2.3$，由二价金属与二元酸组成的盐类稀溶液，$\alpha=3$。

2. 压力

有载土体的冻结温度，即土体内承压水的结冰温度按下式计算：

$$t_d = t_s + \eta p \tag{3-2}$$

式中　$t_s$——无载条件下含盐湿土冻结温度，通常介于－6～0 ℃；

$\eta$——荷载作用下结冰温度变化率，一般取－0.075 ℃/MPa；

$p$——土中水压力，MPa。

3. 水的流速

岩土体冻结过程中，地下水如果处于流动状态，由于冷量不断被带走，将会影响冻结壁交圈，甚至导致冻结壁无法形成。

绝大多数情况下，地下水流速非常小，一般不超过5～10 m/d，此时其对岩土冻结的影响可以不予考虑。然而，实际工程中也会遇到地下水流速较大的情形，其一是自然条件引起的流动，其二是人为原因引起的流动。某水电站工地曾在试验水道内开展过岩石冻结试验，证明当地下水流速小于30 m/d时仍可以顺利冻结。如果地下水流速高，可采取辅助措施降低地下水流速(如设置围堰、降低岩土体渗透性等)，并采取针对性的布孔方案与冻结参数(如在地下水流上游加密布置冻结孔、降低冷媒剂温度、加大冷媒剂流量等)，仍可对地下水在一定流速条件下的地层实施冻结。

由于冻结工程往往需要在施工范围内钻孔抽取地下水，因此，必须根据钻孔抽水的影响半径，评估其对地层冻结的影响，见表3-3～表3-6。

**表3-3　根据钻孔单位降深或单位涌水量确定抽水影响半径**

| 单位涌水量<br>$q_0/(L \cdot s^{-1} \cdot m^{-1})$ | 单位降深<br>$S_0/(m \cdot L^{-1} \cdot s^{-1})$ | 抽水影响<br>半径 $R$/m | 备注 |
|---|---|---|---|
| ≥2.0 | ≤0.5 | 300～500 | $q_0=\frac{Q_w}{S}$　　$S_0=\frac{S}{Q_w}$<br>式中　$S$——抽水孔内的水位下降，m<br>$Q_w$——涌水量，$m^3/d$ |
| 2.0～1.0 | 1.0～0.5 | 100～300 | |
| 1.0～0.5 | 2.0～1.0 | 50～100 | |
| 0.5～0.33 | 3.0～2.0 | 25～50 | |
| 0.33～0.20 | 5.0～3.0 | 10～25 | |
| <0.20 | >5.0 | <10 | |

**表3-4　钻孔使用前对抽水影响半径的估算**

| 公式名称 | 计算式 | 符号意义 |
|---|---|---|
| 舒尔采科普 | $R=\sqrt{\frac{6Hkt_Z}{\rho}}$<br><br>$R=\sqrt{\frac{12t_Z}{\rho}}\sqrt[4]{\frac{q_1 k}{\pi}}$ | $R$——钻孔抽水影响半径，m<br>$H$——含水层厚度，m<br>$k$——渗透系数，m/s<br>$t_Z$——抽水延续时间，s<br>$\rho$——含水层的给水度，一般采用以下数值：<br>砾石：0.30～0.35<br>粗砾：0.25～0.30<br>中砂：0.20～0.25<br>细砂：0.15～0.20<br>粉砂：0.10～0.15<br>$q_1$——钻孔的单位时间抽水量，$m^3/s$ |

**表 3-5　不同含水层钻孔抽水影响半径的经验数据**

| 土层特性 | 极细砂 | 细砂 | 中砂 | 粗砂 | 极粗砂 | 小砾 | 中砾 | 大砾 |
|---|---|---|---|---|---|---|---|---|
| 颗粒直径/mm | 0.05～0.1 | 0.1～0.25 | 0.25～0.5 | 0.5～1 | 1～2 | 2～3 | 3～5 | 5～10 |
| 影响半径/m | 25～50 | 50～100 | 100～200 | 200～400 | 400～500 | 500～600 | 600～1 500 | 1 500～3 000 |

**表 3-6　钻孔抽水对冻结的影响及注意事项**

| 土层 | 自然条件下地下水流速/$(m \cdot d^{-1})$ | 抽水对冻结的影响 | 要求及措施 |
|---|---|---|---|
| 黏性土<br>粉　砂<br>细　砂<br>中　砂 | <4 | 除砾石层外，在自然条件下的地下水流速一般小于 5 m/d，不会影响正常冻结。但在抽水条件下，冻水面就会降低，水力坡度就会增大，地下水流速就可能超过正常冻结要求的限度，延长冻结时间或造成冻结困难。如台吉一坑东风井、东庞副井、大屯主井、南屯主井、孔庄主井等曾因井筒附近抽水延长冻结壁的交圈时间 | 1. 避免在抽水影响半径内的水流下方抽水。冻结期间，井筒附近的自流井和抽水井应停止工作。<br>2. 当地下水面附近出现流速过大的地下水时，可布置若干深度超过地下水面的补充冻结孔和采用较低温度的盐水进行冻结 |
| 含小砾石的粗砾 | ≤5 | | |
| 砾石 | 5～40 | | |

## 二、冻土的基本物理性质指标

冻土的四相比例示意图见图 3-2，根据天然密度、颗粒相对密度、总含水率、含冰量指标，可借助四相比例示意图推求出其他物理性质指标。

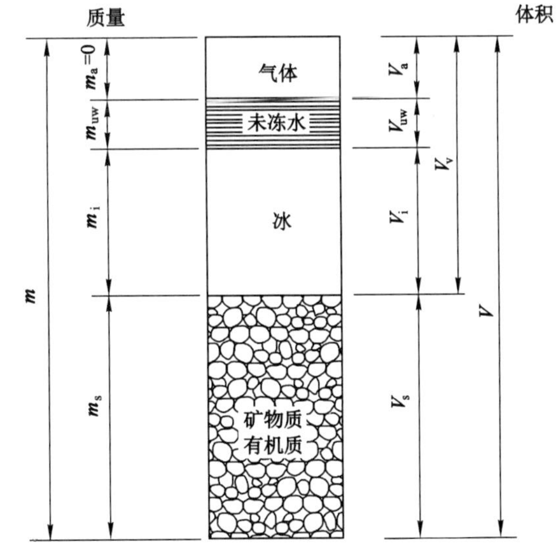


$m_s$—土粒质量；$m_w=m_i+m_{uw}$—土中水质量；$m=m_s+m_w$—土的总质量；
$V_s$，$V_w=V_i+V_{uw}$，$V_a$—土粒，土中水、土中气体体积；$V_v=V_w+V_a$—土中孔隙体积；
$V=V_s+V_w+V_a$—土的总体积；$V_i$—冰的体积；$V_{uw}$—未冻水体积；$m_i$—冰的质量；$m_{uw}$—未冻水的质量。

图 3-2　冻土的四相比例示意图

冻结岩土的基本物理性质指标见表 3-7。

**表 3-7　冻结岩土的基本物理性质指标**

| 指标 | 定义 | 公式 | 常用单位 | 测试方法 |
|---|---|---|---|---|
| 总含水量 | 冻结岩土内水和冰的总质量与岩土固相颗粒质量的百分比 | $w=\frac{m_w}{m_s}\times 100\%$ | 无量纲 | 浮称法、环刀法、充砂法 |
| 未冻水含量 | 冻结岩土内未冻水的质量与岩土固相颗粒质量的百分比 | $w_u=\frac{m_w-m_i}{m_s}\times 100\%$ | 无量纲 | 量热法、脉冲核磁共振法(NMR)、时域反射法(TDR)、差示扫描量热法(DSC) |
| 含冰量 | 冻结岩土内冰的质量与岩土固相颗粒质量的百分比 | $w_i=\frac{m_i}{m_s}\times 100\%$ | 无量纲 | 指标换算 |
| 总饱和度 | 岩土体孔隙水、冰的总体积占孔隙的总体积的百分比 | $S_r=\frac{V_w}{V_v}$ | 无量纲 | 指标换算 |
| 未冻水饱和度 | 冻结岩土孔隙内的未冻水的体积占孔隙总体积的百分比 | $S_{ruw}=\frac{V_{uw}}{V_v}$ | 无量纲 | 指标换算 |
| 饱冰度 | 冻结岩土孔隙内冰的体积占孔隙总体积的百分比 | $S_{ri}=\frac{V_i}{V_v}$ | 无量纲 | 指标换算 |

注：密度、重力密度、颗粒相对密度等其余指标同未冻结岩土。

## 三、冻土的热物理性质指标

冻结岩土的热物理性质参数，主要取决于四相成分及比例，见表 3-8。典型土层的热物理参数见表 3-9～表 3-12。

**表 3-8　冻土的热物理性质指标**

| 指标 | 定义 | 公式 | 常用单位 | 测试方法 |
|---|---|---|---|---|
| 质量比热容 | 单位质量的岩土介质温度升高或降低 1 ℃所吸收或释放的热量 | $c_m=\frac{c_s+c_w w_u+c_i w_i}{1+w}$<br>其中，$c_s$——土颗粒比热容；$c_w$——水比热容；$w_u$——未冻水含量；$w_i$——含冰量；$w$——冰与水的含量；$c_i$——冰比热容 | J/kg | 混合量热法、绝热加热器法、加热冷却法，或指标推算 |
| 体积比热容 | 单位体积的岩土介质温度升高或降低 1 ℃吸收或释放的热量 | $c_v=\rho_{df}(c_s+c_w w_u+c_i w_i)$<br>其中，$\rho_{df}$——冻土干密度 | J/(m³ · kg) | 指标推算 |
| 导热系数 | 单位温度梯度条件下，岩土介质内所产生的热流密度，即热流密度与温度梯度之比，单位为 W/(m · K)。导热系数的实质，是指在稳态导热条件下，厚度 1 m 且两侧面温差为 1 ℃的土体，单位时间内通过 1 m² 面积传输的热量 | $\lambda=\frac{\varphi_w x_w \lambda_w+\varphi_a x_a \lambda_a+\varphi_s x_s \lambda_s}{\varphi_w x_w+\varphi_a x_a+\varphi_s x_s}$<br>$x_w$，$x_a$，$x_s$——单位体积土中水、空气和土颗粒所占体积；$\lambda_w$，$\lambda_a$，$\lambda_s$——水、空气和土颗粒导热系数；$\varphi_w$，$\varphi_a$，$\varphi_s$——水、空气和土颗粒加权系数，取决于土颗粒的排列和各组成物质导热系数之比 | W/(m · K) | 稳态法如平板法、比较法、热流计法；非稳态法如球形探针法、瞬态热线法 |

表 3-8(续)

| 指标 | 定义 | 公式 | 常用单位 | 测试方法 |
| --- | --- | --- | --- | --- |
| 导温系数 | 土体中某点的相邻点发生温度变化时,其自身温度改变等能力指标,又称为热扩散率 | $D_h=\frac{\lambda}{c_V}$ | $m^2/h$ | 径向稳态热流法,或指标推算 |
| 结冰温度 | 岩土材料中自由水的结冰温度 | $T=T_0-0.075p$,其中,$p$——压力,MPa;$T_0$——水在无压条件下的结冰温度,℃ | ℃ | 零温瓶法 |
| 相变潜热 | 指土中单位质量的水结冰所释放的热量。标准大气压下,水转化为同等温度的冰所释放的潜热为333.7 kJ/kg | $L=\rho_d L'(w-w_u)$,其中,$L'$——水的相变潜热,一般取 333.7 kJ/kg;$\rho_d$——土的干密度;$w$——冰与水的含量;$w_u$——未冻水含量 | kJ/kg | |

**表 3-9　典型的土颗粒骨架的比热值**

| 土名 | 干密度 $\rho_d$/(kg·m$^{-3}$) | 含水率 $\omega$/% | 融化体积比热容 $c_{Vu}$/(kJ·m$^{-3}$·℃$^{-1}$) | 冻结体积比热容 $c_{Vf}$/(kJ·m$^{-3}$·℃$^{-1}$) |
| --- | --- | --- | --- | --- |
| 粉土、粉质黏土 | 1 600 | 10 | 2 425.6 | 1 873.5 |
| | | 20 | 2 676.5 | 2 208.1 |
| 碎石粉质黏土 | 1 800 | 10 | 2 258.3 | 1 844.3 |
| | | 15 | 2 634.7 | 2 032.5 |
| 砾砂 | 1 800 | 10 | 2 183.0 | 1 693.7 |
| | | 18 | 2 785.2 | 1 994.8 |

**表 3-10　典型的土颗粒骨架的导热系数值**

| 土名 | 干密度 $\rho_d$/(kg·m$^{-3}$) | 含水率 $\omega$/% | 融化导热系数 $\lambda_u$/(W·m$^{-1}$·℃$^{-1}$) | 冻结导热系数 $\lambda_f$/(W·m$^{-1}$·℃$^{-1}$) |
| --- | --- | --- | --- | --- |
| 粉土、粉质黏土 | 1 600 | 10 | 0.78 | 0.74 |
| | | 20 | 1.24 | 1.38 |
| 碎石粉质黏土 | 1 800 | 10 | 1.17 | 1.31 |
| | | 15 | 1.60 | 1.82 |
| 砾砂 | 1 800 | 10 | 1.91 | 2.61 |
| | | 18 | 2.18 | 3.08 |

**表 3-11　典型的土颗粒骨架的导温系数值**

| 土名 | 干密度 $\rho_d$/(kg·m$^{-3}$) | 含水率 $\omega$/% | 融化导温系数 $D_{hu}$/($\times10^3$ m$^2$·h$^{-1}$) | 冻结导温系数 $D_{hf}$/($\times10^3$ m$^2$·h$^{-1}$) |
| --- | --- | --- | --- | --- |
| 粉土、粉质黏土 | 1 600 | 10 | 1.40 | 1.42 |
| | | 20 | 1.67 | 2.25 |

表 3-11(续)

| 土名 | 干密度 $\rho_d$/(kg·m$^{-3}$) | 含水率 $\omega$/% | 融化导温系数 $D_{hu}$/(×10$^3$ m$^2$·h$^{-1}$) | 冻结导温系数 $D_{hf}$/(×10$^3$ m$^2$·h$^{-1}$) |
|---|---|---|---|---|
| 碎石粉质黏土 | 1 800 | 10 | 1.87 | 2.56 |
| | | 15 | 2.19 | 3.23 |
| 砾砂 | 1 800 | 10 | 3.17 | 5.56 |
| | | 18 | 2.82 | 5.51 |

**表 3-12　巨野矿区龙固煤矿不同深度冻土物理及热学参数**

| 埋深/m | 土性 | 含水量/% | 液限/% | 塑性指数 | 有侧限自由膨胀率 | 自由膨胀率 | 冻结温度/℃ | 导热系数/(W·m$^{-1}$·K$^{-1}$) | |
|---|---|---|---|---|---|---|---|---|---|
| | | | | | | | | 融化状态 | 冻状态/−10 ℃ |
| 201～210 | 黏土 | 24.17 | 50.55 | 23.25 | 17.89 | 94.70 | −1.17 | 1.274 | 1.813 |
| 251～275 | 砂质黏土 | 29.53 | 53.23 | 23.64 | 18.83 | 112.00 | −1.13 | 1.475 | 1.879 |
| 309～326 | 黏土 | 27.22 | 52.37 | 20.73 | 18.74 | 98.00 | −1.67 | 1.301 | 1.839 |
| 385～388 | 砂质黏土 | 27.41 | 47.30 | 23.16 | 3.45 | 113.20 | — | 1.205 | 1.703 |
| 419～420 | 砂质黏土 | 29.97 | 49.67 | 22.01 | 1.96 | 88.30 | — | 1.410 | 1.887 |
| 477～481 | 黏土 | 18.36 | 61.33 | 25.73 | 39.34 | 103.40 | −2.31 | — | — |
| 517～521 | 黏土 | 22.10 | 51.35 | 23.10 | 7.65 | 58.30 | — | 1.458 | 1.865 |

## 四、冻土基本力学性质指标

冻土的基本力学性质指标包括:单轴抗压强度、三轴剪切强度、内摩擦角、黏聚力、弹性模量、泊松比等。

冻土的强度、弹性模量主要受以下因素影响:

(1) 土性。

冻土强度受土颗粒的矿物成分的影响相对较小,而受土颗粒的大小影响显著。一般来讲,粗颗粒土的冻土强度大,细颗粒土的冻土强度低。

(2) 含水率。

含水率对冻土强度有显著影响。通常而言,土体饱和前,冻土强度随含水量的增大而增大;当土体饱和后,冻结后强度则随含水量的增大而减小。

(3) 温度。

冻土强度、弹性模量均随着冻结温度的下降而增大,在常见温度范围内,近似与温度呈线性关系增长。

$$\sigma = a + b\,|t| \tag{3-3}$$

式中　$\sigma$——冻土强度,MPa;

$t$——冻土温度,℃;

$a$,$b$——冻土强度随温度线性增长的拟合系数。

需指出的是:冻结凿井中冻土力学参数的测定,目前仍采用重塑土样先冻结再加载的试验模式，试验条件与深部人工冻土的实际工况差异显著。对于深部冻土的力学特性及试验方法，国内相关科研机构正开展研究，但尚未形成相应的试验规范。因此，冻土力学参数的取值，需考虑试验条件与实际工况的差异，根据冻土试验报告，在深入甄别分析的基础上使用。

赵固二矿冻土力学参数试验结果见表 3-13。

**表 3-13　赵固二矿冻土力学参数试验结果**

| 土性 | 深度/m | 温度/℃ | 抗压强度/MPa | 弹性模量/MPa | 泊松比 | 建议瞬时抗压强度/MPa |
|---|---|---|---|---|---|---|
| 粉质黏土 | 211.5～213.1 | −5 | 3.848 | 112 | 0.28 | 6.926 |
| | | −10 | 5.541 | 220 | 0.25 | 9.974 |
| | | −15 | 7.237 | 309 | 0.23 | 13.027 |
| 粉质黏土 | 233.9～240.6 | −5 | 2.110 | 125 | 0.27 | 3.798 |
| | | −10 | 3.262 | 208 | 0.24 | 5.872 |
| | | −15 | 5.037 | 291 | 0.22 | 9.067 |
| 粉质黏土 | 467.5～469.1 | −5 | 2.851 | 139 | 0.31 | 5.132 |
| | | −10 | 3.951 | 204 | 0.26 | 7.112 |
| | | −15 | 4.889 | 281 | 0.23 | 8.800 |
| 砂质黏土 | 516.0～517.6 | −5 | 2.130 | 107 | 0.30 | 3.834 |
| | | −10 | 4.178 | 199 | 0.27 | 7.520 |
| | | −15 | 6.293 | 278 | 0.24 | 11.327 |

## 五、岩土的冻胀、融沉特性

岩土工程冻结常伴随冻胀、融沉现象，容易对周围建筑及地下结构物造成不利影响，甚至造成损害或诱发工程事故。

冻胀与融沉现象主要发生在土体内。冻胀是由土体内水分结冰膨胀所致，尤其水分迁移容易诱发显著的冻胀。反之，冻结岩土体融化过程中，冰的融化体缩将导致岩土体发生显著压缩下沉，产生融沉现象。岩土体的冻胀与融沉，通过影响工程场地内或周边建筑物、结构物的地基变形，而诱发结构附加应力，危害其结构的安全；同时，对于岩体层内埋置的地下管线等结构，则会直接导致其移位甚至断裂，可能诱发严重的工程事故。

岩土的冻胀与融沉特性，一方面与土体的矿物成分、颗粒级配有关；另一方面，也与水分补给条件、冻结过程（如降温速度）等因素密切相关。因此，评估岩土冻结工程中的冻胀、融沉问题，需从土体自身及外部条件两方面考虑。

表征岩土冻胀、融沉特性的指标见表 3-14。

**表 3-14　岩土的冻胀与融沉指标**

| 指标 | 定义 | 公式 | 单位 | 常见值 |
|---|---|---|---|---|
| 冻胀率 | 测定土体在无荷载有侧限条件下单位冻结深度土的冻胀量 | $\eta=\frac{\Delta z}{h'-\Delta z}\times 100\%$<br>其中，$\Delta z$——地表冻胀量；$h'$——冻层厚度 | 无量纲 | 根据不同土性和含水率取值 1%～12% |
| 融沉系数 | 冻土在融化过程中，在自重作用下产生的相对融化下沉量 | $\delta_0=\frac{\Delta h_0}{h_0}$<br>其中，$\delta_0$——冻土融沉系数；$\Delta h_0$——冻土融化下沉量；$h_0$——冻土试样初始高度 | 无量纲 | 根据不同土性和含水率取值 1%～25% |

根据冻胀率指标，可进行土体的冻胀性分级。我国《冻土地区建筑地基基础设计规范》(JGJ 118)中关于岩土的冻胀性分级见表 3-15。

**表 3-15　我国冻土的冻胀性分级**

| 冻胀率/% | $\eta\leqslant 1$ | $1<\eta\leqslant 3.5$ | $3.5<\eta\leqslant 6$ | $6<\eta\leqslant 12$ | $\eta>12$ |
|---|---|---|---|---|---|
| 冻胀等级 | 不冻胀 | 弱冻胀 | 冻胀 | 强冻胀 | 特强冻胀 |

需指出的是，上述冻胀率、融沉系数，均是指顶面无荷载作用，即自由状态下的指标。岩土工程总是涉及一定埋深，深度越大，初始竖向自重应力越大，而竖向自重应力对于土体的冻胀、融沉变形也具有重要影响。因此，对于深部岩土冻结工程，还应关注深部有载条件下的土体冻胀、融沉特性，以更准确地评估深部岩土的冻胀、融沉现象。

## 六、冻土的蠕变特性

冻土通常具有较为显著的流变性，主要包括蠕变、应力松弛现象。冻土的蠕变，是指冻土在恒定的荷载作用下，变形随时间延长而不断发展的现象；而应力松弛则是指为维持冻土的恒定应变状态，应力随时间延长而逐渐减小的现象。

岩土冻结工程中，冻结壁的流变特性往往决定着冻结壁与冻结管的安全，进而影响冻结工程的成败；冻土与工程结构的流变相互作用，则通常构成地下工程结构的主要外载，影响地下结构的安全与稳定。因此，冻土流变特性是冻土力学研究的重要内容之一。

### (一) 冻土的蠕变规律及影响因素

冻土的蠕变通常分为两种类型：衰减蠕变和非衰减蠕变，二者随时间变化曲线见图 3-3。

衰减蠕变：冻土蠕变率随时间延长逐渐减小，最终趋于零，见图 3-3(a)。只有当冻土受到的作用力小于一定界限值(通常为冻土的长时抗压强度)时，冻土才呈现为衰减蠕变类型。

非衰减蠕变：冻土蠕变率随着时间的延长，最终不是趋近于零，而是逐渐增大，直至因大变形而进入破坏状态，见图 3-3(b)。当冻土受到的应力超过其长时抗压强度时，通常会呈现出非衰减蠕变性状。

非衰减蠕变通常经历以下三个阶段：

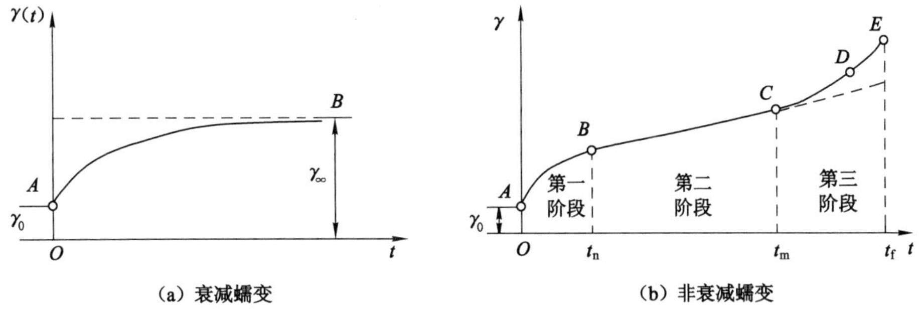


图 3-3　蠕变变形随时间变化曲线

① 非稳定蠕变阶段：该过程中微裂隙闭合压缩，蠕变率逐渐减小，趋近于某一恒定值。

② 稳定蠕变阶段或黏塑性流动阶段：冻土内原有结构缺陷达到平衡，处于恒蠕变率变形状态。

③ 渐进流阶段或急剧流动阶段：冻土内逐渐产生新的损坏、裂隙，并演变成大裂隙，导致冻土弱化。土样蠕变率随时间而增大，甚至急剧增大，最终导致冻土破坏。

冻土蠕变的主要影响因素，包括其物理力学特性以及外载及应力状态等外部条件。

(1) 冻土的物理力学特性。冻土的固相矿物成分、颗粒级配，及其与冻结温度直接相关的含冰量、未冻水含量等，无疑是影响冻土蠕变特性的重要因素；同时，冻土自身内部结构与构造，也对其蠕变性质具有重要影响。此外，由于含盐量直接影响冻土孔隙水的冰点，因而含盐量也对冻土的常规及蠕变特性有一定影响。

(2) 冻土外载及应力状态等外部条件。冻土的蠕变性状最终在一定应力条件下才能呈现。应力水平、应力状态是决定冻土呈现何种蠕变类型的决定性外部因素。通常而言，冻土处于较低的应力水平下，可能不发生或仅发生轻微蠕变，呈现为衰减蠕变类型；而随着应力水平增高，或应力状态改变，当等效应力接近甚至超过其长时强度时，冻土蠕变会加剧，呈现为非衰减蠕变性状。

### (二) 冻结黏土蠕变数学模型

冻结黏土的蠕变特性，可通过单向压缩试验或三轴剪切试验开展研究。

利用带冻结室的电液伺服试验机，对经过恒温冻结的土样开展恒荷载下的蠕变试验，直至冻土试样的应变率出现拐点或达到预设的破坏应变值(例如，当应变达到 25%时可视为已发生变形破坏)时结束试验，而后绘制蠕变试验曲线($\varepsilon$-$t$ 曲线)及蠕变速率过程曲线($\lg \varepsilon$-$\lg t$ 曲线)。

利用不同负温及应力水平下的单轴压缩蠕变试验，可整理获得以下蠕变本构方程，用于计算不同时刻的蠕变变形：

$$\varepsilon = A\sigma^{m}t^{\lambda} \tag{3-4}$$

式中　$\varepsilon$——蠕变应变，%；

$\sigma$——蠕变应力，MPa；

$t$——蠕变历时，min 或 h；

$A, m, \lambda$——分别与冻土温度、应力、时间有关的蠕变参数。

研究表明，$A$ 可以写成以下形式：

$$A=\frac{A_0}{(T+1)^k} \tag{3-5}$$

式中　$A_0$，$k$——蠕变参数；

$T$——冻土温度，℃。

实际工程中，冻结壁通常处于三维应力状态，其蠕变分析须按三维应力考虑。为此，应尽可能开展三轴剪切蠕变试验，按等效应力、等效应变整理得到形式相同的蠕变本构方程。单轴蠕变本构方程中的参数，可按下式转换成三维应力状态蠕变参数：

$$A'=\frac{A}{3^{\frac{B+1}{2}}} \tag{3-6}$$

$$B'=B \tag{3-7}$$

$$C'=C \tag{3-8}$$

龙固煤矿、赵固二矿冻土蠕变参数的试验结果见表3-16～表3-18。

**表3-16　龙固煤矿冻土单轴蠕变参数**

| 土性 | 深度/m | 温度/℃ | $A$ | $m$ | $\lambda$ |
|---|---|---|---|---|---|
| 黏土 | 202～222 | −5 | 2.215 | 0.857 | $0.057+0.269\sigma$ |
| | | −10 | 0.193 | 2.970 | $-0.073+0.209\sigma$ |
| 黏土 | 251.30～275.80 | −10 | 0.941 | 1.151 | $-0.479+0.227\sigma$ |
| | | −15 | 0.173 | 2.009 | $-0.505+0.178\sigma$ |
| 黏土 | 289.80～320.80 | −10 | 1.230 | 1.551 | $-1.051+0.556\sigma$ |
| | | −20 | 0.597 | 1.090 | $-0.734+0.230\sigma$ |
| 黏土 | 507～566 | −10 | 0.367 | 1.984 | $0.125+0.063\sigma$ |
| | | −15 | 0.128 | 2.336 | $-0.327+0.184\sigma$ |
| | | −20 | 0.005 | 4.107 | $-0.040+0.056\sigma$ |

**表3-17　龙固煤矿冻土三轴蠕变参数**

| 土性 | 深度/m | 温度/℃ | $A$ | $m$ | $\lambda$ |
|---|---|---|---|---|---|
| 黏土 | 507～566 | −10 | 0.037 | 4.790 | $-1.739+0.711\sigma$ |
| | | −15 | 1.168 | 0.738 | $-0.812+0.252\sigma$ |
| | | −20 | 0.005 | 4.117 | $-0.080+0.057\sigma$ |

注：表中数据通过围压为10 MPa的三轴蠕变试验获得。

**表3-18　赵固二矿深部黏性土层冻土冻胀性能与蠕变参数**

| 取样深度/m | 土性 | 温度/℃ | 冻胀性能 | | 蠕变参数 | | | |
|---|---|---|---|---|---|---|---|---|
| | | | 含水量/% | 冻胀率/% | $A$ | $B$ | $C$ | 相关系数 |
| 211.50～213.10 | 粉质黏土 | −10 | 11.11 | 2.30 | | | | |
| 339.00～240.60 | 粉质黏土 | −10 | 15.10 | 4.12 | $5.4643\times10^{-4}$ | 1.4049 | 0.2506 | 0.8928 |
| 467.50～469.10 | 粉质黏土 | −10 | 12.65 | 2.48 | | | | |
| 516.00～517.60 | 砂质黏土 | −10 | 11.14 | 4.52 | $1.2875\times10^{-4}$ | 1.4418 | 0.1968 | 0.8979 |

### 七、冻土与结构的胶结面的抗剪强度参数

在地铁联络道、盾构进出洞等市政地下工程的冻结法施工中，常涉及冻结岩土结构（冻结壁）与衬砌结构之间通过接触面的胶结作用共同抵抗外部水土压力的情形。冻土与结构的胶结面往往需承受剪切应力。只有当胶结面具有足够的抗剪强度时，才能避免沿界面发生滑移破坏，保证封水性能。

为此，除上述冻结岩土力学性质指标外，根据工程需要，有时还需开展冻土与结构胶结面（如混凝土、钢板等）的剪切试验，获得不同法向应力下二者胶结面的抗剪强度，进而推求其黏聚力、内摩擦角等抗剪强度指标，为工程设计提供依据。

冻土与结构的胶结面的抗剪强度指标与土性及其含水率、密度，冻结温度，结构物的材质及表面粗糙度等因素都有密切的关系，应根据具体工程条件取值。

冻土与结构的胶结面抗剪强度指标的含义见表 3-19。

**表 3-19　冻土与结构的胶结面抗剪强度指标**

| 指标 | 定义 | 试验方法 | 单位 | 常见值 |
|---|---|---|---|---|
| 胶结面黏聚力 | 法向应力为零时，冻土与结构胶结面的抗剪强度 | 直接剪切试验 | MPa | 20～100 |
| 胶结面内摩擦角 | 反映了冻土与结构胶结面摩擦特性的参数，是胶结面抗剪强度 $\tau$ 与法向应力 $\sigma$ 的曲线与 $\sigma$ 轴的夹角 | | (°) | 20～45 |

## 第二节　有载条件下原状土模拟实验

### 一、引言

科技问题日益复杂，数学解析法困难或简化求解后产生误差，而不按照相似理论进行的个别试验结果不好推广。相似理论模拟试验正是解决这些问题的方法。自 1848 年法国科学家贝特朗（J. Bertrand）确定相似第一定理，经 1911—1919 年俄国的费捷尔曼和美国的白金汉（E. Buckingham）先后导出相似第二定理，到 1930 年苏联的基尔皮契夫和古赫曼提出相似第三定理，历经 80 余年，以相似三定理形成了对当今科学技术的发展具有巨大作用的相似理论。以相似理论为基础的模拟试验方法在矿业、化工、土木工程、机械、航天等领域得到了广泛应用。

自然界的任何物理现象中都包含有诸多影响参数，无论其参数间的函数关系能否准确建立，均能用准则方程来表示诸参数间的函数关系。准则是无因次的数群，准则的数目等于参数个数与基本参数个数之差。按相似第二定理，对那些仅仅只知道影响因素，目前还未能或者因其复杂性而根本不能建立数学模型的课题，总可以用相似第二定理求得其准则方程，然后用准则设计试验模型和进行模拟试验来研究。

相似的现象是指单值条件相似，且相似准则的数值相等，相似第一定理说明了现象间相似时所具有的特征。而相似第三定理则给出了现象相似的充分必要条件，即如果两个现象的单值条件相似，而且由单值量组成的同名相似准则数值相同，则这两个现象相似。

根据相似理论,若按照原型与模型的单值条件对应成比例,且其同名相似准则的数值相等的原则来设计模型,即模型和原型是相似的,则模拟试验的成果就可以利用相似准则,经过相似转换而应用于原型。

由于人工冻结土体能有效提高土体的强度和封水能力,目前国内外越来越多的软土工程加固采取了冻结法施工。土体冻胀和融沉会对结构及周围环境产生一定的负面影响,因此,获得冻土的冻胀和融沉规律是控制冻胀融沉的基础,基于其变化规律采取相应的措施从而将其负面影响减至最小。土体的冻结过程中,除黏性细粒土中的原位水发生冻结外,还会发生未冻水向冻结锋面的迁移,从而引起土中水分重分布和析冰作用。由于冻结时土中所含自由水、毛细水及一部分弱结合水随温度降低相继相变成冰,生成许多冰晶体、冰夹层、透镜体等冰侵入物,从而引起土颗粒的相对位移,使得土体体积膨胀,即所谓冻胀现象。冻土融化时,融化后的土体由于冰变成水体积减小产生融化性沉降,同时由于在融化区域发生排水固结,引起土层的压密沉降。通常融沉要大于冻胀,有时候融沉会变为突陷。融沉的不均匀性及突陷往往会导致结构的破坏。冻胀和融沉的主要影响因素有土层的物理、力学、热学性质以及温度、温度梯度、上覆荷载等。

冻胀率、融沉率等基本参数可以通过试验获得,但是实际工况下的冻胀、融沉涉及热力学、土力学等相关知识,基本上都是有载条件,情况复杂,可以通过模拟试验获得相应的规律,以指导设计和施工。

## 二、模化设计

有载条件下冻土的冻胀、融沉物理模拟试验研究中,影响冻土温度场的分布及冻胀、融沉的主要因素有:冻土材料物理、热力学参数,冻上体几何尺寸,时间,温度,荷载等。综合考虑上述因素,可以列出以下参数方程:

$$f(l,t,\tau,\rho,t_0,t_D,\omega,\varphi,C,E,\mu,q,\sigma,\delta,\lambda,a,c_V,Q_w,g)=0 \tag{3-9}$$

式中 $l$——几何尺寸,m;

$t$——温度,K;

$\tau$——时间,s;

$\rho$——冻土密度,kg/m$^3$;

$t_0$——地层温度,K;

$t_D$——冻土温度,K;

$\omega$——冻土的含水率,无量纲;

$\varphi$——冻土的内摩擦角,(°);

$C$——冻土的黏聚力,Pa;

$E$——冻土的弹性模量,Pa;

$\mu$——冻土的泊松比;

$q$——作用在冻土上的荷载,Pa;

$\delta$——冻土变形,m;

$\lambda$——冻土的导热系数,J/(m·s·K);

$a$——冻土的导温系数,m$^2$/s;

$c_V$——冻土的体积比热容,J/(m$^3$·K);

$Q_w$——冻土的相变潜热，J/m³；

$g$——重力加速度，m/s²。

利用因次分析法，可求得相似准则和准则方程，准则方程可表示为：

$$f\left(\frac{t}{t_0},\frac{t}{t_D},\omega,\varphi,\frac{C}{E},\frac{E}{\sigma},\mu,\frac{q}{E},\frac{\sigma}{C},\frac{l}{\delta},\frac{\lambda t}{Q_w a},\frac{a\tau}{l^2},\frac{Q_w}{c_V t},\frac{Q_w l^2}{\lambda\tau t},\frac{g\tau^2}{l}\right)=0 \tag{3-10}$$

本试验采用热学、力学、物性与原状土相同的重塑土作为试验材料，冻土初始温度场为原始地温。根据函数式和 π 项式，列出几个主要相似准则。

① 几何缩比。

现场冻结管直径 108 mm，模型冻结管直径 14 mm，$C_l=\frac{108}{14}=7.714$，按 $C_l$ 设计冻结系统。

② 温度准则。

根据柯索维奇准则：

$$K_0=\frac{Q_{w1}}{c_{V1}t_1}=\frac{Q_w{}'}{c_{V1}{}'t_1{}'}\qquad 即\qquad \frac{C_{Q_w}}{C_tC_{c_V}}=1 \tag{3-11}$$

式中　$Q_w$——岩土释放潜热；

$t$——温度；

$c_V$——体积比热容；

$K_0$——柯索维奇准则数。

由于模型试验用的土与原模型一样，$C_{Q_w}$、$C_{cv}$ 均等于 1，所以 $C_t=1$，即模型各点与原模型各点相应温度值相等。

③ 傅立叶准则。

$$F_0=\frac{\alpha\tau}{l^2}=\frac{\alpha'\tau'}{l'^2}\qquad \frac{C_\alpha C_\tau}{C_l^2}=1 \tag{3-12}$$

式中　$\alpha$——导温系数；

$\tau$——时间；

$l$——距离；

$F_0$——傅立叶准则数。

因为 $C_\alpha=1$，所以 $C_\tau=C_l^2=7.714^2\approx59.51$，即模型试验 1 个单元时间过程相当于原模型 59.51 个单元时间过程。

④ 应力相似准则。

$$\pi=\frac{E}{\sigma}=\frac{E'}{\sigma'}\qquad \frac{C_l}{C_\sigma}=1 \tag{3-13}$$

由于取原型土，其弹性模量相等，所以原型与模型相应点应力相等。

## 三、模拟试验系统

模拟试验系统包括制冷系统、加载系统及监测系统等。

加载系统采用反力架加压系统，整个系统由反力架、液压系统、电控系统、监测系统等部分组成，整个系统能提供的加载级别为 1 000 kN。

加载时通过油压千斤顶系统加压,压力作用在反力架上,从而实现 50 t 顶压力。试验前对土体进行加压固结。试验各系统见图 3-4～图 3-9。

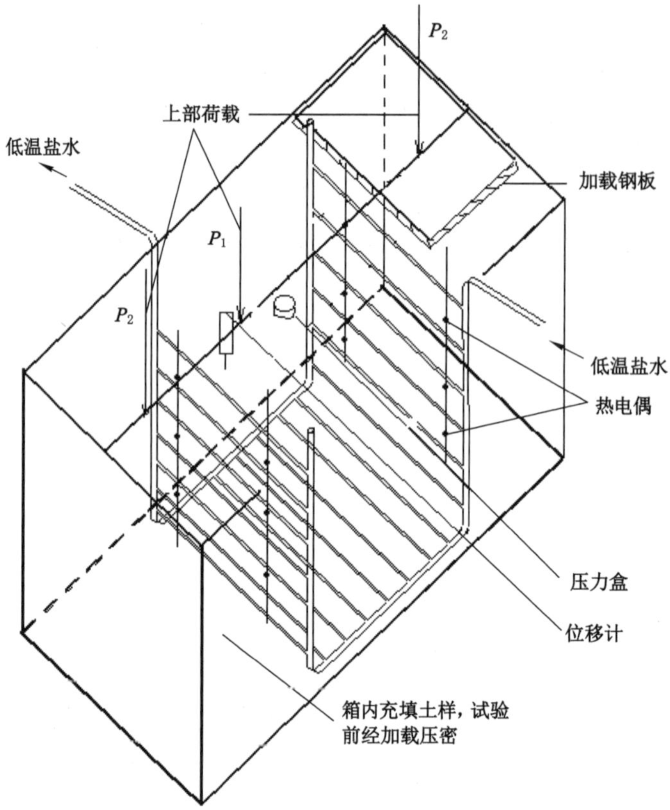


图 3-4　试验系统及测点布置示意图

图 3-5　反力加载系统

图 3-6　油压加压系统

图 3-7　位移监测系统

图 3-8　温度和位移数据采集系统

图 3-9　解冻盐水加热系统

## 四、试验结果及分析

(1) 达到冻结设计厚度时的有载冻胀试验结果见表 3-20。

**表 3-20　有载冻胀试验结果**

| 冻土墙厚度/mm | | 冻土墙高度/mm | | 冻胀量/mm | | 冻胀率/% |
|---|---|---|---|---|---|---|
| 模型 | 相当于原型 | 模型 | 相当于原型 | 模型 | 相当于原型 | |
| 194.5 | 1 500 | 945.0 | 7 290 | 9.03 | 69.7 | 0.96 |

注：表内冻土墙厚度和高度是指 U 形冻结体两侧的厚度和高度。

(2) 冻胀量与冻结时间的关系，见图 3-10。

试验结果表明，冻结时间 0～12 h 内冻胀的速率最大，冻土交圈时间为 8～12 h，可见冻土在交圈前后的冻胀速率是最大的，如果要采取减小冻胀的措施，应该在这一阶段进行。

(3) 冻胀压力与冻结时间的关系，见图 3-11。

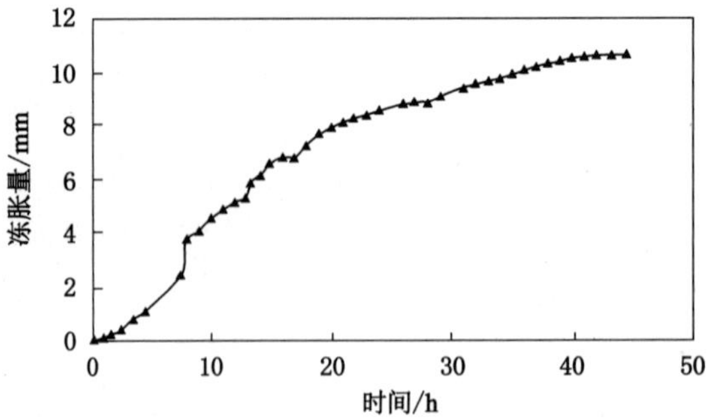


图 3-10　冻胀量与冻结时间的关系

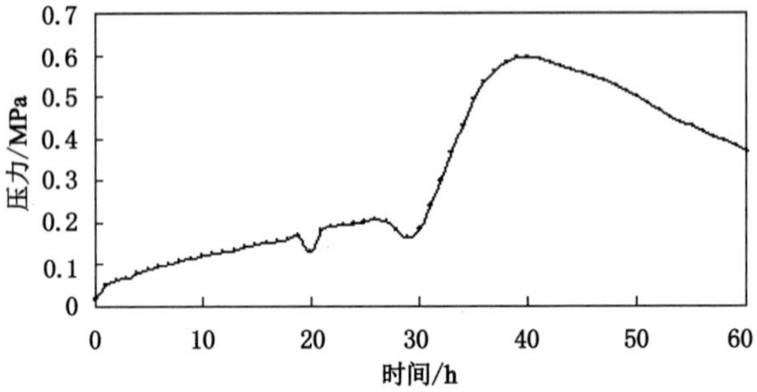


图 3-11　冻胀压力与冻结时间的关系

从图 3-11 可以看到:冻胀压力的变化规律是随着冻结时间的推移逐渐增大,到达极大值后又逐渐减小,与冻胀量随时间的变化相比可以看出,冻胀压力在冻胀量达到稳定状态时达到极大值,这说明冻胀压力是与冻胀量密切相关的。

(4) 强制解冻融沉量试验结果见表 3-21。

**表 3-21　强制解冻融沉量**

| 解冻盐水温度/℃ | 平均融沉量 | | 最大融沉量 | |
|---|---|---|---|---|
| | 模型/mm | 实际/mm | 模型/mm | 实际/mm |
| 70 | 25.8 | 199.02 | 31 | 239.13 |

解冻开始后即出现融沉变形,变形剧烈变化处在解冻连通期附近。解冻期间冻土的平均融沉量在 25.8 mm 左右,最大融沉量达到 31 mm。根据几何缩比,相当于原形实际施工中,平均融沉量 199.02 mm,最大融沉量 239.13 mm。

# 第三节　软土土层冻胀和融沉的理论

## 一、冻土冻胀和融沉基本参数

### (一) 颗粒组成

颗粒组成不仅对冻土的抗压强度有着显著的影响,而且也是评价土层冻胀性的重要依据。

实践证明，岩土颗粒越大，在相同冻结温度的条件下，其抗压强度就越大。在常见的岩土如砾石、砂土、黏土中，冻砾石土抗压强度最大，其次为冻砂土，最后为冻黏土。

土的颗粒组成也可以作为评价土层冻胀性的重要依据。因为土的粒度组成[尤其是粒径 50 μm(0.05 mm)以下的颗粒含量]对土冻结过程和冻胀性质影响极大，因此要对试验土层进行粒度分析，测定直径 50 μm 以下的颗粒含量，特别是 20 μm(0.02 mm)的颗粒含量。

试验时将粉末试样用分析纯乙醇稀释，超声制备悬浮液，用专用样品台载样，自然干燥后，喷镀导电层，用 S250-MK3 扫描电子显微镜观察，分析土的粒度分布情况。如某黏土的具体分析结果见表 3-22。

**表 3-22　灰色淤泥质黏土颗粒组成**

| 颗粒尺度范围/μm | $D<10$ | $10\leqslant D<20$ | $D\leqslant 20$ |
|---|---|---|---|
| 颗粒含量/% | 38.9 | 49.9 | 11.2 |

（二）土的矿物成分测定

土的矿物成分对冻土强度影响较小，但对土的冻胀性却有较大影响。因此，对土的矿物成分进行定性和定量的分析有助于分析判断土体的冻胀。

采用日本理学(Rigaku)公司生产的 D/Max-3B 型 X 射线衍射仪，以 0.02°采样间隔 3°/min 的扫描速度进行连续扫描，对土样进行定性分析，以 0.01°采样间隔 0.25°/min 的扫描速度进行步进扫描，对土样进行定性分析。定性分析的标准是利用粉末衍射联合会国际数据中心(JCPDS-ICDD)提供的各种物质标准粉末衍射资料，并按照标准分析方法进行对照分析。定量分析按照《金属材料定量相分析——*X* 射线衍射 *K* 值法》(YB/T 5320)进行。某黏土具体分析结果见表 3-23。

**表 3-23　灰色淤泥质黏土矿物成分组成**

| 成分 | 伊利石 | 伊蒙混层＋蒙脱石 | 高岭石 | 绿泥石 | 石英 | 长石 | 方解石 | 白云石 | 其他 |
|---|---|---|---|---|---|---|---|---|---|
| 含量/% | 20 | 4 | 5 | 14 | 40 | 12 | 2 | <1 | 余量 |

## 二、冻胀的影响因素

（一）颗粒大小、分散性

根据颗粒大小进行分析，是评价冻胀的一般方法。国外一些研究机构对土的颗粒大小与冻胀关系的部分研究成果如下：

日本北海道开发局土木研究所：

$d=0.1\sim0.05$ mm　冻胀

$d=0.05\sim0.002$ mm　冻胀最强

日本高志勤研究了土的粒径与冻胀力的关系，见图 3-12。

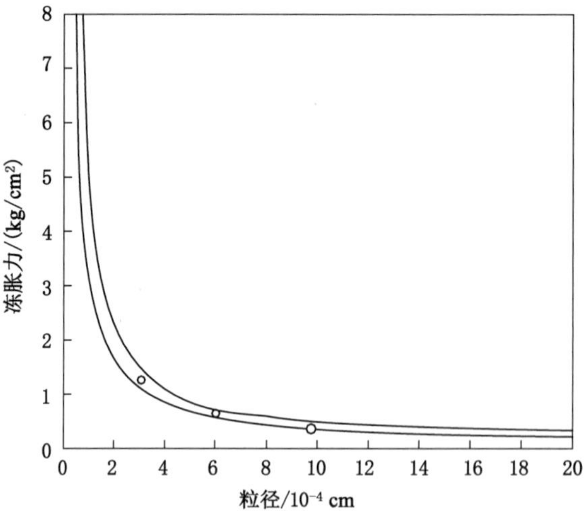


图 3-12　土的粒径与冻胀力关系

美国 A. Casagramde 研究发现，当有水供给时，在不均匀土壤中粒径小于 0.02 mm 的颗粒含量超过 3%或者在均匀土壤中粒径小于 0.02 mm 的颗粒含量超过 10%时，会出现明显冰析导致冻胀。

美国工程兵部队根据 A. Casagramde 准则，制定了土壤冻结设计标准，见表 3-24。

**表 3-24　土壤冻结设计分类标准**

| 冻结类型 | 土层名称 | <0.02 mm 颗粒的质量占比/% |
|---|---|---|
| F1 | 砂砾土 | 3～10 |
| F2 | 砂砾土 | 10～20 |
| | 砂土 | 3～15 |
| F3 | 砂砾土 | >20 |
| | 砂土(极细粉砂除外) | >15 |
| F4 | 粉土 | — |
| | 极细粉砂 | >15 |
| | 黏土 | — |
| | 成层黏土和其他细粒带状沉积 | — |

注：表中从 F1 到 F4 冻胀情况递增。

(二) 颗粒成分

美国 A. R. Jumikis 研究阳离子冻胀序列：R+++>R++>R+，即阳离子的电价越高冻胀性越大；土的冻胀序列：黏土>粉质土>亚黏土>亚砂土。

上体场④1 层淤泥质黏土中高岭石 $Al_4[(OH)_8Si_4O_{10}]$(含四价阳离子)占 5%，蒙托石(含 Al、Mg、Ca 和 Na，阳离子分别属二价或三价)占 4%，另有石英、伊利石、绿泥石和石盐。

（三）渗透系数

日本北海道开发局土木研究所研究认为，在 $K=10^{-3}\sim10^{-6}$ cm/s 范围内冻胀严重。

（四）孔隙率

苏联相关研究认为，$n\geqslant26\%$会产生显著冻胀，上体场④1 层淤泥质黏土 $n\geqslant40\%$，因此属于显著冻胀土层。

（五）含水量

苏联的 M. H. гольдшТейн 根据土的塑限 $W_P$ 和塑性指数 $I_P$ 计算临界冻胀含水量 $W_{KP}$，$W_{KP}=W_P+0.37(I_P-1.5)$。根据工程背景，上体场④1层淤泥质黏土的 $W_{KP}=22.2\%+0.37\times(20.1-1.5)\%=29.082\%$。

上体场④1 层淤泥质黏土含水量为 30%～49.9%，大于 $W_{KP}$，该土层属严重冻胀土层。

（六）荷载

冻胀率与荷载的关系见图 3-13。

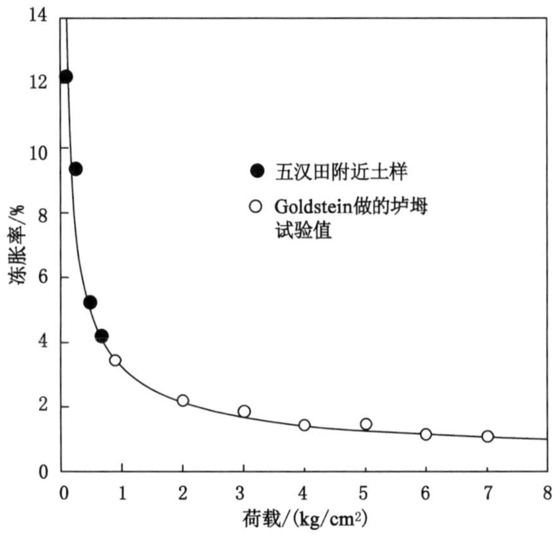


图 3-13　冻胀率与荷载的关系

冻胀率 $\xi$ 为：

$$\xi=\xi_0+\frac{C}{\sigma} \tag{3-14}$$

式中，$\xi_0$ 和 $C$ 为常数，其中

$$C=\sigma_0\left(1+\sqrt{\frac{u_0}{u}}\right) \tag{3-15}$$

综合上述分析，利用上述 6 种指标可以分析判断土层的冻胀性，对于上体场④1 层淤泥质黏土的冻胀性的总体评价是具有很强的冻胀性。

## 三、冻土融沉机理及融沉量

富冰冻土融化时，伴随冰侵入物的消融，冻土将产生融化沉降和压密沉降，土体结构被破坏，物理力学性质大大改变，承载能力降低，引起结构物不均匀沉降，造成破坏。融化后的土体由于冰变成水体积减小产生融化性沉降，同时由于在融化区域发生排水固结，引起土层的压密沉降。融化沉降的沉降量与外压力无关，而压密沉降与正压力成正比。冻土的融化沉降量及随时间而发生的过程不仅取决于冻土的性质(冻土构造及冰包裹体的存在等)及作用荷载，而且还取决于融化过程中土的温度状况。此外，冻土还将在其自重作用下发生融化沉降，因为它在天然状态下是不够密实的(由于在冻结期间土将被松散化并且存在冰的结晶联结——胶结冰联结)。相应地，在工程上一般都是以融沉系数 $A_s$ 来描述冻土的融化沉降，用压缩系数 $A_r$ 来描述融土的压密沉降。

冻结地层温度上升，冻土发生融化，冰晶和冰膜融化成水，只要条件适宜，在重力和上覆荷载的作用下将发生排水，土层重新固结。土层发生固结造成的沉降与冻结过程中形成的土粒结构的稳定性、冰融化成水释放的自由孔隙空间以及上覆荷载的大小有关。

如果冰层融化的水超出了土的排水能力，而土体又没有可供这部分水膨胀的空间，则会导致超孔隙水压力，这种超孔隙水压力会大大降低土层的强度。

对于融土，特别是在冻结时形成层状和网状构造的融土，其抗剪强度将降低达 80%之多，而对于于冻结形成整体状构造的冻土，融化后的土抗剪强度则可能不会降低。在任何情况下，冻十融化时黏聚力将急剧降低，而内摩擦角则可能无明显变化，特别是粗骨架土和砂土。

按照 Kujala(1989)的说法，在融化过程中的绝对沉降量要比由丁后加上覆荷载一起的固结沉降量大，如果在融化过程中已存在有上覆荷载，则这种情况下的最终沉降量要比同样的荷载在融化后立即加上去要大。这可以用在非饱和悬浮状态下土颗粒容易进行调整来解释。

20 世纪 30 年代，许多学者特别是苏联学者就已经开始研究冻土融化时的沉降，研制了专门的融沉测定仪，进行过一系列的现场实测，其后逐步深入。如拉普金根据诺里尔斯克的试验提出把冻土的融化沉降分成两部分："标准融化沉降"(它不仅包括因融化引起的沉降，而且还包括在一定的压力下恒定的压缩沉降部分)和与冻土上覆压力成比例增加的"可变压缩沉降"；戈里什腾(1942 年)研究了冻土加载及卸载时的压缩性；崔托维奇(1937—1939 年)研究了受荷载作用冻土的融化下沉。

### (一) 细粒土结构破坏

图 3-14 是日本东京关于软弱 silt(粉砂、淤泥)的冻结和解冻试验曲线。细粒土在冻结的过程中发生冻胀，解冻过程由于土体结构的破坏，发生急剧的沉降，以至于沉降量超过原土面的水平，其最终沉降量超过了冻胀量。

经显微镜扫描，上体场④1 层淤泥质黏土颗粒以黏粒为主，其粒度分布频度百分比分析结果见表 3-25。

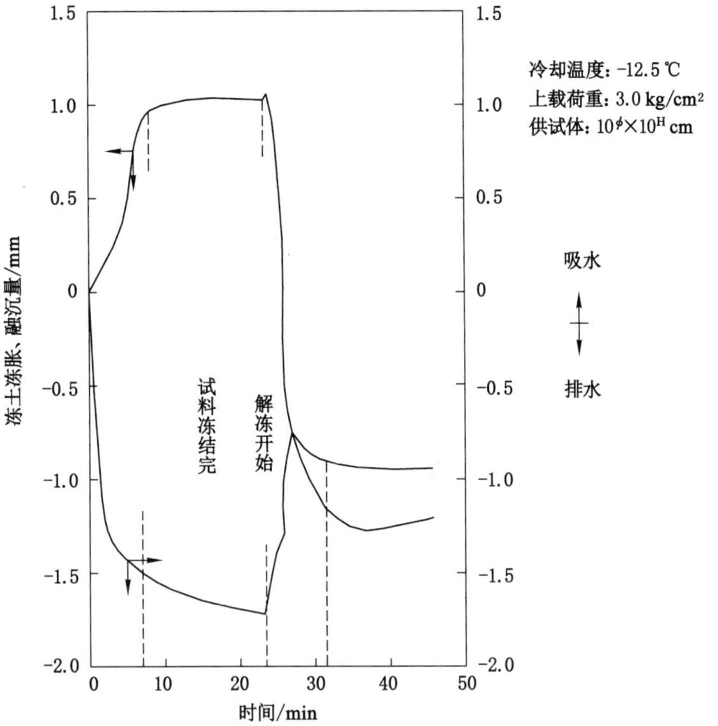


图 3-14　软弱 silt(粉砂、淤泥)冻结解冻试验(东京神田桥附近土样)

**表 3-25　淤泥质黏土粒度分析结果**

| 粒径/μm | $D<20$ | $20\leqslant D<50$ | $D\geqslant50$ |
|---|---|---|---|
| 占比/% | 41.2 | 43.7 | 15.1 |

当土的颗粒大部分在 50～5 μm 范围内时，土颗粒排列呈蜂窝状，而小于 5 μm 时呈絮状或羽毛状。冻胀和解冻过程中这种结构受到扰动和破坏，尤其在解冻阶段土体结构破坏，孔隙比发生急剧变化，会出现很大沉降量。

(二) 融化时细粒土的压缩固结作用

在冻土融化下沉同时压密并且方向为垂直向下的情况下，沉降量估算可以用如下关系式：

$$s = \frac{h_1 \Delta\varepsilon}{1+\varepsilon_0} \tag{3-16}$$

式中　$h_1$——整个试验土层总的融化深度，cm；

$\varepsilon_0$——冻土的初始孔隙比；

$\Delta\varepsilon$——在均布压强 $p$(kg/cm²)作用下孔隙比的变化。

试验土层完全融化以后 $h_1$ 和 $\varepsilon_0$ 便是常值；正融土的总稳定沉降量决定于可变的 $\Delta\varepsilon$，它不仅是土的性质的因数，而且也是外压力 $p$ 的函数。

低透水性、饱和细粒土的冻土融化时在外部荷载和自重的作用下产生压缩固结作用，冻土融化压缩曲线见图 3-15。

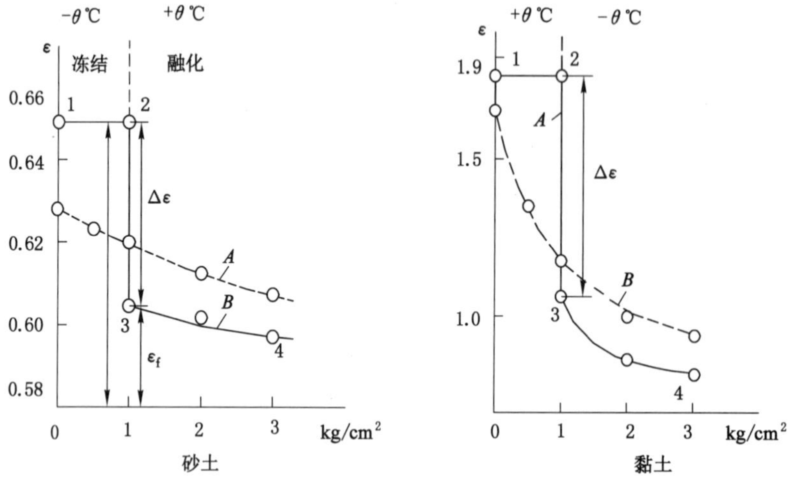


A—冻土融化时；B—未冻土(正常温度下)。

图 3-15　冻土融化压缩曲线

不论是砂土或黏土的冻土融化压缩曲线，都可以划分为三个特征线段：

线段 12 表示土体冻结状态下因水分迁移及荷载作用，冻土流变等作用导致冻土压密；

线段 23 表示冻土在融化、荷载作用下压缩及水被渗流挤出过程中，土体构造的剧烈变化；

线段 34 表示融化后由于残余的渗透固结作用和融土矿物骨架的蠕变引起的附加压缩。

比较未冻结过的土和冻土融化时的压缩曲线可以明显看出，在融化过程中孔隙比的变化最大，而决定正融土融沉量的值是融化过程中孔隙比的变化量 Δε。

### （三）细粒土冻土融化沉降量计算

在外荷载及正融土的自重作用下，冻土融化产生沉降。根据渗透固结理论，从已融土层的单位面积上渗出的水的体积 $Q$(不计冰转变为水时的高度的少许降低)等于土的沉降，即：

$$Q = \bar{A}h_2 + m_v hp \tag{3-17}$$

式中　$\bar{A}$——融化系数，$\bar{A}=A/(1+\varepsilon_0)$；

$A$——土的孔隙比变化与外压力关系系数；

$\varepsilon_0$——初始孔隙比；

$h$——冻土融化深度；

$m_v$——体积压缩系数，$m_v=\alpha/(1+\varepsilon_0)$；

$\alpha$——孔隙比变化与外压力变化的斜率；

$p$——荷载。

式(3-17)的左侧 $Q$ 是从已融土层的单位面积上渗出的水的体积。式(3-17)的右侧是冻土沉降量，右侧的第一项是融化沉降量，第二项是压密沉降量。

单位时间和单位面积所渗出的水的体积 $Q_z$：

$$Q_z = \int_Z^{Z_1} \bar{A}\,\mathrm{d}z + m_v \int_Z^{Z_1} \frac{\partial p_z}{\partial z}\mathrm{d}z \tag{3-18}$$

冻土在融化的同时被压密，其压密作用可达到被融化层的底部。此时在 $z<h$ 的任意深度内，土骨架的压力根据压力分布可表达为：

$$p_z = p - \frac{z}{h}(p - p_h) \tag{3-19}$$

式中　$p_z$——融化范围内土骨架的压力；

$p_h$——融化边界处的土骨架的压力；

$z$——融化范围内的深度；

$h$——冻土融化深度。

对公式(3-19)微分，假定 $p_h$ 和 $h$ 为变量，则有：

$$\mathrm{d}p_h = \frac{z}{h^2}(p - p_h)\mathrm{d}h + \frac{z}{h}\mathrm{d}p_h \tag{3-20}$$

将式(3-19)代入式(3-18)得：

$$Q_z = \int_Z^h \bar{A}\,\mathrm{d}z + m_v \int_Z^h \frac{z}{h^2}(p - p_h)\mathrm{d}h + m_v \int_z^h \frac{z}{h}\mathrm{d}p_h \tag{3-21}$$

由达西定律知：

$$\frac{kt}{r_w}(p - p_h + r_s h) = \int_0^h Q_z \mathrm{d}z \tag{3-22}$$

其中，$r_w$、$r_s$ 分别为水的重力密度和土的重力密度。

将式(3-21)代入式(3-22)得出：

$$\frac{kt}{r_w}(p - p_h + r_s h) = \bar{A}\int_0^h \mathrm{d}z \int_z^h \mathrm{d}z + m_v(p - p_h)\int_0^h \mathrm{d}z \int_z^h z\,\mathrm{d}z \times \int_z^h \frac{\mathrm{d}h}{h^2} + \frac{m_v}{h}\int_0^h \mathrm{d}z \int_z^h z\,\mathrm{d}z \int_0^{p_h} \mathrm{d}p_h \tag{3-23}$$

将式(3-23)积分，整理后得：

$$-\frac{3kt}{r_w m_v h^2} + \frac{1}{2} = \frac{3ktr_s h}{r_w m_v h^2 (p - p_h)} - \frac{3\bar{A}}{2m_v(p - p_h)} + \ln\frac{p - p_h}{p} \tag{3-24}$$

为简便表达，设

$$\frac{p - p_h}{p} = X \tag{3-25}$$

将式(3-25)代入式(3-24)得：

$$\frac{r_B m_v h^2 - 6kt}{2r_w m_v h^2} = \frac{6ktr_s h - 3\bar{A}r_B h^2}{2r_w m_v h^2 pX} + \ln X \tag{3-26}$$

如得知 $X$ 时，便可以从式(3-17)求得 $p_h$：

$$p_h = p(1 - X) \tag{3-27}$$

进一步可以求得压缩沉降 $S$，即：

$$S = \bar{A}h + \frac{p + p_h}{2}m_v h \tag{3-28}$$

（四）穿越通道底部冻土融沉工程解

通道底部冻土承受的设计荷载 $p=3\ \text{kg/cm}^2$，冻土的热力系数 $\beta_t=4.0\ \text{my}^{-\frac{1}{2}}$（$y$ 表示时间，年），渗透系数 $k=0.02\ \text{m/h}$，密度 $r_s=1.94\ \text{t/m}^3$，冻土融化时的相对压缩系数 $m_v=0.001\ \text{m}^3/\text{t}$，融化系数 $\bar{A}=0.02$。

1. 通道中部沉降

（1）融解时间 $t$。

底部冻土完全解冻，即融化深度 $h$ 为 1.8 m 需要的时间 $t$ 为：

$$t=\left(\frac{h}{\beta_t}\right)^2=\left(\frac{1.8}{4}\right)^2=0.2025(\text{年})，约合两个半月(2.43\ 月)$$

（2）判断标准 $k_b$。

$$k_b=\frac{(3\bar{A}+m_v p)r_w h^2}{6(p+rh)t}=0.0075\approx 0.01$$

式中　$r$——土的浮重力密度，$r=r_s-1$。

$$k>k_b$$

（3）求算$X$。

应用式(3-26)，代入已知数据求算：

$$-3.25+0.775/X-\ln X=0$$

$$X=0.35$$

（4）求融化边界上土骨架中的压力 $p_h$。

$$p_h=p(1-X)=30\times 0.65=19.5(\text{t/m}^2)$$

（5）求融化 0.2025 年后沉降量 $S$。将上述结果代入式(3-28)得：

$$S=0.08055(\text{m})$$

沉降率$=\dfrac{0.08055}{1.8}\times 100\%=4.475\%$。

2. 通道端部沉降

（1）融解时间 $t$。

冻土样完全解冻，即融化厚度为 2.2 m，需要如下时间 $t$：

$$t=\left(\frac{h}{\beta_t}\right)^2=\left(\frac{2.2}{4}\right)^2=0.3025(\text{年})，约合\ 3.63\ 个月$$

（2）判断标准 $k_b$。

$$k_b=\frac{(3\bar{A}+m_v p)r_w h^2}{6(p+rh)t}=0.00745\approx 0.01$$

$$k>k_b$$

（3）求算$X$。

应用式(3-26)，代入已知数据求算得：

$$X=0.34$$

(4) 求融化边界上土骨架中的压力 $p_h$。

$$p_h = p(1 - X) = 30 \times 0.64 = 19.2(t/m^2)$$

(5) 求融化 0.302 5 年后沉降量 $S$。将上述结果代入式(3-28)得:

$$S = 0.098(m)$$

沉降率 $=\frac{0.098}{2.2}\times 100\% = 4.45\%$。

计算结果见表 3-26。

**表 3-26　通道底部沉降、计算参数及沉降量**

| 位置 | 冻土厚度/m | 热力系数 $\beta_t/my^{-\frac{1}{2}}$ | 土的融化系数 $\bar{A}/(m/t/m^2)$ | 体积压缩系数 $m_v/(m^3 \cdot t^{-1})$ | 冻土的渗透系数 $k/(m \cdot h^{-1})$ |
|---|---|---|---|---|---|
| 底中部 | 1.8 | 4.0 | 0.02 | 0.001 | 0.02 |
| 底端部 | 2.2 | 4.0 | 0.02 | 0.001 | 0.02 |
| 位置 | 判断标准 $k_b$ | 荷载 $p/(t \cdot m^{-2})$ | 融化边界压力 $p_h/(t \cdot m^{-2})$ | 沉降量 $S$/m | 融化时间 $t$/月 |
| 底中部 | 0.007 5 | 30.0 | 19.5 | 0.086 | 2.43～2.95 |
| 底端部 | 0.007 45 | 30.0 | 19.2 | 0.098 | 3.63～4.38 |

注:① 融解化冻时间的下限值按 H. A. Цытович 方法计算,上限值按 A. R. Jumikis 方法计算。

② A. R. Jumikis 应用的理论公式为:$T = T_s + (T_D - T_s)\frac{2}{\sqrt{\pi}}\int_0^{x\eta} e^{-\beta^2} d\beta$,其中,$\frac{2}{\sqrt{\pi}}\int_0^{x\eta} e^{-\beta^2} d\beta = G(x\eta)$ 为 Gauss 误差函数,$\beta = x\eta = \frac{x}{2\sqrt{\alpha t}}$。

## 第四节　减少土层冻胀和融沉的方法

冻胀和融沉是土的人工冻结方法对环境产生的负面影响,过量的冻胀会使地表产生不均匀变形,造成邻近建筑物、构筑物基础及煤气、电力、通信、供排水等管线的破坏,甚至影响到工程的成败。融沉的不均匀性及突陷往往会导致结构的破坏。克服冻胀和融沉的综合防治措施可概括为机械法、热物理法、物理化学法和综合法。

### 一、变封闭型冻结为开放型冻结

以上体场冻结工程为例说明。

(1) 合理的冻结顺序和系统。

其一,将大 U 形改为两个小 U 形,最后冻结中部,即“U_U”模式。这样做可将土体加固和开挖工作化整为零,避免了大冻结体积和集中冻结风险,减少冻胀对车站底板的影响。

其二,在一个小 U 形内避免封闭冻结,原小 U 形冻结呈六面包围形态,即上为车站底板,下及左右是 U 形冻结体,前后为连续墙。要改变封闭冻结为一面开放冻结,减少冻胀力。

(2) 具体做法(见图 3-16)。

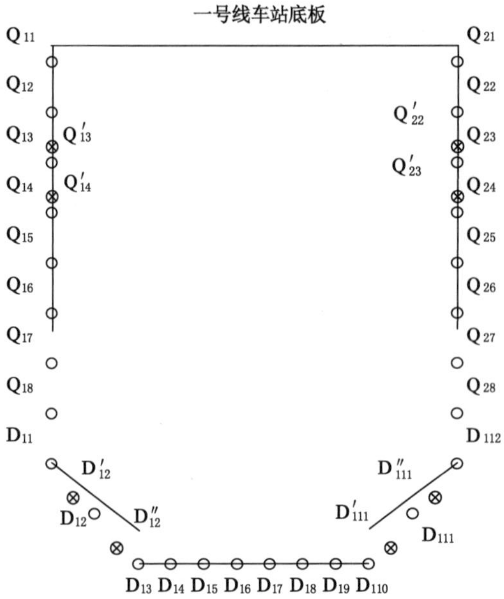


图 3-16　角点加密冻结管示意图

在 U 形侧墙和角点加密冻结管布置(加 2 减 1 方式,如用 $Q'_{13}$ 和 $Q'_{14}$ 代替 $Q_{13}$),开冻时间拖后 7～10 d,形成交圈时间差,减少并缓解整体变形冻胀。

$Q'_{13}$、$Q'_{14}$,$Q'_{22}$、$Q'_{23}$ 及 $D'_{12}$、$D''_{12}$ 和 $D'_{111}$、$D''_{111}$ 晚冻结 7～10 d,即总体交圈时,上述冻结孔还未交圈(滞后 2～5 d 交圈),27～30 d 时同时达到冻结厚度。

通过合理的冻结顺序,减少了冻胀变形和冻胀力,允许 U 形冻土墙向下部变形(减小底面阻力)。

## 二、泄水孔降低冻胀压力和孔隙水压力

在冻结壁封闭空间内部布设相应的 $\phi$108 mm 以上的钻孔,滤管不包纱网,以在冻胀引起土层压缩时排出部分水土,释放压力。

自流泄水一般认为适用于渗透系数 $K>3$ m/d($3.47\times10^{-3}$ cm/s)的土层。若不能自流泄水,必要时采取强制泄水措施。

## 三、合理的冻结范围和厚度

冻胀与体积成正比关系,体积越大,高度越高,自然冻胀也越厉害。过大的冻土体积不仅造成浪费而且十分有害,因此需要限定必要的冻结范围和厚度。取必要合理的冻土厚度是人工冻结防止冻胀的最基本的原则。

## 四、设置吸收变形减压孔

在冻结壁内部或者边界处设置吸收变形减压孔,随着冻土墙的形成和发展,逐步抽出孔内的预埋管,其形成的空间吸收冻土变形,以减少冻结过程中产生的冻胀量,降低冻胀力。例如预埋管采取冻结壁内部布置的方式,布置图见图 3-17。

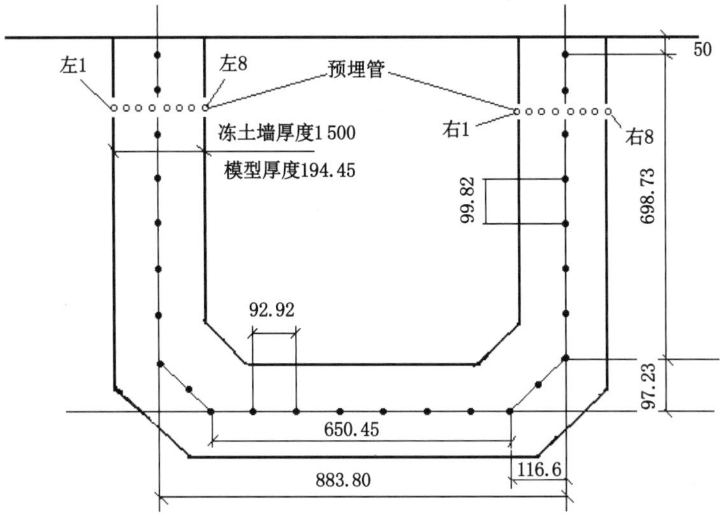


图 3-17　预埋管布置图

东京湾隧道川崎人工岛应用类似的方法——对策沟，控制了冻胀的影响。对策沟采用准连续的直径 660 mm 钻孔，孔间隔 860 mm，充填泥浆来吸收变形，使冻胀力由 110 t/m$^2$ 下降到 40 t/m$^2$，变形 60%～90%被吸收，取得良好效果。

东京外围排水隧道冻结用钻孔取芯方法吸收变形降低冻胀力，使冻胀压力由 26.8 t/m$^2$ 下降到 12 t/m$^2$，减少 55%以上。

## 五、热水孔控制冻结边界

土的人工冻结温度场是不稳定温度场，具有不稳定边界性质。用热盐水循环吸收冷量以限制冻土边界，不使冻土过量扩展超过设计位置而影响周围的构筑物。热水孔布置图见图 3-18。

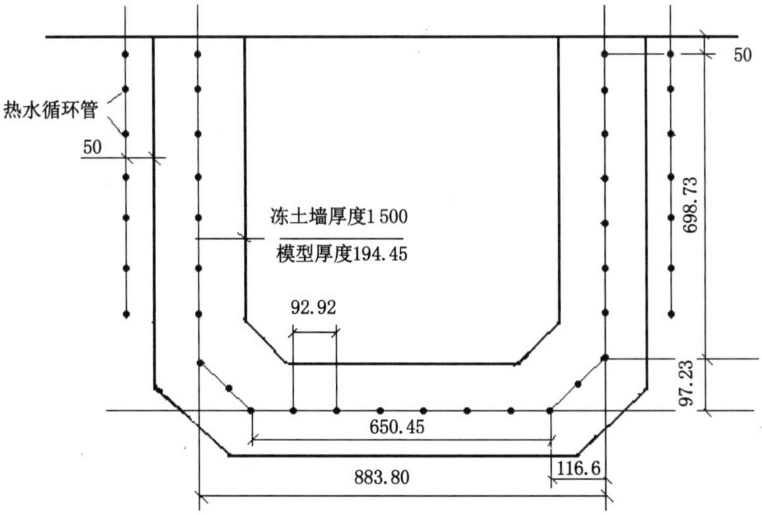


图 3-18　热水孔布置图

如日本新宿线桥川冻结，为了不影响桥墩，使用该方法效果很好。

## 六、冻结前预注浆

冻结前对冻结范围内土体预注浆，注入以水泥为主的浆液，其作用是减小含水量，减少水分迁移，减小冰晶增长、冻胀率和沉降量。注浆压力控制在 0.2～0.3 MPa。

## 七、间歇冻结

间歇冻结就是控制冻结温度，通过冻结温度的变化达到控制冻胀的目的。冻结温度的变化控制了土体的冻结速率、温度梯度及水分迁移方向、速度和迁移量，从而影响了土中水的相变速度、成冰位置和数量。间歇冻结模式在土体温度场还未达到稳定状态时改变其温度边界，这导致冻结锋面边界不断被打破，难以形成稳定的分凝冻胀，故而有效抑制了土体冻胀。

## 八、强制解冻融沉注浆

强制解冻结合及时注浆，可以有效防止沉降。自然解冻速度很慢，强制解冻速度是自然解冻速度的 6 倍左右，可达到 6 cm/d。根据强制解冻的分区，进行针对性的注浆，可有效地控制融沉。

# 第四章　软土地层冻结施工技术

## 第一节　水平冻结施工技术

### 一、概述

根据工程地质条件及其他施工条件，水平冻结一般采用“隧道内钻孔，冻结临时加固土体，矿山法暗挖构筑”的施工方案。即利用水平孔和部分倾斜孔冻结加固地层，使开挖空间外围土体冻结，形成强度高、封闭性好的冻土帷幕，然后根据“新奥法”的基本原理，在冻土中采用矿山法进行开挖构筑施工。以联络通道为例，地层冻结和开挖构筑施工均在区间隧道内进行。其中，冻结孔施工和联络通道临时支护施工为本工程的关键工序，冻结检测和温度、土体变形、压力监测施工为特殊工序。

水平冻结施工工艺流程见图 4-1。

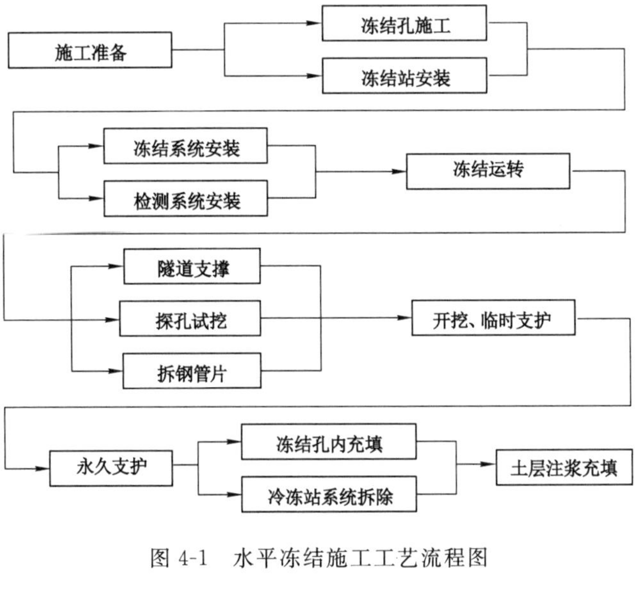


图 4-1　水平冻结施工工艺流程图

#### （一）冻结孔的施工

1. 冻结孔的施工方法

（1）冻结孔施工方案。

水平冻结孔钻进过程中，由于土层变化较为复杂，钻杆拔出后很容易塌孔，导致冻结管下放困难或不能送至设计深度，而且更严重的是钻孔完成后，钻杆拔除或冻结管下放过程中，很可能有水或泥砂涌出，导致地面沉陷。因此，传统的立井冻结孔施工方法不能满足工艺要求，需采用适合水平钻孔工艺要求的钻孔方法。

目前水平孔施工方法主要有两种：

① 双套管钻进方法。即内外两层带钻头的套管(套管也作钻杆)同时钻进，内外管转速同步，外管起保护孔壁的作用，内管起钻进和取土的作用，钻进时内管要比外管超前 10 cm 左右。这种方法在日本地铁隧道施工中进行地质调查时大量使用。

② 跟管钻进。即钻杆兼做冻结管，钻进至设计深度时钻杆即留置孔内做冻结管，钻头则留在土中，故施工采用成本较低的合金钻头。

(2) 冻结孔的布置方案。

冻结孔质量是冻结过程中的关键问题，其布置参数决定整个冻结过程。冻结孔的布置参数一般包括冻结孔的成孔控制间距、冻结孔开孔间距、冻结孔孔位、冻结孔深度和冻结孔的偏斜精度要求等。其基本参数决定冻结壁的形成过程，包括冻结壁的交圈时间、预计冻结壁扩展厚度和冻结壁平均温度等。

冻结孔成孔控制间距应按设计冻结壁厚度、冻结壁的平均温度、盐水温度和冻结工期要求等确定，布置单排冻结孔时冻结孔的成孔控制间距可按表 4-1 取值，但不宜大于冻结壁设计厚度。当采用多排冻结孔密集布置时，内部冻结孔成孔控制间距可取边孔的 1.2 倍。

**表 4-1　单排冻结孔成孔控制间距**

| 序号 | 冻结孔类型 | 水平或倾斜冻结孔 | | |
|---|---|---|---|---|
| 1 | 冻结孔深度/m | ≤10 | 10～30 | 30～60 |
| 2 | 冻结孔成孔间距/mm | 1 100～1 300 | 1 300～1 600 | 1 600～2 000 |
| 3 | 冻结管的偏斜/mm | 150 | 150～350 | 350～600 |

冻结孔的开孔间距不宜大于冻结孔成孔控制间距与冻结孔最大偏斜之差，当布置冻结管在规定冻结工期内达不到设计冻结壁厚度和平均温度时，应布置多排冻结管进行冻结。

(3) 冻结孔的施工工艺过程。

① 钻机平台搭设。

钻机平台搭设应牢固平整。采用建筑钢管搭设的施工平台，应符合现行行业标准《建筑施工扣件式钢管脚手架安全技术规范》(JGJ 130)的规定，并应在水平方向上与隧道管片固定牢固。采用自制升降施工平台时，应进行承载力验算，并应设置防升降平台掉落的保险装置。

② 冻结孔钻进。

利用低碳无缝钢管做冻结管，冻结管材及接头内衬管的材质应一致，管端要留坡口，采用丝扣连接，丝扣应上紧，接缝要焊接牢固，确保其同心度及连接强度。选用焊条应与管材材质相匹配，接缝要焊接 2～3 遍，每次焊接检查无砂眼及夹渣后方可进行下一次焊接，焊缝要饱满且符合焊接规范质量要求，焊完后冷却 5～10 min 方可继续钻进

孔口防喷装置与冻结管之间不得漏水、漏泥。循环液应从孔口管上的小闸阀排出，并应

控制排出土体体积不大于冻结孔体积。循环水应用清水，防止单向阀被泥沙堵塞。

冻结管下入地层深度不得小于设计深度，每节冻结管材应有长度及顺序编号记录，应以碰到对面管片为准。其他以设计深度加上钻头长度为准。冻结管管口露出孔口管不应小于100 mm。

透孔施工在冻结管前配置金刚石取芯钻头，再配上一段岩心管，长度 $l \geqslant 80$ cm，然后是单向阀，冻结管上焊接止水钢环，封堵对面管片与冻结管之间的间隙。

③ 钻孔补偿注浆。

含承压水地层每个(黏土地层每班)冻结孔成孔后必须及时注浆充填压密，同时封堵冻结管与管片之间的缝隙，保证密封装置拆除后不漏水，注浆量不少于流出量的1.5倍，有效控制地面、建(构)筑物及地下管线沉降；含承压水地层必须用压浆法在孔口管与钻孔之间充填水泥-水玻璃浆液；注浆水泥采用P·O42.5级，有合格检验报告。

④ 冻结孔测斜。

冻结孔成孔后采用经纬仪灯光进行测斜。测斜前，应检查实际开孔位置与后视点是否一致。联络通道另一侧上部冻结孔距离隧道顶部不超过400 mm，若超过必须进行补孔。

⑤ 冻结管的打压试漏。

试验压力应为盐水泵工作压力的1.5～2倍，且不宜低于0.70 MPa；经试压30 min压力下降不应超过0.05 MPa，再延续15 min压力保持不变为合格。

2. 冻结孔的施工过程

(1) 冻结孔的钻孔工艺。

① 冻结孔施工顺序。

先施工透孔，根据穿透孔的偏差，进一步调整有关的钻进参数。然后根据联络通道施工的孔位，采用由下向上的顺序进行施工，这样可防止因下层冻结孔的施工引起上部地层扰动，减小钻孔施工时的事故发生率。如果是双侧打孔，应先钻冻结站一侧孔再施工对侧孔。单侧冻结孔施工完，再施工测温孔和卸压孔。测温孔的布置要根据冻结孔的成孔质量，选择冻结孔间距较大和不同的土层处，并结合整个断面和设计要求进行施工。

② 冻结孔的定位。

依据施工基准点，按冻结孔施工图进行冻结孔孔位放线，孔位布置首先要依据管片配筋图和钢管片加强筋的位置，在避开主筋、管缝、螺栓及钢管片肋板的前提下可适当调整。用水平管结合钢卷尺进行孔位的放样，每个孔位在管片上的位置要换算成各点相对于中心线的弦长或弧长来放样。如遇到需调整孔位的情况，开孔位置移动不大于100 mm，冻结孔开孔间距误差不得大于150 mm。

③ 冻结孔开孔及孔口密封装置。

在水泥管片上开孔时，应先用开孔钻机进行一次开孔，不开透管片，管片厚度预留50～100 mm，用钢楔楔断岩心取出，然后插入缠上麻丝的孔口管(麻丝外最好涂抹速凝水泥)，孔口管插入钻孔深度不得小于200 mm，与钻孔配合要紧密，不渗漏，并用不少于4个固定点固定在管片上(固定点采用植筋的方式，植入钢筋为 $\phi$14 mm螺纹钢)，然后安装孔口密封装置，见图4-2。当每个钻孔完成后，孔口法兰与冻结管之间间隙用钢板焊接密封。

在钢管片上开孔时，应采用焊接方法固定孔口管，焊缝高度不得小于孔口管管壁厚度。开孔隔舱和四周隔舱应填满水泥，然后用10 mm厚钢板焊接密封。

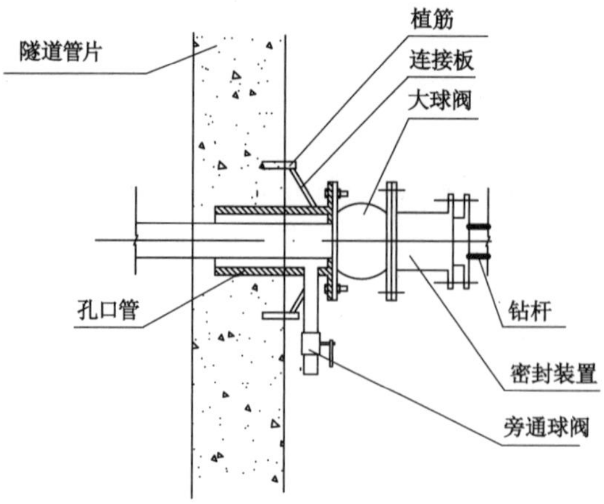


图 4-2　冻结孔的开孔结构图

在孔口管上安装阀门和孔口防喷装置后，再用钻机或开孔器钻透隧道管片，实现二次开孔，开孔的过程见图 4-3。

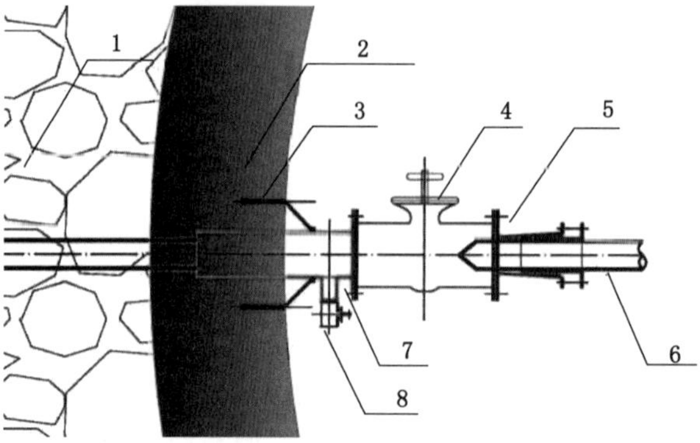


1—地层；2—隧道管片；3—膨胀螺丝；4—闸阀；
5—压紧装置；6—冻结管钻杆；7—孔口管；8—小闸阀。

图 4-3　冻结孔的二次开孔过程图

④ 冻结孔钻进。

冻结管之间采用套管丝扣连接，接头螺纹紧固后再用手工电弧焊焊接，确保其同心度和焊接强度。正常情况下，钻进时安装简易钻头，直接无水钻进。如果钻进困难，在钻头部位安装一个特制单向阀门，采用带水钻进。冻结管到达设计深度后冲洗单向阀，并密封冻结管端部。

将钻头装入孔口装置内，在孔口装置上接上 1.5 in(1 in＝2.54 cm)阀门，并将盘根轻压在盘根盒内，首先采用干式钻进，当钻进费劲不进尺时，从钻机上注水钻进，同时打开小阀门，观察出水、出砂情况，利用小闸阀的开关控制出浆量，保证地面安全，不出现沉降。钻进过程中严格监测孔斜情况，发现偏斜要及时纠偏，下好冻结管后进行冻结管长度的复测，然后再用灯光测斜仪进行测斜并绘制钻孔偏斜图。在冻结管内下供液管，然后焊接冻结管端盖和去、回路羊角。

(2) 冻结孔口的密封。

隧道内水平钻进或管片开口后，壁后泥砂受压可能会沿孔口涌出，很容易造成地面沉陷，使道路下沉、建筑物沉降，严重的可能引起隧道管片变形过大，局部受力集中，导致管片破坏。因此，在钻进过程中，要特别注意土层变化，掌握好钻机给进力，慢转快进，尽量减少土层扰动，成孔后要立即用速凝水泥将孔口密封，减少其暴露时间。而解决上述问题最有效的方法，就是钻进中加孔口密封装置，防止突然涌水、涌砂。

(3) 冻结器密封。

① 冻结管连接密封。冻结器密封首先是冻结管即钻杆连接密封，钻杆一般用丝扣连接，冻结管一般采用焊接。丝扣连接同心度好，而焊接密封效果和可靠性较好，但同心度较差，易导致钻孔偏斜，故施工采用丝扣加焊接综合方法，确保钻杆的密封与质量。

② 冻结管端部密封。因施工中采用跟管钻进，钻杆端部敞口，而冻结管因冻结工艺要求必须端部密封，且承受一定压力，因此，冻结孔钻进至设计位置后需立即清洗，及时下放封口装置。

(4) 钻孔偏斜及测斜。

① 钻孔偏斜规律。

水平冻结孔钻进中，主要发生的质量问题是钻孔偏斜，主要有两种：

a. 平面上的偏斜。除由于土层软弱的原因向软弱土层方向偏斜外，一般顺钻杆右旋方向偏斜。

b. 剖面垂直方向的偏斜。一般受自重影响向下偏斜。

② 土层性质对钻孔偏斜的影响。

土层性质对钻孔偏斜有较大影响。一般在砂质土层中钻进，砂粒由泥浆循环带出过程中，粒径较大的逐步在孔下部淤积，使钻杆逐步抬高，最终导致钻孔向上偏斜，因此，砂质土层中钻进对泥浆性能要求较高；而在黏土层中钻进时，泥浆不断沿孔壁下方冲刷，带走部分土体，加之随着钻进长度增加，钻杆刚度变小，钻进受钻杆自重影响较大，因此，钻孔一般向下偏斜。

③ 钻孔偏斜的处理措施。

影响钻孔偏斜的因素很多，应根据不同原因采用适当的措施，控制钻孔偏斜在设计范围之内。

a. 钻机固定需抄平找正，尽量减少钻机震动对钻孔偏斜的影响；

b. 要做好钻进泥浆循环，选用标准泥浆；

c. 冻结孔开孔后加设孔口管，控制冻结管钻进方向；

d. 事先推测钻孔偏斜量，绘出与钻孔长度相应的钻孔轨迹，一般垂直轨迹是抛物线，即 $Y=ax^2+bx+c$，钻进中可通过调整 $a$ 值，按一定仰角适当抬高钻杆，使钻孔终止位置不致偏离轴线太多，防止冻结管向开挖断面偏斜造成冻土进入荒径过多、开挖冻土量增大。水平面的偏斜轨迹为 $Z=kX+S$，可通过精确开孔孔向、孔位控制。

④ 测斜。

在水平冻结孔施工中，利用电磁原理进行随钻探测是不行的，唯一现实可行的测斜方法就是利用光学原理测斜。目前水平冻结工程一般开挖长度不大，采用灯光-经纬仪方法能满足测斜要求。

冻结孔偏斜直接影响冻结壁发展，影响冻结工期。因此，钻孔施工过程中，完孔后要及时探测，掌握成孔的偏斜情况，以确定下一冻结孔的孔位和开孔角度。

⑤ 冻结孔测斜原理。

冻结孔采用测孔内灯光测斜，就是采用经纬仪或全站仪，利用小角度法测出钻孔内灯光处的偏斜值。

灯光测斜原理见图 4-4，将经纬仪架在管口上，大致整平，把一光源放入管底，管口放一个透明的有机片，上面刻有坐标系，放置时，用指南针调整 $X$ 轴的指向，使其指向北并使坐标原点 $O$ 位于管子的中心，调整脚螺旋，从对点器目镜里观察管下面的光源，使其对中，然后读取管口有机片上的倾斜点 $B$ 的坐标（$X_B$，$Y_B$）；精确整平仪器，再从对点器中读取铅垂点 $A$ 的坐标（$X_A$，$Y_A$），量取仪器高 $H_i$ 及光源在井下的深度 $H_t$，根据以上数据求出井底 $C$ 点的坐标及管斜，公式如下：

$$X_C = \frac{X_B - X_A}{H_i} \times H_t + X_B \qquad d = \sqrt{X_C^2 + Y_C^2}$$

$$Y_C = \frac{Y_B - Y_A}{H_i} \times H_t + Y_B \qquad \alpha = \arctan\frac{Y_C}{X_C}$$

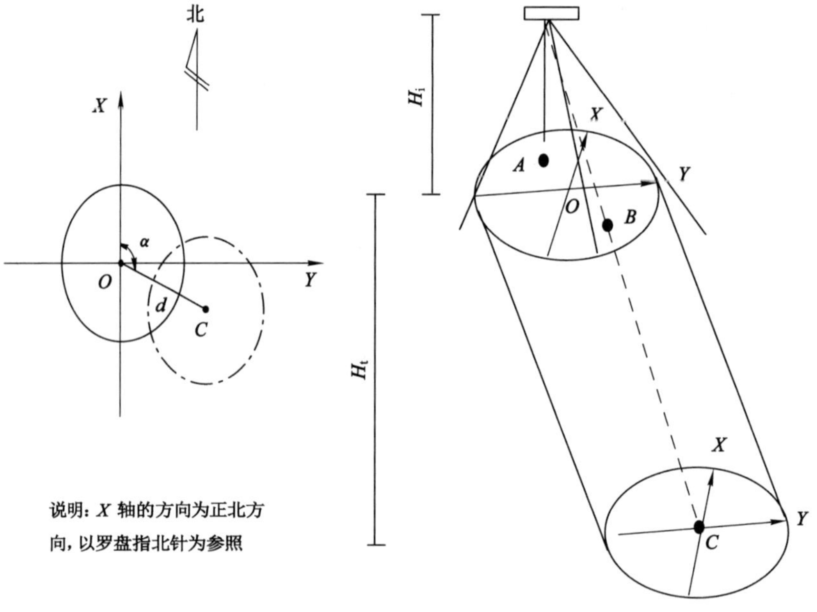


图 4-4　灯光测斜原理示意图

以上公式为光源放到管底时的公式，如果不能放到底，则按 $H_t$ 所占整个管长的比例来计算，如 $H_t$ 为管长的 80%，则到管底的倾斜量为 $d \div 80\%$，倾斜方向不变。

冻结孔的偏斜数据直接影响冻结效果的分析，在冻结孔施工完成后，配合监理单位对冻结孔施工的偏斜测试数据进行复核。

根据施工的报表，按 20% 比例抽取冻结孔进行偏斜数据的校核，并根据复核数据的结果调整抽取比例。

(5) 冻结孔施工防偏措施。

为使冻结孔打直，应采用以下防偏措施：

① 准确定出开孔孔位，并在隧道两帮布点，以便于施工中校验、控制冻结孔方向。

② 在施工第一个冻结孔时，应分析主要地层钻进过程的参数变化情况，并检查地质、水文情况，发现异常应及时采取针对性措施。

③ 确保冻结管加工质量，应先配管确认冻结管连接顺直后再钻进。

④ 应采用牢固、稳定性好的施工平台。

⑤ 孔口段冻结管方位是影响整根冻结管偏斜的关键。在施工第一节冻结管时，应反复校验冻结管的方位，确保偏差在允许的范围内。

⑥ 在对接冻结管时应保证同心度和冻结管连接后顺直。

### (二) 冻结孔的施工参数

#### 1. 冻结孔施工质量

冻结孔的施工质量应满足以下要求。

(1) 冻结孔的开孔位置误差不宜大于 100 mm，冻结孔开孔间距误差不得大于 150 mm。

(2) 冻结孔偏斜精度要求可按表 4-2 选定。

**表 4-2　冻结孔偏斜精度要求**

| 参数 | 单位 | 水平或倾斜冻结孔 | | |
|---|---|---|---|---|
| 冻结孔深度 $L_{ks}$ | m | ≤10 | 10～20 | 20～30 |
| 冻结孔最大偏斜 $R_p$ | mm | 150 | 150～350 | 350～600 |

(3) 冻结孔深度可按下式确定：

$$L_{ks} = L_{sj} + L_0 + L_1 \tag{4-1}$$

式中　$L_{ks}$——冻结孔深度，m；

$L_{sj}$——从冻结孔孔口到冻结壁设计边界的距离，m；

$L_0$——不能循环盐水的冻结管端部长度，不能循环盐水的冻结管端部长度不得大于 150 mm；

$L_1$——冻结管端部冻结削弱影响深度。

#### 2. 冻结管的基本材料要求

冻结管、孔口管、供液管材质及壁厚应满足以下要求：

(1) 冻结管宜采用低碳钢无缝钢管。

(2) 冻结管外径可为 89～127 mm，不宜小于 73 mm，管壁厚度不宜小于 5 mm。当采用跟管钻进时，冻结管管壁厚度不宜小于 8 mm；采用夯管时，冻结管管壁厚度不宜小于 6 mm。

(3) 孔口管宜采用低碳钢无缝钢管，孔口管内径宜比冻结管外径大 10～20 mm，管壁厚度宜为 5～7 mm。安装在混凝土管片上的孔口管管端应加工长度不小于 200 mm 的鱼鳞扣。

(4) 供液管可采用聚乙烯增强塑料管或钢管。

供液管的管径与壁厚可按表 4-3 选取。

**表 4-3 供液管的管径与壁厚**

| 供液管品种 | 外径/mm | 壁厚/mm |
|---|---|---|
| 焊接钢管 | ≥38 | 3～4 |
| 聚乙烯增强塑料管 | ≥40 | ≥4 |

(5) 供液管下入冻结管时连接应牢固、严密，并应下放到冻结管管底。供液管管端回水通道的断面面积不应小于供液管断面面积。

(6) 冻结管一般选用螺纹连接或内衬管对焊连接的方式进行连接和安装。

3. 冻结管后期处理

冻结管后期处理一般应满足以下要求：

(1) 割管。停冻后应割除隧道管片上的孔口管和冻结管，割除点与混凝土管片内壁的距离不应小于 60 mm。

(2) 充填。停冻后应对遗弃在地层中的冻结管采用强度等级不低于 M10 的水泥砂浆或 C15 以上混凝土进行充填，自冻结管口向孔内充填长度不应小于 1.5 m，充填时要排除冻结管内盐水。

(3) 密封。混凝土管片上割除孔口管或冻结管后留下的孔口应用速凝堵漏剂封堵或其他耐久性材料、密封性高的工艺封堵，并预埋注浆管进行注浆堵漏；孔内打膨胀螺丝，防止冻结管向管片位移。

(4) 封口。钢管片上的孔口应焊接厚度不小于 12 mm 的钢板，然后按设计用混凝土填满钢管片格仓。

## 二、常规盐水冻结施工技术

目前，盐水冻结系统是地层冻结技术中主要使用的冻结制冷系统之一。它以成本可控、技术可靠为优点，占据了地层冻结系统中的主要地位。

氨(或氟利昂)压缩制冷系统由氨(或氟利昂)循环系统、冷却水循环系统和盐水循环系统三大循环系统组成。其中盐水循环系统通过冻结管、集配液圈、盐水干管与盐水泵将地层中热量带走转运给液氨(或氟利昂)，使需要冻结的地层降温，达到设计要求。而系统中的氨(或氟利昂)循环系统则把热量转给氨(或氟利昂)压缩制冷系统中的冷却水。冷却水循环系统负责将制冷系统中的热量从氨(或氟利昂)中接收而转排到大气中。因此，机械压缩制冷系统中所消耗的功与系统制冷量之间不可以用能量守恒定律来描述。

### (一) 冻结制冷系统的安装和布置

根据现场施工环境，将冻结站安装在区间隧道内靠近联络通道的位置，站内设备主要包括冷冻机组、盐水箱、盐水泵、清水泵、冷却塔及配电控制柜等，设备安装按照设备使用说明书进行。

1. 冷冻机组的安装

螺杆式制冷压缩机组由螺杆压缩机、电动机、联轴器、气路系统(包括吸气止回式截止阀和吸气过滤器)、油路系统(包括油分离器、油冷却器、油过滤器、油泵、油压调节阀和油分配管路)、控制系统(包括操作仪表箱、控制器箱、电控柜等)和设备、系统间的连接管路等组成。

按照冻结站布置图,冷冻机组就位后,首先将机组可靠地固定在工字钢平台上,底梁与工字钢要进行焊接或用螺栓连接。固定时注意要用水平尺对机组进行找平,通过不断调整工字钢将机组调平。

机组固定好后,要及时用木板将周围平台搭设好。根据现场的管路布置,可以灵活调整冷凝器两头盖板,以达到优化管路布置的目的。将机组启动柜可靠布置在机组旁边利于操作方便的位置,同时注意与机组之间留下一定的空间,要方便平时的操作维护。

盐水管路与清水管路及机组之间采用法兰连接,要合理地布置安装阀门,利于平时开启与关闭操作,同时又要对维护时的拧螺栓等操作提供方便。

2. 冻结系统的管路安装和保温

清水管路和盐水干管采用焊接方式,在需要调整的地方采用法兰连接。盐水管路和冷却水循环管路上要设置阀门和压力表、测温仪测试组件等。

集配液圈与冻结管用高压胶管连接,每组冻结管的进出口各装阀门一个,以便控制盐水流量。

盐水管路经试漏、清洗后用保温板或棉絮保温,保温层厚度为 20 mm,保温层的外面用塑料薄膜包扎。冷冻机组的蒸发器及低温管路用棉絮保温,盐水箱和盐水干管用 20 mm 厚的保温板或棉絮保温。

由于混凝土和钢管片相对于土层要容易散热得多,为加强冻结帷幕与管片胶结,将钢管片格栅内用混凝土填充密实,然后采用保温板对冻结帷幕发展区域管片进行隔热保温。在冻结管的端部区域范围内布置冷冻排管,同样将钢管片格栅内用混凝土填充密实,然后采用保温板对冻结帷幕发展区域管片进行隔热保温。

施工完成的冻结系统管路及保温图见图 4-5,冻结管连接图见图 4-6。

图 4-5　冻结系统管路及保温图

图 4-6　冻结管连接图

### （二）积极冻结施工过程

#### 1. 冷媒的选择

一般在积极冻结阶段，循环冷媒的温度可以控制在－30～－28 ℃，可以采用氯化钙溶液作为冻结过程中的冷媒，其中溶液的浓度根据冻结盐水的结冰温度来选择。氯化钙水溶液的凝固点应低于设计温度8～10 ℃，相对密度不宜高于1.27，冻结过程中氯化钙水溶液应充满循环系统中所有的容器和管路，氯化钙的用量一般可采用下式进行计算：

$$G=1.2g(V_1+V_2+V_3)/\rho$$

式中　$G$——氯化钙的用量，kg；

$g$——单位盐水体积固体氯化钙含量，$kg/m^3$；

$\rho$——固体氯化钙纯度，无水氯化钙取96%，晶体氯化钙取70%；

$V_1$——冻结器内盐水体积，$m^3$；

$V_2$——干管及集配液圈内盐水体积，$m^3$；

$V_3$——蒸发器和盐水箱内盐水体积，$m^3$。

#### 2. 冷媒的流量控制及工艺

设备安装完毕后进行调试和试运转。在试运转时，要随时调节压力、温度等各状态参数，使机组在有关工艺规程和设备要求的技术参数条件下运行。冻结系统运转正常后进入积极冻结。

此阶段为冻结帷幕的形成阶段，联络通道设计冻结时间一般为45～60 d，冻结过程中要求冻结孔单孔流量不小于5 $m^3/h$；去回路温差不大于2 ℃；开挖前盐水温度降至－28 ℃以下。如盐水温度和盐水流量达不到设计要求，应延长积极冻结时间。

在积极冻结过程中，要根据实测温度资料判断冻结帷幕是否交圈和达到设计厚度，同时要监测冻结帷幕与隧道的胶结情况，测温判断冻结帷幕交圈并达到设计厚度且与隧道完全胶结后，可进入维护冻结阶段。维护冻结期温度为－28～－25 ℃，盐水流量保持不变，去回路温差小于2 ℃，冻结时间贯穿联络通道开挖和主体结构施工始终。

#### 3. 积极冻结的施工过程

设备安装完毕后进行调试和试运转。在试运转时，要随时调节压力、温度等各状态参数，使机组在有关工艺规程和设备要求的技术参数条件下运行。冻结系统运转正常后进入积极冻结。

此阶段为冻结帷幕的形成阶段，联络通道设计冻结时间一般为45～60 d，冻结过程中要求冻结孔单孔流量不小于5 $m^3/h$；去、回路温差不大于2 ℃；开挖前盐水温度降至－28 ℃以下。如盐水温度和盐水流量达不到设计要求，应延长积极冻结时间。

在积极冻结过程中，要根据实测温度资料判断冻结帷幕是否交圈和达到设计厚度，同时要监测冻结帷幕与隧道的胶结情况，测温判断冻结帷幕交圈并达到设计厚度且与隧道完全胶结后，可进入维护冻结阶段。维护冻结期温度为－28～－25 ℃，盐水流量保持不变，去、回路温差小于2 ℃，冻结时间贯穿联络通道开挖和主体结构施工始终。

### （三）维护冻结

维护冻结期温度不低于－25 ℃，冻结时间贯穿隧道开挖支护始终。

## 三、其他低温冻结施工技术

### (一) 液氮低温快速冻结技术

#### 1. 液氮冻结的基本原理

目前,液氮地层冻结系统是地层冻结技术中的主要补充以及应急手段,它以冻结温度超低(−150～−60 ℃)、地层冻结速度快(100～200 mm/d)、冻结系统简单等为优点,主要用于小型冻结工程与冻结事故处理。

(1) 原理及参数。

液氮地层冻结技术是利用低温液氮在冻结器内直接蒸发所需要大量的相变热来降低地层温度,使设计所需加固的岩土迅速降温形成设计所需要冻土结构的一种地层冻结技术。

液氮在一个大气压下的汽化潜热为 197.6 kJ/kg,相变温度为−195.8 ℃。它的制冷温度在−150～−60 ℃,制冷效率 50%,液氮冻结时冻结壁发展速度在 100～200 mm/d,单位冻土消耗液氮量在 460 $kg/m^3$ 左右,其基本原理见图 4-7。

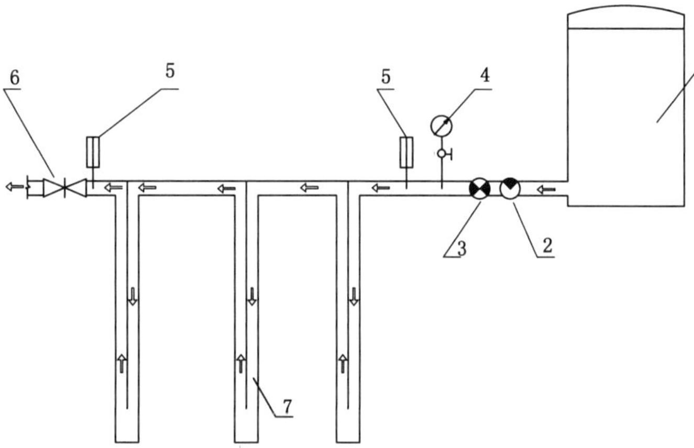


1—液氮罐;2—安全阀;3—控制阀;4—压力表;5—温度计;6—放空阀;7—液氮冻结器。

图 4-7 液氮冻结系统示意图

(2) 液氮低温冻结的适用条件。

液氮地层冻结技术主要用于小规模工程或紧急事故抢险工程,其次适用于常规盐水冻结所达不到的低温冻结工程或需要冻结温度很低的特殊地层,比如难冻的含盐地层、地下水流速较大的地层等。

(3) 液氮低温冻结的优点。

① 地层液氮冻结系统简单,使用设备少。冻结土层的冷量不用专门的冻结设备制取,而是用液氮储存槽、罐代替。液氮冻结储存设备简单、轻便,运输安装容易。因此,简化了冻结组织工作,大大缩短了冻结准备时间并降低了冷冻成本。

② 直接汽化不用冷媒。液氮冻结是在冻结管内直接通液氮蒸发制冷,不用冷媒剂(盐水),不用盐水泵,消除了制冷剂与冷媒剂冷量热交换时的损失。即使当冻结管渗漏液氮接触冻土时,也不会像盐水冻结那样融化冻土。

③ 冻结速度快、冻土温度低、冻土强度高。液氮挥发温度为－195.8 ℃，冻结温度非常低，所以在此温度下冻结壁发展速度很快。据国外资料显示，液氮冻结的冻土发展速度为普通盐水冻结冻土发展速度的 8～10 倍，平均在 100～200 mm/d，同时冻结壁平均温度低，冻结壁强度大。

④ 冻结土体的形式灵活，冻结规模可根据工程的实际情况而定，随时可人为控制加固土体的强度。

⑤ 液氮是一种防爆和防火的制冷剂，其本身无毒性，且对周围环境无污染，冻结期间无工程噪声污染。

⑥ 土体的冻胀融沉远远小于普通盐水冻结。

(4) 液氮冻结的缺点

① 冻结地层的均匀性差(由于液氮冻结器不如盐水冻结器的吸热均匀，控制不好时会产生冻结壁从而影响冻结效果)。

② 造价与普通法冻结相比较高。

2. 液氮冻结参数

(1) 液氮冻结的冻结壁发展速度。

液氮的蒸发温度极低，使得液氮冻结时冻结壁的发展速度远远大于盐水冻结时冻结壁的发展速度，见表 4-4。

**表 4-4　液氮冻土扩展范围与冻结时间**

| 项目 | | 冻结时间/h | | | | |
|---|---|---|---|---|---|---|
| | | 14 | 24 | 34 | 45 | 56 |
| 冻土范围/mm | 计算 | 284 | 365 | 435 | 497 | 554.5 |
| | 实测 | 294.8 | 375 | 432 | 502 | 573 |

当液氮冻结管表面温度在－191～－180 ℃时，冻土扩展半径与时间成幂函数的关系：

当冻结砂质黏土含水量为 21.5%时：

$$R = 81.6 \times t^{0.47} \tag{4-1}$$

当冻结黏土含水量为 31.0%时：

$$R = 71.0 \times t^{0.54} \tag{4-2}$$

式中　$R$——液氮冻结扩展半径，mm；

$t$——冻结时间，h。

一般液氮冻结设计时，按经验取冻结地层的发展速度 100 mm/d 左右。不同含水量砂质黏土液氮冻结速度见图 4-8。

(2) 冻结所需液氮量。

液氮冻结的原理是利用液氮的汽化潜热(201.18 kJ/kg)降低土层的温度来达到冻结土体的效果。从目前的液氮冻结实践来看，每立方米冻土在整个冻结施工过程中约消耗液氮 1.60～1.95 t。

(3) 冻结壁平均温度。

由于液氮的蒸发温度远低于常规盐水温度冻结所能达到的温度，因此液氮冻结的冻结

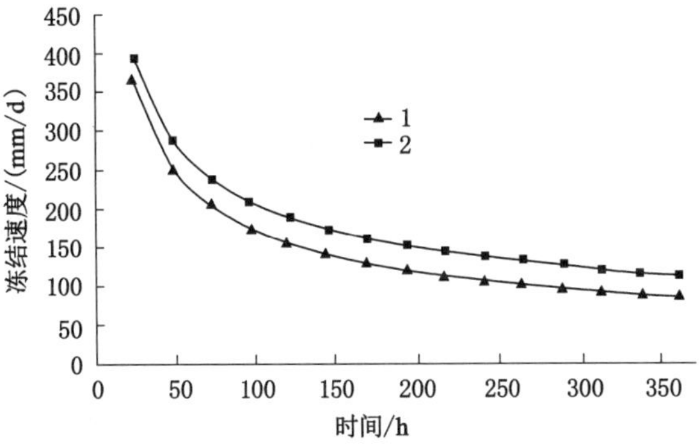


曲线 1—公式(4-1)；曲线 2—公式(4-2)。

图 4-8　不同含水量砂质黏土液氮冻结速度

壁平均温度也远低于常规盐水冻结所能达到的冻结壁平均温度。这为冻结施工提供了更加可靠的止水效果与强度。据不完全统计，液氮冻结时冻结壁主面的平均温度为－100～－80 ℃，冻结壁界面温度小于等于－40 ℃。实际施工时冻结壁平均温度一般在－80～－40 ℃。

(4) 液氮冻结管的进出口温度(压力)控制。

液氮冻结的效果与液氮释放速度和蒸发方式有关，为控制液氮冻结的速度与效果，必须严格控制液氮的释放速度。按经验，液氮进入冻结管时的温度宜在－170～－150 ℃，压力控制在 0.125 MPa 左右；冻结管出口温度控制在－70～－50 ℃，压力控制在 0.25 MPa 左右。

3. 液氮低温冻结系统

液氮低温冻结系统由冻结管、液氮分配器、不锈钢软管和液氮槽车等组成，见图 4-9。

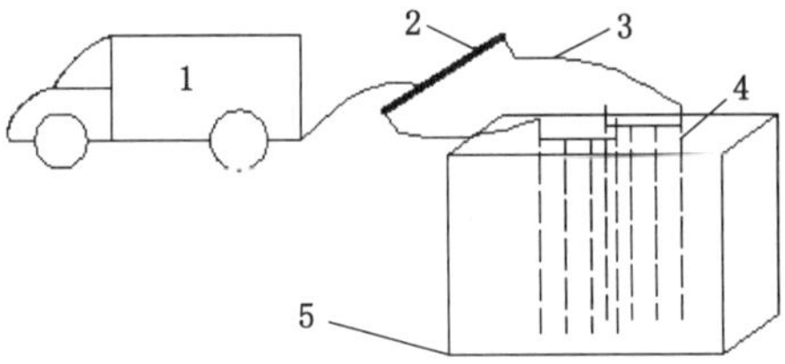


1—液氮槽车；2—液氮分配器；3—不锈钢软管；4—冻结管；5—冻结区域。

图 4-9　模拟冻结系统

液氮制冷，液氮既是制冷工质，又是冷媒剂。液氮制冷系统要比氨制冷系统简单得多，一般无须建立制冷工质的循环系统。液氮制冷主要工艺系统包括地面槽车、储氮罐以及管路等。液氮槽车进场后，即进行冻结系统的连接。各支路的冻结管通过不锈钢软管与分配器连接；分配器通过不锈钢软管与液氮槽车携带的不锈钢软管连接。

(1) 槽车和液氮罐。

槽车和液氮罐都是贮存液氮的容器，对外界可以绝热，起到保温作用。同时装有控制阀门等，可以调节压力以控制液氮流量。液氮槽车的管路和控制阀门见图 4-10。

液氮罐在充填液氮之前，首先要检查外壳有无凹陷，真空排气口是否完好。若真空排气口被碰坏，真空度则会降低，严重时进气不能保温，这样罐上部会结霜，液氮损耗大，失去继

图 4-10　液氮槽车的管路和控制阀门

续使用的价值。其次，检查罐的内部，若有异物，必须取出，以防内胆被腐蚀。

(2) 液氮的充填。

填充液氮时要小心谨慎。对于新罐或处于干燥状态的罐一定要缓慢填充并进行预冷，以防降温太快损坏内胆，减少使用年限。充填液氮时不要将液氮倒在真空排气口上，以免造成真空度下降。盖塞是用绝热材料制造的，既能防止液氮蒸发，也能起到固定提筒的作用，所以开关时要尽量减少磨损，以延长使用寿命。

(3) 使用过程中的检查。

使用过程中要经常检查，可以用眼观测也可以用手触摸外壳。若发现外表挂霜，应停止使用；特别是颈管内壁附霜结冰时不宜用小刀去刮，以防颈管内壁受到破坏造成真空不良，而是应将液氮取出，让其自然融化。

(4) 液氮罐的放置。

液氮罐要存放在通风良好的阴凉处，不要在太阳光下直晒。由于其制造精密及其固有特性，无论在使用或存放时，液氮罐均不准倾斜、横放、倒置、堆压、相互撞击或与其他物件碰撞，要做到轻拿轻放并始终保持直立。

(5) 液氮罐的清洗。

液氮罐闲置不用时，要用清水冲洗干净，将水排净，用鼓风机吹干，常温下放置待用。液氮罐内的液氮挥发完后，所剩遗漏物质很快融化，变成液态物质而附在内胆上，会对铝合金的内胆造成腐蚀，若形成空洞，液氮罐就会报废，因此液氮罐内液氮耗尽后对罐子进行刷洗是十分必要的。具体的刷洗办法如下：首先把液氮罐内提筒取出，液氮移出，放置 2～3 d，待罐内温度上升到 0 ℃左右，再倒入 30 ℃左右的温水，用布擦洗。若发现个别融化物质黏在内胆底上，一定要细心洗刷干净。然后再用清水冲洗数次，之后倒置液氮罐，放在室内安全不易翻倒处自然风干，或如前所述用鼓风机风干。注意在整个刷洗过程中，动作要轻慢，倒入水的温度不可超过 40 ℃，总重不要超过 2 kg 为宜。

(6) 液氮罐的安全运输。

液氮罐在运输过程中必须装在木架内垫好软垫，并固定好。罐与罐之间要用填充物隔开，防止颠簸撞击，严防倾倒。装卸车时要严防液氮罐碰击，更不能在地上随意拖拉，以免减少液氮罐的使用寿命。

4. 液氮冻结管路系统

(1) 冻结管的结构。

冻结管、供液管和排气管均使用不锈钢管。为了保证冻结土体的均匀性，处于冻结区域的供液管壁上间隔开对穿孔，并使排气管的底端布置在非冻结区域的边缘，减少对非冻结区域的影响，节省液氮的使用。

冻结管使用 $\phi$89 mm×5 mm 无缝钢管，内部供液管采用 $\phi$12 mm×1 mm 铜管。供液铜管从底端封头处理，从距底端 100 mm 开始，间隔 300 mm 打十字对穿孔。铜管与钢管的连接采用铜焊。冻结管按构造和液氮在内部存在状态分为三种类型：进液管、中间管和排气管，加工过程见图 4-11。

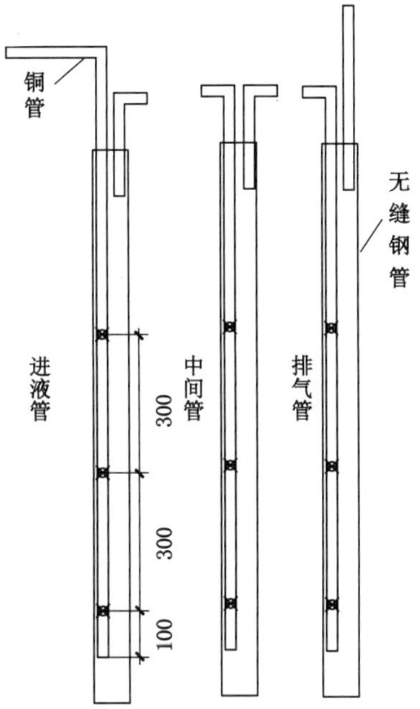


图 4-11　冻结管加工

(2) 冻结系统的连接。

液氮冻结过程中一般由多个冻结循环组成，这就需要为多个冻结循环同时供应液氮，所以在冻结过程中，冻结循环与冻结系统连接，冻结系统与液氮存储的槽车连接。考虑到液氮的低温，冻结系统的干路要使用不锈钢钢管，防止低温造成的管路损坏。冻结干管与冻结循环的连接之间安装低温阀门，用来控制液氮的流量，保证液氮冻结的正常进行。

液氮冻结系统的组成见图 4-12。

(3) 不锈钢软管的使用。

较大的温差会使管材在冻结过程中产生较大的变形，为了减少变形引起的应力对冻结系统的损坏，所有不通管路之间的连接都使用不锈钢软管，保证连接管路之间的变形。不锈钢软管的两端使用法兰盘与管路连接，方便调整和施工操作。

冻结过程中使用的不锈钢软管见图 4-13。

图 4-12 液氮冻结系统组成图

图 4-13 冻结过程中使用的不锈钢软管

(4) 冻结系统的保温。

为了减少冷量的损失,对所有暴露于空气中的管路,包括冻结管、不锈钢软管、控制阀、连接接头等进行保温处理,保温时采用 4 层保温橡塑板加 5 层密封薄膜处理,保温层厚度不小于 50 mm。保温后的冻结系统具体见图 4-14～图 4-16。

(5) 排气管的保温。

为了防止暴露于空气中的排气管路造成施工人员的冻伤,地面以上的排气管路需要进行保温,保温采用 1 层橡塑保温板处理。排气管路的保温处理见图 4-17。

(6) 冻结系统的预冷。

为了保证冻结系统的安全性,防止通入液氮后发生冻结管过冷脆裂的现象,在正式冻结开始前,必须对整个冻结系统通以低温氮气预冷。冻结管路的预冷一般要进行 10～20 h,待管路充分预冷后,方可进行积极冻结。

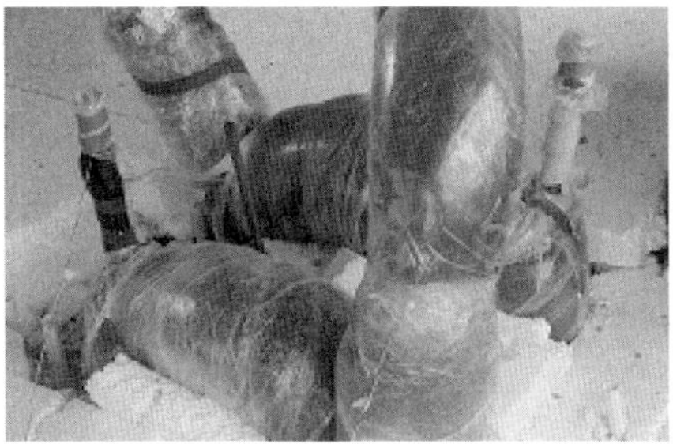

（a）冻结管的连接与保温

（b）分配器的连接与保温

（c）干路的连接与保温

（d）干路与槽车的连接与保温

图 4-14　冻结系统的连接与保温

图 4-15　冻结系统的保温效果

图 4-16　冻结管保温剖面图

预冷冻结时，使用液氮槽车的氮气排出管路，将氮气通入冻结孔中。控制阀门，使进入供液管内的氮气维持在－30 ℃以上，并保证氮气的压力维持在 0.3 MPa 以上，利用高压力的氮气将冻结管内可能残存的水排出，以免结冰堵塞冻结管路。利用氮气预冷 1 h 后，逐渐降低输入的氮气温度，一般在 6 h 左右的时间后氮气温度降低到－190 ℃左右，然后将不锈

图 4-17 排气管路的保温处理

钢软管换接到液氮槽车的液氮管路，并降低液氮的压力，逐渐向供液管内输入液氮，开始正式冻结。

5. 液氮冻结施工过程

全部安装并保温后，首先对冻结器进行预冷，可分两步进行：气态氮预冷和液态氮预冷，随后即可进行冻结。

(1) 气态氮预冷。

开始冻结前，将冻结软管接入液氮罐的气体使用阀，慢慢开阀，使冻结系统的出口温度控制在+10 ℃以上，液氮压力控制在 200 kPa 以下，进行氮气循环。氮气循环 20 min 后，开通增压阀，将液氮压力缓慢提高到 600 kPa，同时调节气体使用阀，缓慢降低冻结系统出气口温度，冻结 60 min 后，冻结系统出口温度达到−60 ℃左右。

(2) 液态氮预冷。

气态氮预冷结束后，迅速将冻结软管换接好液氮罐的进出液阀。开阀后，将冻结系统的出口温度控制在 0 ℃以上，循环 10 min 后，慢慢调节液氮罐的进出液阀，在 2 h 内将冻结系统的出口温度调节到−40 ℃，即开始准备正式冻结。

调整输出控制阀门，正式开始冻结，使出口氮气温度约为−80 ℃，自增压力小于 0.4 MPa。一罐放完后，再将液氮输送主管切换到第二罐继续冻结，根据现场空间情况合理安排每天供应的液氮量。

当液氮罐用完后，关闭液氮进出液阀门，将液氮软管取下，接入另一液氮罐进出液阀门，调节进出液阀门，将冻结系统出口温度维持在(−80±5)℃，继续冻结。

(3) 冻结系统及施工场地保温。

液氮的温度一般在−195.8 ℃，冻结过程中冷量的损失大，为了减少冷量的损失，需要对冻结系统的所有管路进行保温。同时，保温后的管路可以避免施工人员接触管路后引起冻伤，保证施工安全。

冻结系统的管路进行保温时，使用橡塑保温板和塑料薄膜间隔包扎，阻止冻结过程中保温板内形成冷凝水，保证保温效果。

冻结器安装完成后，隧道或井筒内靠近冻结区域的管片用聚乙烯保温材料保温，减少冷量的损失。

6. 液氮冻结施工过程的质量安全控制

针对液氮冻结施工难度大、安全隐患多，专门成立了冻结专业施工项目质量和安全管理网络，严格质量过程控制，从放线、钻孔施工至冻结施工各个环节，保证冻结加固效果。施工过程中，特殊的工况条件给安全施工带来了巨大的难度，安全风险也较大，现提出以下几条针对性事项：

(1) 人员防护。

液氮的主要危害是有窒息的危险和由于它的极低温度而引起的冻伤。

① 手和脚防护。

由于和液氮或未保温氮容器接触将引起冻伤，因此必须对手、脚加以防护。手套应该是毛绒的或石棉的(带袖口的长手套，里面编织有浸渍过的天然色的毛织物)。手套要大小合适，以便当液氮流入时能很容易脱掉手套。应穿毛皮高筒靴，以防止液氮进入。裤脚不要有卷边，不要塞进靴子里面。

② 头、面部和身体的防护。

处理液氮应当戴酸型护目镜或面罩、防毒面具或帽子以防护头部和面部。若在敞开系统处理液氮，则应穿上合适材料制成的围裙。如果穿着能够吸收液氮的材料(如毛织品)制成的衣服，液氮泄漏时将遗留在衣服上，和身体接触引起冻伤。因此，对大的泄漏或有飞溅的地方，必须穿上不吸收液氮的材料做成的衣服。

③ 呼吸器官的防护。

除非处理量很少，否则在不通风的场地处理液氮时必须戴自供式防毒面具防护呼吸器官。滤毒罐或防毒面具对防护氮的窒息作用是没有效果的，因此不能使用。

(2) 安全技术。

① 所有液氮操作人员应熟悉液氮的性质和特点，并必须考虑到液氮的所有潜在的危险性。

② 从事液氮的处理和输送的人员应戴护目镜或面罩，穿防护衣，戴手套和穿靴子。

③ 处理液氮的操作至少由两人或两人以上来完成，特别在封闭或低于地面的设备中工作时随时都应使用自供式防毒面具。在含有液氮的低处或封闭场地，应配备救生器和报警系统。

④ 特别注意防止湿气集积在管路、活门、分离器等处，以避免冻结和堵塞，同样要防止液氮积聚在系统不能排空的部位。

⑤ 在液氮的生产、贮存场地准备充足的水源，以便用于冲洗、安全淋浴和去污。安全淋浴要定期检查，而且任何液氮操作之后都要检查。

⑥ 贮存、使用和处理液氮，只有在通风良好的场地内才能进行。

⑦ 了解个人防护衣和防护设备的使用及保管；学会自救和急救。

## 四、干冰低温冻结技术

### （一）干冰制冷的基本原理

固体 $CO_2$ 是一种白色结晶体，其密度根据获得方法不同可在 1 100～1 700 kg/m$^3$ 波动。常压下(0.101 MPa)，固体 $CO_2$ 的升华温度为－78.9 ℃。在低压或接近真空状态下，固体 $CO_2$ 升华温度可升至－10 ℃甚至更低。固体 $CO_2$ 具有较大的比热值。1 kg 固体 $CO_2$ 在升华过程中可吸收热量达 137 kcal，对制冷具有重要意义。

固体 $CO_2$ 可以溶解于难以冻结的液体中，并根据与难冻液体的混合比例关系可使混合体的温度降低至－10 ℃。当固体 $CO_2$ 周围的空气温度下降、流动速度加快时，可使固体 $CO_2$ 升华温度降低。气体 $CO_2$ 不燃烧、不助燃。在常压和常温下，$CO_2$ 是一种惰性化合物，比空气重约 1.5 倍。

$CO_2$ 气体来源有：酒精发酵产生的 $CO_2$，这一般来自制酒、啤酒酿造和木材水解工厂；化工生产产生的 $CO_2$，如天然气净化工厂、生产合成氨时产生的 $CO_2$，甲烷、乙醇发酵产生的 $CO_2$；燃烧烟气中的 $CO_2$ 及天然 $CO_2$ 等。

### （二）干冰制冷的工艺过程

利用固体 $CO_2$ 冻结地层最简单的工艺见图 4-18 和图 4-19。

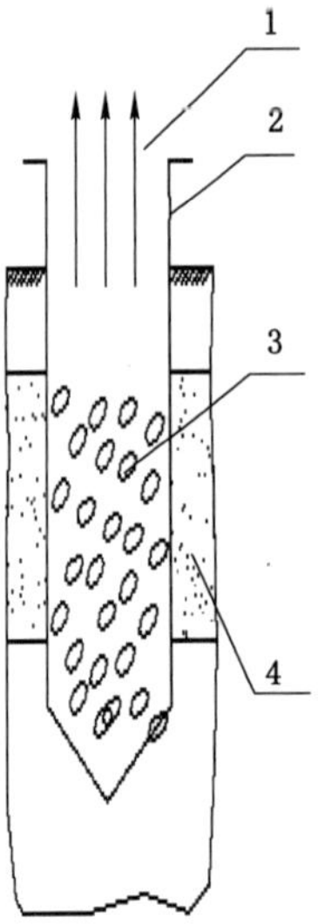


1—气相 $CO_2$；2—冻结管；3—固体 $CO_2$；4—含水层。

图 4-18　固体 $CO_2$ 冻结工艺示意图

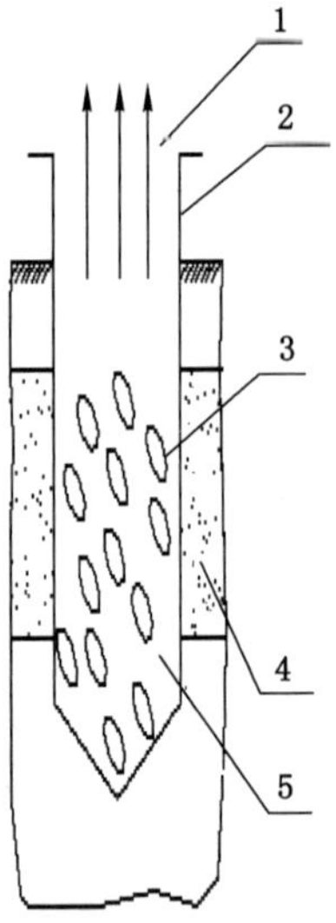


1—气相 $CO_2$；2—冻结管；3—固体 $CO_2$；4—含水层；5—难冻液体。

图 4-19　固体 $CO_2$ 加不冻液冻结工艺

在插入地层的冻结管中直接投入固体 $CO_2$，固体 $CO_2$ 由于吸收冻结管周围地层的热量而不断升华，其升华温度依据冻结管中压力不同而处于－78.9～－56 ℃。冻结管中由于固体 $CO_2$ 升华而产生的 $CO_2$ 气体积累到一定程度会向上运动并逸出管外，因而管的上端应敞开以便气相 $CO_2$ 能自由进入大气中，一般升华 1 kg 固体 $CO_2$ 可产生 500～800 L $CO_2$ 气体。因此，在冻结管密封的情况下，管内压力剧烈提升，并导致冻结管爆裂和升华温度的剧烈提高。采用这种冻结工艺，理论上最大冻结深度取决于冻结管内下部的压力，在冻结管下部的压力不能超过 0.157 MPa。为能在指定的冻结深度内达到均匀冻结，管中固体 $CO_2$ 水平应大致恒定，保持在冻结高度上。

采用这种方式冻结，为获得较高的热交换效率和较好的冻结效果，在固体 $CO_2$ 分布管段应力求使固体 $CO_2$ 与管壁"密实接触"，这样才能达到均匀地从地层中吸收热量的目的，冻结温度将接近固体 $CO_2$ 升华温度，但实际上做到密实接触是很难的。由于存在空隙，管壁上会形成蒸汽层，恶化了吸热条件，减小了管壁温度与固体 $CO_2$ 升华温度之间的温差。

为解决固体 $CO_2$ 与管壁接触不密实而降低热交换效率的问题，可以在冻结地层深度内往管中注入难冻液体。这种液体结冰温度应低于制冷剂升华温度，难冻液体可保证和管壁密实接触。液体中的固体 $CO_2$ 从液体中吸取热量，而液体冷却后再从冻结管周围吸取热量，从而达到冻结土层的目的。

#### （三）干冰制冷的施工过程

难冻液体中的固体 $CO_2$ 在升华过程中析出的大量 $CO_2$ 气体通过液体逸出，这个过程会引起液体的剧烈搅动（如沸腾一般），这种剧烈搅动会有助于加强冻结管中的液体和周围土体之间的热交换，此时冻结管中散热过程相似于液体在紊流状态时的散热过程。

这种冻结工艺的优点是热交换效率高，实施简单，但只能用于有限深度的岩土层冻结或局部冻结，因液柱加大后会使冻结管下部压力超过三相压力点。可用于这种冻结工艺的难冻液有：二氯甲烷，冻点－96.7 ℃；三氯乙烯，冻点－8 ℃；三氯一氟甲烷，冻点－111 ℃。

由于采用固体 $CO_2$ 冻结地层工艺简单廉价、安全、不需压力冻结器结构制冷、不需水电且环保节能，与传统冻结法相比，冻结时间可缩短为原来的 1/4～1/3 倍等，目前已成功地应用于一系列的地下工程施工中。

## 第二节　水平暗挖构筑施工

水平暗挖施工主要是针对联络通道、地下穿越等冻结加固工程。

### 一、施工准备

市政冻结水平暗挖施工准备工作是关键工程之一，主要包括下面的准备工作。

#### （一）技术准备

（1）勘探资料、施工图纸；冻结实测各项技术参数齐全。

（2）施工方案经过审批并进行了技术交底。

（3）冻结壁厚度、平均温度等技术指标达到开挖要求。

#### （二）工程准备

（1）标定出开挖中线、标高。

（2）具备水通、电通、路通、通信等条件，并有足够的施工场地。

(3) 提升运输设备安装调试完毕。

### (三) 资源配置

(1) 项目班子成员、技术员、质量员及作业人员配备齐全。
(2) 风镐、挖机、运输车辆、吊车、喷浆机、混凝土输送泵设备齐全。
(3) 水泵、聚氨酯泵、沙袋、消防器材、聚氨酯等齐全。

### (四) 开挖前准备

#### 1. 隧道支撑安装

(1) 隧道支撑在冻结帷幕交圈以前安装完成，安装位置及各支撑点的顶力等满足设计。

(2) 隧道内每个联络通道预留口设 2 榀隧道支撑，分别安装在洞口两侧的第一条隧道管片环缝处。

(3) 每榀隧道支撑设 7～8 个支撑点均匀地支撑在隧道管片上，支撑点与管片之间设置不小于 16 mm 厚的钢垫板，每个支撑点提供的支撑力不应小于 500 kN。

(4) 支撑上半部的 4～5 个支撑点上应安装最大顶力 500 kN 的千斤顶以调整支撑力。

(5) 隧道支撑框架宜用型钢制作，并应满足现行国家标准《钢结构设计标准》(GB 50017)的要求。隧道支撑之间应有效连接，确保其稳定性。

(6) 隧道支撑安装偏离隧道管片环缝处截面不大于 20 mm。

(7) 隧道支撑安装完毕后，应顶实千斤顶，每个千斤顶的顶力不得大于 100 kN，且各个千斤顶的顶力应均匀。

(8) 根据实测隧道收敛变形调整各个千斤顶的顶力，收敛大的部位要求千斤顶顶力大，不收敛的部位千斤顶不加力。隧道收敛达到报警值 10 mm 时，千斤顶顶力达到设计最大值 500 kN。

(9) 千斤顶顶力达到设计最大值后隧道仍继续变形时，应采取加固措施。

#### 2. 防护门安装

(1) 开挖前，应在联络通道开挖侧预留洞口上安装应急防护门，并进行水密性实验，防护门设计、安装与使用各项指标应满足设计要求。

(2) 防护门应能灵活开关，关闭后应能承受安装位置的水土压力，有效阻止联络通道内水土流出，开启后不得影响正常的开挖和结构施工。

(3) 在防护门上应安设压风管、排风管、注浆管及控制阀门，并配备风量不小于 6 $m^3/min$ 的空压机为防护门内供气。

(4) 防护门可安装在通道预留洞口隧道钢管片上。防护门结构设计和安装应符合现行国家标准《钢结构设计标准》(GB 50017)的规定。

(5) 安装好防护门后应进行水密性试验，先用水泵在防护门内注满水，再用空压机加压，要在不停空压机时试验气压能否保持在设计值。

(6) 防护门开关要便于人工操作，紧固螺栓、扳手等配件及操作工具应准备齐全到位。

(7) 联络通道开挖时发生透水、冒砂事故时，立即对已开挖隧道进行固体材料充填并及时关闭防护门，关闭后向防护门内注浆、压水，使防护门内水压维持在设计压力。

(8) 通道挖通并施工初次支护后可拆除防护门。

(9) 在集水井位置有透水的砂性土层时，设集水井井口防护门或盖板。开挖集水井发生透水冒砂事故时，立即压填并关上防护门，关上防护门后向集水井内压水或注入聚氨酯等注浆充填材料。防护门能承受所在深度的地下水水压。

## 二、冻结孔施工

冻结孔成法可采用跟管钻进法、夯管法、顶管法等施工方法。在地层沉降控制要求高的地层中采用钻进法时，实施保压钻进。

### (一) 开孔施工

1. 钻孔定位

用水平管结合钢卷尺进行孔位的放样，每个孔位在管片上的位置要通过换算成各点相对于中心线的弦长或弧长来放样。放样的点位要注意：开孔口必须避开隧道管片接缝处、螺栓孔，并宜避开混凝土管片主筋和钢管片主受力肋板。如遇到需调整孔位的情况时，开孔位置移动不大于 100 mm，冻结孔开孔间距误差不大于 150 mm。

2. 施工顺序

首先施工对穿孔，再施工下部孔，最后施工上部孔。如果是双侧打孔，先钻冻结站一侧孔再施工对侧孔。单侧冻结孔施工完，再施工测温孔和卸压孔。测温孔的布置要根据冻结孔的成孔质量，在冻结孔间距较大的地方和不同的土层并结合整个断面和设计要求进行施工。

3. 施工流程

开孔→安装孔口管及防喷装置→钻孔→补偿注浆封孔口→测斜测深→打压试漏。

4. 开孔及安装孔口管

在水泥管片上开孔时，先用开孔钻机进行一次开孔，不开透管片，管片厚度预留 50～100 mm，然后插入缠上麻丝的孔口管(麻丝外最好涂抹速凝水泥)，孔口管插入钻孔深度不得小于 200 mm，与钻孔配合要紧密，不渗漏，并用不少于 3 个膨胀螺栓与隧道管片固定。固定孔口管用膨胀螺栓直径为 12 mm，膨胀螺栓与孔口管之间用等直径钢筋焊接。

在钢管片上开孔时，采用焊接方法固定孔口管，焊缝高度不得小于孔口管管壁厚度。开孔隔舱和四周隔舱应填满水泥，然后用 10 mm 厚钢板焊接密封。

对于深度较大的冻结孔，开孔段预设 0.5°～1°的上仰角。

5. 二次开孔

在孔口管上安装阀门和孔口防喷装置后，再用钻机或开孔器钻透隧道管片。二次开孔示意图见图 4-20。

### (二) 冻结孔钻进

1. 钻机平台搭设

钻机平台搭设应牢固平整。采用建筑钢管搭设施工平台时，应符合现行行业标准《建筑

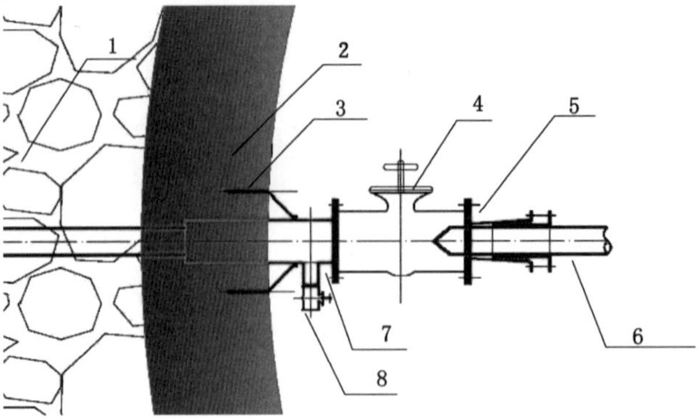


1—地层；2—隧道管片；3—膨胀螺丝；4—闸阀；5—压紧装置；6—冻结管钻杆；7—孔口管；8—小闸阀。

图 4-20　二次开孔示意图

施工扣件式钢管脚手架安全技术规程》的规定，并应在水平方向上与隧道管片固定牢固。采用自制升降施工平台时，应进行承载力验算，并应设置防升降平台掉落的保险装置。

按联络通道出口尺寸及施工需要，工作平台由一个大平台和一斜坡道构成。在联络通道开口处的隧道支撑架底梁上搭设中间工作平台，主要作为材料运输之用。在联络通道运输侧，搭设施工平台，主要作为材料运输和车辆换向之用。在联络通道运输侧，同时搭设斜坡道与运输、换向平台相连接，坡度以方便车辆运输为原则，可以适当调整。在中间平台的另一侧搭设材料设备平台。

2. 冻结孔钻进

利用低碳无缝钢管做冻结管，冻结管材及接头内衬管的材质应一致，管端要留坡口，采用丝扣连接，丝扣应上紧，接缝要焊接牢固，确保其同心度及连接强度。选用焊条应与管材材质相匹配，接缝要焊接两至三遍，每次焊接检查无砂眼及夹渣方可进行下一次焊接，焊缝要饱满且符合焊接规范质量要求，焊完后冷却 5～10 min 后方可继续钻进。

孔口防喷装置与冻结管之间不得漏水漏泥。循环液应从孔口管上的小闸阀排出，并应控制排出土体体积不大于冻结孔体积。循环水应用清水，防止单向阀被泥沙堵塞。

冻结管下入地层深度不得小于设计深度，不宜大于设计深度 0.5 m，每节冻结管材应有长度及顺序编号记录，应以碰到对面管片为准。其他以设计深度加上钻头长度为准。冻结管管口露出孔口管不应小于 100 mm。

透孔施工在冻结管前配置金刚石取芯钻头，再配上岩芯管一段，长度 $l \geqslant 80$ cm，然后是单向阀，冻结管上焊接止水钢环，封堵对面管片与冻结管之间的间隙。

3. 封闭孔底部

利用接长杆将丝堵上到孔的底部，利用反丝在卸扣的同时将丝堵上紧。

4. 钻孔补偿注浆

含承压水地层每个冻结孔成孔后必须及时注浆充填压密，同时封堵冻结管与管片之间的缝隙，保证密封装置拆除后不漏水，注浆量不少于流出量的 1.5 倍，有效控制地面、建(构)筑物及地下管线沉降；含承压水地层必须用压浆法在孔口管与钻孔之间充填水泥-水玻璃浆液；注浆水泥采用 P・O42.5。

5. 冻结孔测斜

冻结孔成孔后采用经纬仪灯光进行测斜。测斜前，应检查实际开孔位置与后视点是否一致。联络通道另一侧上部冻结孔距离隧道顶部不超过 400 mm，若超过必须进行补孔。

### （三）冻结孔成孔质量

（1）冻结孔的开孔位置误差不宜大于 100 mm；冻结孔开孔间距误差不得大于 150 mm。

（2）冻结孔偏斜精度要求可按表 4-2 选定。

（3）冻结孔深度可按式(4-1)确定。

### （四）冻结管要求

（1）冻结管采用低碳钢无缝钢管，冻结管外径为 89～127 mm，不小于 73 mm，管壁厚度不小于 5 mm。当采用跟管钻进时，冻结管管壁厚度不小于 8 mm；采用夯管时，冻结管管壁厚度不小于 6 mm。

（2）孔口管采用低碳钢无缝钢管，孔口管内径比冻结管外径大 10～20 mm，管壁厚度为 5～7 mm。安装在混凝土管片上的孔口管至少预留 50 mm 保护层，不少于 3 个加固点且孔口管与管片之间不得渗漏，管端加工长度不小于 200 mm 的鱼鳞扣。

（3）打压试漏。试验压力应为盐水泵工作压力的 1.5～2 倍，且不低于 0.70 MPa；经试压 30 min 压力下降不超过 0.05 MPa，再延续 15 min 压力保持不变为合格。试压不合格的冻结管必须进行处理，达到密封要求后才能使用，无法处理时应补孔。

（4）向下倾斜的冻结管出现渗漏时，可在漏管中下入小直径冻结管的方法进行处理，并在小直径冻结管外侧充满清水或泥浆。小直径冻结管应采用低碳钢无缝钢管，内径不得小于 57 mm，管壁厚度为 3～4 mm，采用直接对焊连接。下套管的冻结孔数大于冻结孔总数的 5%时，应对冻结孔分组和积极冻结时间进行调整。小直径冻结管下放深度和耐压要求应与普通冻结管相同。向上倾斜的冻结管漏管不得采用下入小直径冻结管的方法处理。

## 三、开挖构筑施工

### （一）开挖条件

（1）检验冻结壁厚度、平均温度等达到设计值；卸压孔水压升高至超过初始压力 0.1 MPa 以上，打开卸压孔无水持续流出(少量滴水除外)，卸压孔压力上涨超过 7 d。

（2）积极冻结时间、盐水温度、盐水流量、去回路盐水温差等冻结参数达到设计值；冷冻机等机电设备及电源完好，冻结系统运转正常。

（3）在联络通道入口未冻区内管片上开设直径 80～120 mm 的探孔，深度为进入土层不小于 500 mm，检查孔内无泥水连续流出。

### （二）开管片

（1）拉钢管片前，先开 200 mm×200 mm 观察孔，观测土体并试开挖，满足开挖条件(无泥水流出)，再正式拉管片开挖。

(2) 开管片时,准备 32 t 千斤顶两台,5 t 和 2 t 手拉葫芦各一个。两台千斤顶架在被开管片两侧,中间用一根横梁同钢管片直接相连,通过顶推横梁向外推拉钢管片。5 t 葫芦作为主拉拔管片用,一端钩住欲拆管片,一端套挂在对面隧道管片上,水平方向加力向隧道内拉拔管片。2 t 葫芦悬吊在欲拆管片上方管片上,一端钩住欲拆管片,以防管片拉出时突然砸落在工作平台上。在用千斤顶及 5 t 葫芦拉拔期间要注意观察管片外移情况,并随时注意调整 2 t 葫芦拉紧程度和方向。因管片锈蚀拉出困难时,应用大锤锤振管片,减小拔出拉力。当拉拔不出时,可采用气割方法拆除。拆除顺序见图 4-21,先拉一号,接着拉二、三、四,待通道贯通后拆除安全门再拉五、六号。

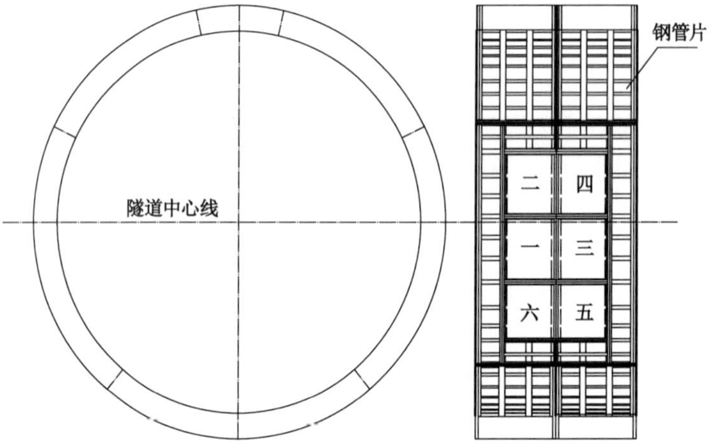


图 4-21　钢管片拆除顺序

### (三) 开挖

(1) 土方开挖采用短段掘砌,随挖随支,并应与初次支护钢支架或钢格栅间距一致。可采取全断面开挖方式,开挖面土体难以自立时应放坡,空顶距以不大于相邻两钢支架或钢格栅间距为原则。

(2) 开挖顺序:联络通道宜由主冻结孔向副冻结孔方向开挖。上部通道施工完成后,再开挖施工集水井。

(3) 开挖方法:采用人工风镐或挖掘机掘进。

### (四) 初期支护

(1) 初期支护采用型钢支架或钢筋栅格、木背板,喷射混凝土和砂浆充填。型钢支架或钢筋栅格为全封闭支护结构,相邻两排支架间用支撑杆相互连接。支护层厚度为 300 mm,喷射混凝土分层施工,每层厚度约 100 mm。一次不易成型,分三次喷射。前两次喷射厚度均为 100 mm,第三次喷射找平,在前次喷射混凝土初凝后方可进行下一次喷射。喷射时应注意风压、水压、喷射角度、喷嘴到受喷面的距离。喷射物料中应按要求掺速凝剂。

(2) 喷射流程:设备安装调试→供风→配料→喷射口给水混合喷射。

(3) 喷射顺序:自下而上,先墙身后拱顶。

(4) 原材料：水泥为 P·O42.5 普通硅酸盐水泥；砂子为中粗砂；石子采用坚固碎石，粒径小于 15 mm；速凝剂掺量为水泥用量的 5%；喷射混凝土的配合比根据现场的地质条件决定。

### （五）防水施工

联络通道防水施工遵循“堵排结合、因地制宜、刚柔相济、综合治理”的原则。施工顺序为：先拱顶，再侧墙，后底板；先通道后喇叭口；集水井先底板后侧墙；将集水井侧墙与通道侧墙连接。

(1) 喇叭口部位全部刷扩至设计尺寸，初期支护完成后，即可进行止水带施工。止水带是用黏结剂沿着初期支护断面内侧直接黏到隧道管片上，黏结前对管片进行清洗。

(2) 将卷材横向平铺在喷浆层上，用钉子将卷材均匀钉在喷浆层上；相邻两张卷材应压缝 10 cm，使其牢固结合在一起。

(3) 注浆孔处应另剪一块卷材盖住，呈喇叭口状包裹注浆管 15 cm 并与注浆管可靠紧密连接，并用管箍固定；在钉孔处应另外剪一块卷材将钉子盖住，并紧密连接。

(4) 钢管片与支护层和结构层的接缝处设置兜绕成环的遇水膨胀橡胶条和预埋注浆管。隧道道床及泵房间的不锈钢管外壁须设置成环的遇水膨胀橡胶条。

### （六）结构施工

(1) 结构施工顺序：通道（含喇叭口）—集水井（含盖板）；通道混凝土浇筑顺序：底板—侧墙—拱顶；集水井混凝土浇筑顺序：底板—侧墙—集水井顶板。

(2) 钢筋绑扎与搭接应严格按结构设计图纸和相关规范要求执行。在结构混凝土与钢管片接触部位按设计要求焊接锚筋，且纵筋与钢管片搭接处按设计要求采用 T 形焊接。钢筋施工时保护好防水层。

(3) 联络通道及泵站施工采用钢模板，具体应按照如下步骤来做：

① 根据结构边墙、顶板的形状及尺寸，放出模板厚度，并充分考虑预留混凝土浇筑时由于自重而引起的拱部下沉量，拱部模板应预留沉落量 10～30 mm。联络通道底板浇筑达到设计强度的 70%后，即架立拱架。首先根据测量放线确定的位置将支架初步摆放，支架就位后利用纵向连接系将各榀连接成为稳定的空间体系，进行初步调整，逐榀测量校正，既作为钢筋绑扎的台架，又作为衬砌的支撑。立模完成后，进行混凝土浇筑前的最终复核，保证混凝土浇筑时的断面空间。

② 根据“准、稳、密、平”的原则，严格按线立模，误差控制在±3 mm 以内，依据施工图及技术规范要求立模。模板拼缝平整严密，不得漏浆，模内清除干净；支架使用前进行检查，重复使用时随时修整；保证模板强度、刚度、平整度和稳定性，能够承受新灌注混凝土重力、侧压力及施工中产生的各种荷载；支架设计及模板安装做到受力良好，拆卸移动方便。弧顶采用无痕钢模板，侧墙采用木模支护，模板立完之后还要进行加固，防止脱模及跑模等现象出现。为保证浇筑的效果，模板外采用钢架支撑加固。

(4) 浇筑施工。浇筑混凝土顺序：两端底板→侧墙→拱顶。

采用分层浇筑，机械振捣，振厚控制在 300 mm 左右，振捣器插入下层混凝土的深度应大于 50 mm，但不宜过深。采用斜向振捣，即振动棒与混凝土表面成 40°～45°角，振捣要求做到“快插慢拔”。振捣时要保证工作时间，振点间距不大于振捣器作用半径的1.5倍，同时在模外轻敲轻打，使壁面浆液饱满，消除蜂窝麻面，连续浇筑。浇筑喇叭口可在钢管片上割洞浇筑或喷浆，最后辅以砂浆合口。

浇筑混凝土前，提前预埋各种管件，并固定牢靠，穿墙管安装防水止水板。

（5）排水管施工。

排水管安装前，在结构层止水带外侧部分需外包5 mm厚自黏性丁基橡胶带。止水带采用5 mm厚止水钢板加单组分遇水膨胀密封胶，将钢管片和限位套管内的钢板沿割除线割除。将加工好的排水管插入限位套管内，在限位套管内剩余未割除的钢板前设置两个O形橡胶圈，并在DN200不锈钢管（或铸铁管）外围压紧$\phi$245 mm×8 mm钢管。浇筑混凝土前，先将集水管管口封堵，防止混凝土进入管内堵塞集水管。

（6）预埋注浆管。

结构施工过程中，在结构层中预埋一定数量融沉注浆孔管及充填注浆孔管，注浆管的预埋深度以穿透初期支护层为宜。结构施工时，将预埋的融沉注浆管里端用无纺布捆扎封堵，外端用丝堵封牢并焊接固定在钢筋上；拱顶最高处支护层与结构层之间空隙布设不少于四根充填注浆管，中间两根，两端喇叭口最高处各布置一根，注浆管里端用塑料薄膜绑扎并紧靠支护层，防止混凝土浇筑时进入砂浆，外端用丝堵封牢并焊接在钢筋上固定。模板拆除后，凿出注浆管，接上阀门注浆。

（7）冻结管割除及封堵。

停冻后应尽快割除隧道管片上的孔口管和冻结管，割除后的孔口管和冻结管内及时用砂浆或混凝土充填，其孔口用硫铝酸盐超早强（微膨胀）水泥封堵，并预埋注浆管进行注浆堵漏，防止孔口管和冻结管周围冻结壁解冻漏水。

钢管片上的孔口管及冻结管割除不小于60 mm，必须在钢管片上焊接两根$\phi$12 mm钢筋，然后用硫铝酸盐超早强（微膨胀）水泥填满孔口；水泥管片上的孔口管及冻结管割除不小于60 mm，贴近孔口对称打两个45°斜孔50 mm深，预埋$\phi$12 mm钢筋或放置膨胀螺栓固定孔口，然后用硫铝酸盐超早强（微膨胀）水泥填满孔口，封堵牢固密实。

（8）钢管片格仓充填及表面防锈处理。

充填的格仓根据时间主要包括：钻孔施工前充填封堵对钻孔施工影响的钢管片格仓、开机冻结前充填封堵对冻结施工有影响的钢管片格仓、结构施工过程中适时充填封堵其余钢格仓。钢管片格仓充填封堵的要求：表面平整、光滑，严禁高出钢管片表面；密实牢固，特别是隧道顶部的钢格仓充填时要做防坠落处理（内部加焊6 mm钢筋）。

钢管片表面要进行防锈处理。涂刷防锈材料前，清理干净钢管片表面的污垢及锈迹，表面采取干燥措施后方可涂刷防锈材料。防锈材料要涂刷牢固、均匀、整齐、整洁，严禁乱涂乱抹（防锈材料一般为双组分环氧沥青漆）。

# 第五章　软土地层冻结信息化施工技术

## 第一节　概　　述

信息化施工，是指在工程施工过程中利用计算机与人工测量技术，对工程结构、围岩介质及周边环境中的多种工程信息开展数据采集、处理分析，及时评估、预测工程建设的安全性，并通过信息反馈，及时开展结构设计与施工方案优化调整的一种施工方法。

信息化施工遵循“初步设计—工程监测—信息反馈—设计优化”的基本流程，工程监测是核心环节。工程监测信息的全面性、准确性、及时性及其分析结果的可靠性，直接影响后续工程决策，甚至危及工程建设安全。目前，大型及复杂土工工程，例如超高层建筑、复杂桥梁、大型水利水电工程、深埋及长大隧道硐室、深厚复杂岩土层中的井筒等，施工中已普遍采用信息化施工技术，保证工程施工的安全性、经济合理性。

岩土工程冻结法施工涉及诸多复杂的影响因素，且部分工程属隐蔽工程。大量的工程及科研实践表明，围绕地层冻结、掘砌的全过程，以工程结构、周围岩土体、周边环境的建筑物或结构物等为主要研究对象，开展温度、压力、应力、应变、变形等多参数、综合、实时监测及研究分析，实现信息化施工，是保障冻结法施工安全性、合理性的最主要及有效途径。

## 第二节　信息化施工监测仪器及监测系统

信息化施工监测系统通常由传感器、二次仪表、数据采集仪、数据传输设备（或线缆）、数据接收与处理终端等组成。

### 一、传感器

传感器种类繁多，分类方法也较多，常见的分类方法见表 5-1。

**表 5-1　传感器的分类**

| 分类依据 | 传感器的种类 | 说明 |
|---|---|---|
| 传感器输入参量 | 位移、压力、温度、流量传感器等 | 传感器以被测参量命名 |
| 传感器工作原理 | 电阻式、振弦式、电容式、电感式、压电式、超声波式、霍尔式传感器等 | 以传感器转换机理命名 |
| 物理现象 | 结构型传感器 | 传感器依赖其结构参数变化实现信息转换 |
| | 物性型传感器 | 传感器依赖其敏感器件物理特性的变化实现信息转换 |

**表 5-1(续)**

| 分类依据 | 传感器的种类 | 说明 |
|---|---|---|
| 能量关系 | 能量转换型传感器 | 传感器直接将被测对象的能量转换为输出能量 |
| | 能量控制型传感器 | 由外部供给传感器能量,由被测量大小比例控制传感器的输出能量 |
| 输出信号 | 模拟式传感器 | 将被测量的非电学量转换成模拟量 |
| | 数字式传感器 | 将被测量的非电学量转换成数字量(直接或间接转化) |

信息化施工监测中的待测物理量多为非电量,如位移、压力、应力、应变、温度、加速度等。根据传感器的类型和工作原理,结合被测物理量进行传感器的分类,便于传感器的选用,其分类见表 5-2。信息化施工中最常用的三类传感器为电阻式传感器、振弦式传感器、光纤光栅式传感器。

**表 5-2 常用传感器按工作原理分类表**

<table>
<tr><th>类型</th><th>传感原理</th><th>特点</th><th>传感器名称或监测物理量</th><th>备注</th></tr>
<tr><td>电阻式</td><td>电阻应变效应:介质的电阻随其应变变化</td><td>结构简单可靠,制作安装方便;零点非常稳定,长期稳定性好,适宜长期观测;对绝缘要求较高;系统需屏蔽抗电磁干扰</td><td rowspan="3">混凝土应变计<br>钢筋测力计<br>锚杆应力计<br>锚索测力计<br>测缝计<br>位移计<br>压力盒<br>土压力计<br>渗压计<br>孔隙水压力计<br>温度计<br>其他</td><td rowspan="9">根据监测物理量选择合适类型的传感器,根据监测对象选择合适的监测量程,传感器精度一般均能满足要求。<br>对于光纤光栅传感器而言,还要根据监测仪器选择相应的传感器中心波长</td></tr>
<tr><td>振弦式</td><td>弦的振动频率随其张紧力变化</td><td>结构简单可靠,制作安装方便;对绝缘电阻要求不高;抗电磁干扰;长期观测需解决好弦的松弛问题</td></tr>
<tr><td>光纤光栅式</td><td>光纤光栅的波长随应变、温度等变化</td><td>抗电磁干扰;电绝缘性能好,安全可靠;耐腐蚀,化学性能稳定;传输容量大、损耗小;可实现多点分布式测量;测量范围广</td></tr>
<tr><td rowspan="2">热电式</td><td>热电阻效应:介质的电阻随温度变化</td><td>测量精度高、范围广,价格便宜</td><td>铂电阻温度计等</td></tr>
<tr><td>热电效应</td><td>抗干扰能力强,测量范围广,价格便宜</td><td>热电偶</td></tr>
<tr><td>压电式</td><td>正(或逆)压电效应</td><td>结构简单,工作可靠,体积小,动态响应好;用于测量动态信号;信息化施工监测应用较少</td><td>压力、位移、加速度等</td></tr>
<tr><td>电容式</td><td>电容随外参量变化</td><td rowspan="3">信息化施工监测应用较少</td><td rowspan="3">压力计、应变计、位移计、加速度计等</td></tr>
<tr><td>电感式</td><td>电磁感应原理</td></tr>
<tr><td>压磁式</td><td>压磁效应、磁致伸缩效应</td></tr>
</table>

## 二、监测仪器

### （一）数据采集仪

根据传感器的工作原理，选择对应的数据采集仪，或者选用综合数据采集仪器进行传感器数据采集。

### （二）其他监测仪器

工程施工中的大部分物理量可通过安设传感器，利用数据采集仪（二次仪表）开展数据采集，但也有部分物理量，受参数性质、作业条件等的限制，需借助专门仪器实施人工测量。常用的仪器有光学经纬仪、全站仪、测距仪、陀螺测斜仪、分层沉降仪、测斜仪、钢尺收敛计、收敛变形仪、断面轮廓激光扫描仪、红外测温仪、点式测温计、热电偶、回弹仪、超声仪、地质雷达等。

## 三、监测系统

监测系统设计是信息化施工的核心与关键环节，与监测方法选择、测点布置等直接相关。监测系统数据传输见图 5-1。

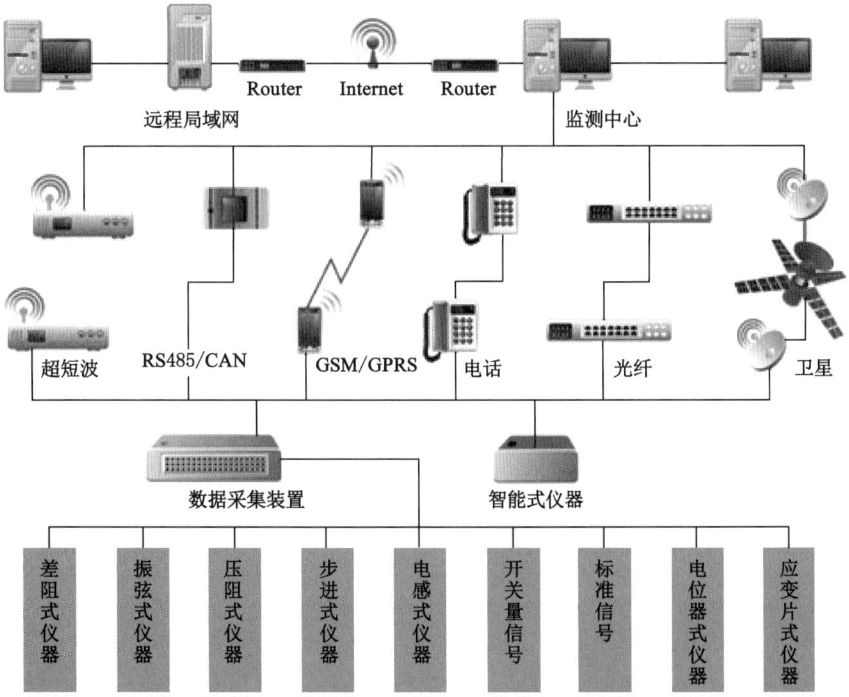


图 5-1　监测系统数据传输示意图

监测系统设计遵循原则如下：

（1）安全可靠，这是首要原则。首先，仪器设备（传感器、二次仪表）必须满足监测环境的安全要求(尤其是易燃易爆环境),具有适宜的精度、可靠的工作性能,且仪器寿命必须满足监测工期要求。其次,关键测点及仪器须考虑冗余,避免个别传感器失效导致监测的整体失败。最后,测点与数据传输线路必须采用可靠的安全保护措施,避免意外损坏,导致监测中断。

(2) 重点监控。针对冻结工程,必须基于温度发展和受力变形特点,判定其冻结壁发展最薄和受力变形的最不利部位,确定重点监控部位、方向及参量,对关键信息实施全面监控。

(3) 施工便利。为减少监测与施工的相互干扰,传感器、二次仪表选择,以及监测网络、通信线路设计,应力求设备安装、调试、组网、扩充、维护方便快捷。

(4) 经济实用。监测系统的设计,在确保满足精度、可靠性、工期要求的前提下,应避免盲目追求先进性,而力求选择经济实用的仪器设备,以降低监测成本。

# 第三节　市政冻结工程信息化施工监测

## 一、监测的特点

城市地下工程中,冻结法主要用于地下联络通道、盾构进出洞和基坑等地下工程的施工。由于城市施工环境复杂,进行冻结法施工时,不仅要考虑冻结壁与永久支护结构的安全,还要考虑周围建筑物、道路及地下管线等的安全,因此必须采用信息化监测指导施工。

城市冻结工程监测的特点:

(1) 城市冻结工程施工前,地层可能已受扰动,且周边环境复杂,异常数据可能由多种非冻结因素引起。

(2) 除冻结壁和支护结构处,周边建筑物、管线、道路等也必须监测。

(3) 除利用常规测温孔、水文孔外,常需要结合探孔温度、卸压孔压力变化等来综合判断冻结壁的交圈情况与范围。

## 二、监测内容与方法

### (一) 地层冻结效果监测

地层冻结效果监测的内容与方法见表 5-3。

**表 5-3　地层冻结效果监测的内容与方法**

| 监测对象 | 监测参数 | 监测目的 | 监测方法及技术要点 | 监测仪器 | 监测频率 | 备注 |
|---|---|---|---|---|---|---|
| 冻结孔 | 深度、偏斜、相邻孔间距 | 确保深度、偏斜率、最大孔间距符合设计要求 | <30 m 的水平孔采用经纬仪灯光测斜法;>30 m 时用水平陀螺测斜仪测量 | 陀螺仪或灯光测斜 | 每隔 20～30 m 测斜 1 次 | |

表 5-3(续)

| 监测对象 | 监测参数 | 监测目的 | 监测方法及技术要点 | 监测仪器 | 监测频率 | 备注 |
|---|---|---|---|---|---|---|
| 冻结器 | 盐水去、回路温差 | 确保冻结器工作正常 | 在盐水去、回路上安装温度计 | 温度传感器 | 至少1次/d,给出盐水温度-时间曲线 | |
| | 盐水流量 | | 在干管上安流量计,24 h监控。将专用流量测试装置接入待测冻结器的盐水循环系统,测完后复原 | 流量计 | 至少每10 d抽测一次冻结器盐水流量,掌握盐水流量变化 | 根据情况选测 |
| 冻结壁 | 重点地层部位的温度 | 正确判断冻结壁是否交圈及其厚度、强度是否达到设计要求 | 测温孔一般布置在冻结壁外缘界面上及偏斜最大的两孔之间,或打在难以冻结的主要含水层中。需注意冻结壁与结构(管片或地下连续墙)界面处的温度监测 | 温度传感器 | 一般每隔24 h观测一次,开挖期间增加频率;在结构做完后宜每隔1～3 d测一次,且测点可适当减少 | |
| 卸压孔 | 压力 | 分析冻结效果和冻结壁交圈情况 | 在隧道两侧联络通道冻结壁内侧布置卸压孔 | 压力表 | 前期每隔24～48 h测一次;升压后每6～24 h测量一次 | |

### (二) 工程结构及其围岩监测

工程结构及其围岩监测的内容与方法等见表5-4。

表 5-4　工程结构及其围岩监测的内容与方法

| 监测对象 | 监测参数 | 监测目的 | 监测方法及技术要点 | 监测仪器 | 监测频率 | 备注 |
|---|---|---|---|---|---|---|
| 揭露地层 | 温度 | 了解揭露地层的实际冻结情况,判断冻结壁的可靠性 | 根据工程特点,在关键及薄弱部位布置测温点,点温计探头应埋入揭露面下方或钻眼测量 | 点温计 | 一般监测1次/d,必要时加大频率 | 联络通道、基坑冻结工程 |
| 支架 | 支撑力 | 及时调整隧道内预应力支架压力,保证管片安全 | 在支架千斤顶和隧道管片之间布置测点,测力计与千斤顶轴线要对中 | 测力计 | 一般冻结壁交圈前监测1次/3 d,交圈后1次/d | 联络通道冻结工程 |
| 洞门 | 温度 | 了解洞门实际冻结情况,判断可靠性 | 一般在洞门周边地下连续墙与土体交界面处布置测温点 | 温度传感器 | 一般监测1次/d,必要时加大频率 | 洞门加固冻结工程 |

表 5-4(续)

| 监测对象 | 监测参数 | 监测目的 | 监测方法及技术要点 | 监测仪器 | 监测频率 | 备注 |
|---|---|---|---|---|---|---|
| 隧道 | 沉降及收敛 | 了解施工对隧道变形的影响,保证安全 | 一般在联络通道两侧隧道每端各 50 m 范围内布设沉降测点和收敛测点。一般每半个月复核一次数据,达到报警值后立即复核数据 | 水准仪、收敛计 | 监测 1 次/d,打冻结孔、掘砌和强制解冻阶段适当加大频率 | 联络通道冻结工程 |

(三) 对周围建(构)筑物和管线不利影响监测

为保证安全,需要监测冻结工程的冻胀、融沉、开挖等过程对周围建(构)筑物和管线等的不利影响,监测的内容与方法见表 5-5。

**表 5-5　冻结施工对周围建(构)筑物和管线不利影响的监测内容与方法**

| 监测对象 | 监测参数 | 监测目的 | 监测方法及技术要点 | 监测仪器 | 监测频率 | 备注 |
|---|---|---|---|---|---|---|
| 隧道管片 | 冻结压力 | 评估冻结压力对管片的不利影响 | 在冻结壁及其附近土体与管片的交界面上,埋设不同方向的压力传感器,监测冻结压力 | 土压力传感器 | 多为在线监测。至少冻结壁交圈前监测 1 次/3 d,交圈后 1 次/d | 联络通道冻结工程(选测) |
| 地面 | 沉降量 | 为评估建(构)筑物、地下管线的安全提供数据,为施工提供警示 | 在施工影响范围内的地面、建(构)筑物和管线处布设测点,详见有关规范规定。一般每半个月复核 1 次数据,达到报警值后立即复核数据 | 水准仪 | 一般监测 1 次/d,打冻结孔、掘砌和强制解冻阶段适当加大频率,按有关规范执行 | 联络通道、基坑和大范围洞门加固冻结工程 |
| 地层 | 竖直沉降量 | | 结合建(构)筑物、管线情况,在施工影响范围内布置地层分层沉降测点 | 分层沉降仪 | 一般监测 1 次/d,必要时加大频率 | 洞门加固冻结工程(选测) |
| 土体、墙体 | 水平位移 | | 在冻结壁外侧和地下连续墙上布置测斜管,在测斜管内部进行水平位移监测 | 测斜仪 | 一般监测 1 次/d,必要时加大频率 | 基坑和洞门加固冻结工程(选测) |

(四) 联络通道施工地面监测要求

1. 一般要求

(1) 在联络通道施工期间,应监测施工影响范围内的隧道管片和周边环境的变形。周边环境监测应包括地下管线、地表剖面及邻近建(构)筑物的变形监测。

(2) 周边环境保护等级划分应符合表 5-6 的规定。

**表 5-6　周边环境保护等级划分**

| 周边环境等级 | 周边环境条件 |
|---|---|
| 一级 | 联络通道施工影响范围内有江河、城市轨道交通线路、铁路、道路隧道、上水和燃气等压力干管、原水箱涵、防汛墙、高压铁塔、历史文物、近代优秀建筑等重要建(构)筑物及设施等 |
| 二级 | 周边环境条件不属于一级、三级时 |
| 三级 | 联络通道施工影响范围内没有需要保护的管线或建(构)筑物及设施等 |

注:① 联络通道施工对周边环境可能影响的范围是:联络通道施工区的地表水平垂直投影向外延伸 1.5 倍中心埋深所围成的区域。② 高压铁塔、历史文物、近代优秀建筑划分应符合相关管理部门的规定。

(3) 测点布置及测量方法应符合现行国家标准《城市轨道交通工程测量规范》(GB/T 50308)、《工程测量标准》(GB 50026)、《城市轨道交通工程监测技术规范》(GB 50911)和现行行业标准《城市测量规范》(CJJ/T 8)等有关规范的规定。

(4) 联络通道冻结法施工开工前,应由具备相应资质的单位编制专项监测方案,并应经有关方面批准后实施。

(5) 监测单位应对监测数据和现场巡查情况进行分析整理,确保数据正确、可靠,按时提交监测报表;当监测值达到报警值时,应立即发出报警通知。

2. 具体要求

(1) 联络通道监测应从钻孔开始至融沉注浆后 6 个月且监测数据收敛为止。

(2) 联络通道的施工监测范围应符合下列规定:

① 隧道管片变形监测范围不应小于联络通道两侧隧道管片各 50 m;

② 周边环境变形监测范围不应小于联络通道施工对周边环境可能影响范围。

(3) 联络通道施工期间监测点的布设应符合下列要求:

① 地表剖面变形监测应沿隧道纵向布设监测剖面,布点间距及监测点布设方式宜按图 5-2 示意要求执行,在地面布设深层监测点时应穿透路面结构硬壳层,埋设进入原状土 600 mm 以上的沉降标杆。

② 隧道垂直位移监测点宜先密后疏布置,应在联络通道中心线对应钢管片的拱底位置布设 1 个测点,联络通道中心线两侧 10 环范围内每 2 环应布设 1 个测点,10 环范围外每 4 环应布设 1 个测点,监测点宜按环号进行编号。

③ 隧道收敛监测点应在联络通道两侧第一个混凝土管片上布设 1 个断面,然后在联络通道中心线两侧 10 环范围内每 2 环布设 1 个断面,10 环范围外每 4 环布设 1 个断面,监测点宜按环号进行编号。

④ 隧道变形及周边环境监测点应在施工开始前连续采集 3 次稳定的数据取平均作为初始值,联络通道施工期间应按信息化监测要求实施同步监测。联络通道施工监测宜利用隧道施工监测测点。施工监测频率宜按表 5-7 确定,可根据监测数据变化幅度进行适当调整。

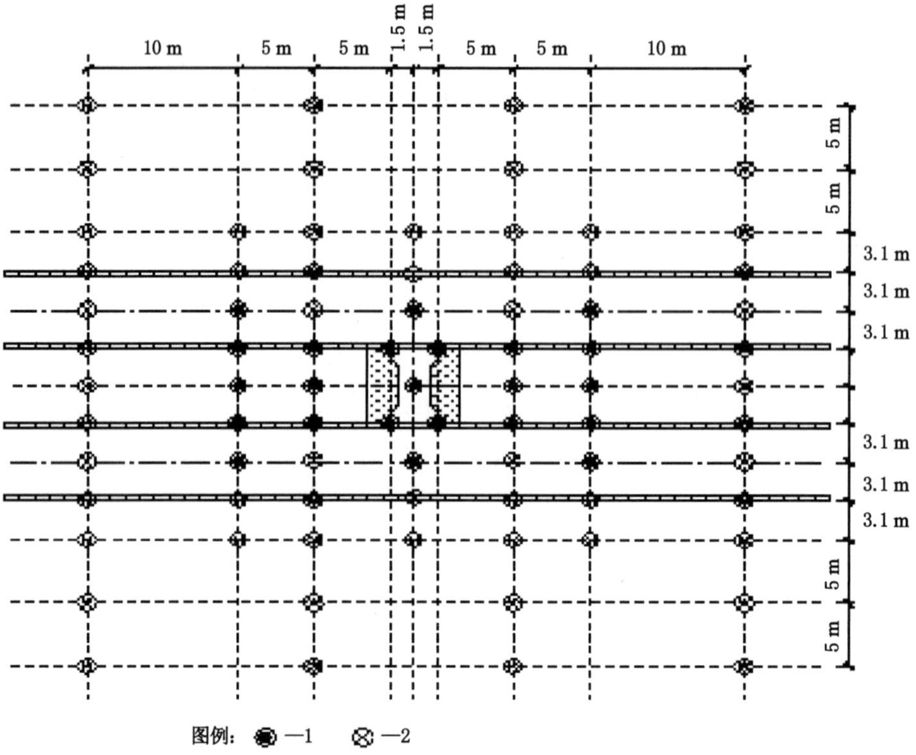


1—模拟监测点；2—深层监测点。

图 5-2　联络通道施工地表变形监测点布置平面图

**表 5-7　监测频率**

<table>
<tr><th rowspan="3">监测内容</th><th colspan="5">监测频率</th></tr>
<tr><th rowspan="2">钻孔期间</th><th rowspan="2">冻结期间</th><th rowspan="2">开挖</th><th colspan="2">融沉注浆</th></tr>
<tr><th>自然解冻</th><th>强制解冻</th></tr>
<tr><td>地下管线垂直位移监测</td><td>1 次/d</td><td>1 次/2 d</td><td>1 次/d</td><td rowspan="5">前 3 个月 1 次/(2～5)d，<br>第 4、5 个月 1 次/(5～10)d，<br>第 6 个月 1 次/(10～15)d</td><td rowspan="5">第 1 个月 1 次/d，<br>第 2 个月以后 1 次/(10～15)d</td></tr>
<tr><td>邻近建(构)筑物垂直位移监测</td><td>1 次/d</td><td>1 次/2 d</td><td>1 次/d</td></tr>
<tr><td>地表剖面垂直位移监测</td><td>1 次/d</td><td>1 次/2 d</td><td>1 次/d</td></tr>
<tr><td>隧道垂直位移监测</td><td>1 次/2 d</td><td>1 次/2 d</td><td>1 次/d</td></tr>
<tr><td>隧道收敛监测</td><td>1 次/2 d</td><td>1 次/2 d</td><td>1 次/d</td></tr>
</table>

⑤ 隧道管片监测报警值应根据地质条件、设计参数及当地经验确定，当无具体报警值时，可参照表 5-8 确定。

**表 5-8　隧道管片监测报警值**

| 监测内容 | 监测报警值 | | | | |
|---|---|---|---|---|---|
| | 日报警值/(mm·$d^{-1}$) | | | | 累计报警值/mm |
| | 钻孔期间 | 冻结期间 | 开挖 | 融沉注浆 | |
| 隧道垂直位移监测 | ±1 | ±1.5 | ±2 | ±2 | ±10 |
| 隧道收敛监测 | ±2 | | | | ±10 |

⑥ 联络通道施工周边地下管线监测报警值应在调查分析管线功能、材质、工作压力、铺设年代等的基础上，结合工程经验综合确定。当无具体报警值时，可参照表 5-9 确定。

**表 5-9　地下管线监测报警值**

| 监测对象 | | 日报警值/(mm·$d^{-1}$) | 累计报警值/mm |
|---|---|---|---|
| 刚性管线 | 压力管 | ±2 | ±10 |
| | 非压力管 | ±2～±3 | |
| 柔性管线 | | ±3～±5 | |

⑦ 联络通道施工地表剖面沉降及邻近建(构)筑物的监测报警值应根据主管部门的要求确定，当无具体报警值时，可参照表 5-10 确定。

**表 5-10　地表剖面沉降及邻近建(构)筑物监测报警值**

| 监测项目 | 周边环境等级 | | | | | |
|---|---|---|---|---|---|---|
| | 一级 | | 二级 | | 三级 | |
| | 累计值/mm | 变化速率/(mm·$d^{-1}$) | 累计值/mm | 变化速率/(mm·$d^{-1}$) | 累计值/mm | 变化速率/(mm·$d^{-1}$) |
| 地表剖面垂直位移 | +10～－20 | 3 | +10～－30 | 4 | +10～－30 | 5 |
| 邻近建(构)筑物垂直位移 | 10～20 | 2 | 10～30 | 3 | 20～50 | 4 |

注：① 建(构)筑物垂直位移的累计报警值应根据建(构)筑物对变形的适应能力确定。② 建(构)筑物的变形控制指标还应满足相关规范中关于倾斜控制的要求。

⑧ 当冻结壁已全部融化且不注浆的情况下，实测地表剖面垂直位移变形速率收敛、速率连续 2 次小于 0.5 mm/15 d 时，可停止监测。

## 三、监测数据分析及预测预报

针对地铁联络道、盾构进出洞及冻结基坑工程的不同结构设计及施工工艺特点，建立信息化监测系统后，应通过手动或自动监测手段，及时获取包括冻结系统、冻结壁、地下结构及周围环境等在内的多参数监测数据，进而开展数据处理分析及预测。监测数据分析及预测预报手段、内容及方法如下。

### (一) 数据基本分析

(1) 根据监测结果，画出实测值-时间散点图、实测值变化速率-时间散点图、实测值-空间坐标图，并进行回归分析，掌握各类监测对象工程参数的发展趋势和最终变化值，以便判断设计方案、参数和施工方法、工艺的合理性，为方案优化和调整提供依据。

(2) 当实测值小于允许值，且实测值-时间散点图趋于收敛，变化速率趋于零，可以正常施工；当变化速率无明显下降趋势，而此时实测值已接近允许值，应采取加强措施，并调整设计参数和施工方法，提高稳定性。

(3) 实测值-时间曲线出现反弯点或者实测值变化速率持续增大，以及实测值加速增大，出现反常的急剧增长现象，表明结构或环境已呈不稳定状态，应加密监测，查明原因，并采取措施进行处理，必要时停止施工，进行处理和抢险。

(4) 当实测值-时间曲线趋于收敛，空间分布稳定，且变化速率趋于零，可推断地层、结构、环境已处于稳定状态，可以适当减少监测次数。

### （二）评估

(1) 冻结系统的工作状况评估。通过对监测数据与正常工作参数的对比，及时发现或预测冻结系统运转过程中的异常现象；并通过信息反馈，及时调整系统运转参数，为快速、高质量地完成地层冻结提供保障。

(2) 地层冻结效果评估。通过对冻结孔成孔质量、测温孔温度、卸压孔水压等参数的监测，及时获取冻结锋面扩展速度、冻结壁厚度、平均温度等参数，为冻结壁交圈判定、地下工程开挖时间确定等提供关键依据。

(3) 地下结构稳定性评估预测。冻结壁达到设计状态并实现地下工程开挖后，通过对开挖面岩土温度、各类支护结构(如隧道预应力支架、洞门围护结构、基坑支撑结构等)、隧道变形等的监测，并结合各工程结构热、力学参数的设计值或允许值，评估并预测地下工程结构的安全性；必要时，及时发出预警信号，及时加强冻结或强化支护，保证施工的安全。

(4) 周围建(构)筑物及地下管线的安全性评估预测。通过对周围地下水位，地表与地层沉降与水平移动，建筑物与构筑物不均匀沉降、地下管线变形等的监测分析与趋势预测，及时与其允许值对比，进而评估或预测周围环境中各类建(构)筑物及地下管线的安全性；必要时，及时发出预警信号，并采取应急救险措施，以确保工程施工过程中周围环境、设施的安全。

## 四、联络通道监测案例

### （一）工程概况

上海市 M8 线成山路站—杨思站区间隧道联络通道结构剖面见图 5-3，其埋深 14.9～21.6 m，冻结孔及测点布置见图 5-4。

### （二）地质条件

土层为③灰色淤泥质粉质黏土、④灰色淤泥质黏土。其中④2 层地下水与⑤2 层微承压水相通，区间隧道 3/4 长度穿越该层。

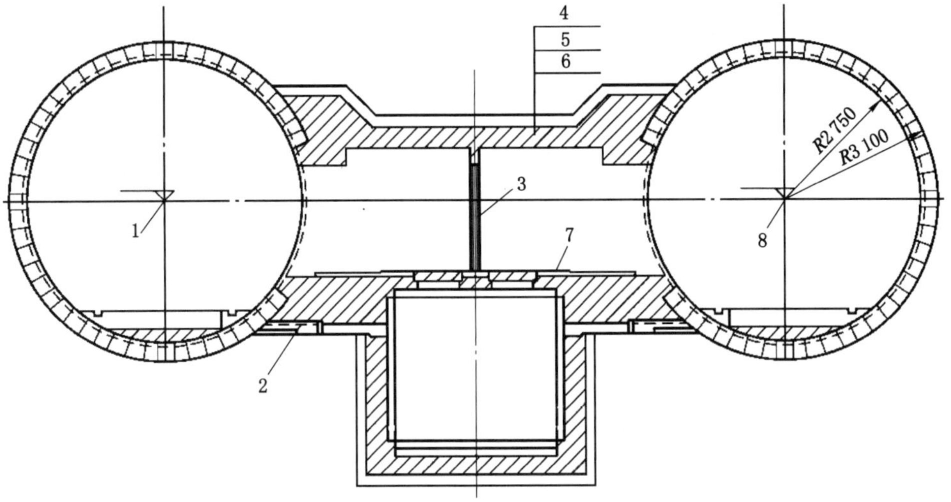


1—上行线；2—DN200 不锈钢管；3—防火门；4—支护层；
5—防水层；6—结构层；7—1：2 水泥砂浆找平；8—下行线。

图 5-3　联络通道结构剖面图

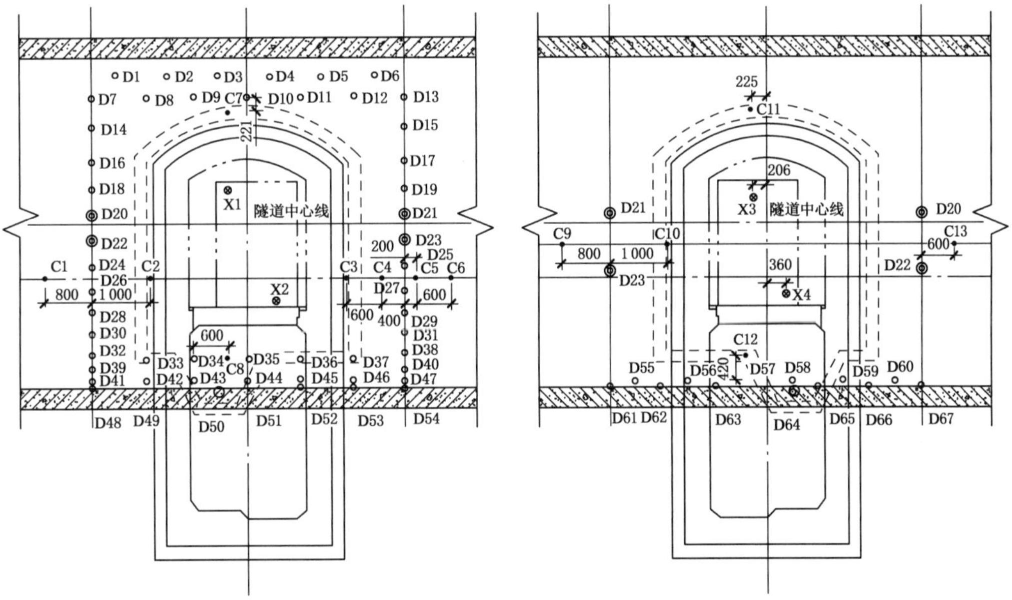


(a) 上行线一侧　　　　(b) 下行线一侧

图 5-4　冻结孔及测点布置图

（三）监测方案

主要监测内容为：

(1) 去、回路盐水温度。

(2) 冻结壁内冻胀压力及水文(卸压)孔水压力。

(3) 冻结壁内、外侧测温孔温度。

(4) 开挖面温度。

测温孔和冻胀压力测孔布置见图 5-4，其中上行线为 C1～C8 测温孔，下行线为 C9～C13 测温孔，每个测温孔布置 2～5 个测点；上行线和下行线各布置 2 个冻胀压力测控，共有 X1、X2、X3、X4 4 个冻胀压力测孔。

(四) 监测数据分析

(1) 去、回路盐水温度。根据图 5-5 测温数据分析得知，去、回路盐水温度及其温差的变化规律与立井或斜井冻结工程类似，后期温差小于 2 ℃，满足《旁通道冻结法技术规程》(DG/TJ 08-902)的要求。

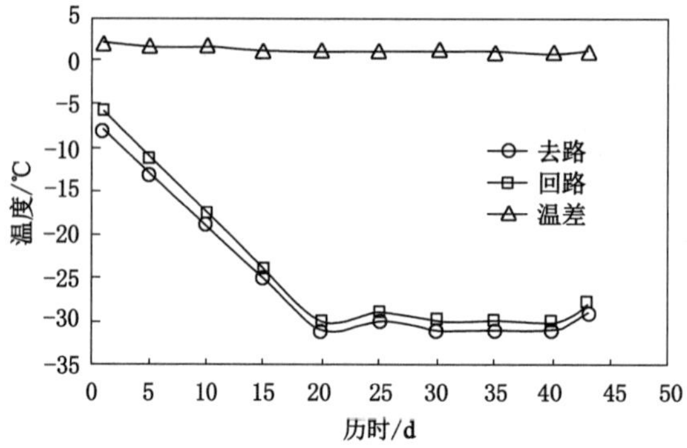


图 5-5　外圈孔去、回路盐水温度及温差

(2) 测温孔温度。测温孔布置见图 5-4，其中上行线为 C1～C8，下行线为 C9～C13。每个测温孔布置 2～5 个测点。以 1# 测温孔为例，从图 5-6 可见，各测点温度平稳下降至－15 ℃以下，反映出冻结系统运转正常、地层冻结效果良好。

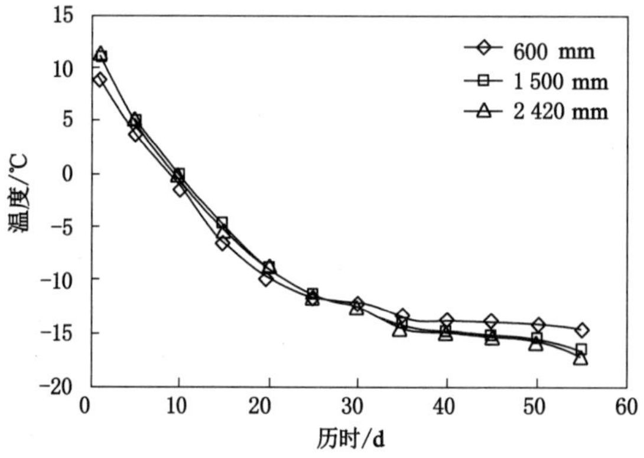


图 5-6　1# 测温孔测点温度

(3) 冻胀压力。上行线和下行线各布置 2 个冻胀压力测孔，见图 5-4。从图 5-7 中可以看出，冻胀压力在冻结壁交圈前变化不大，在冻结 28～30 d 冻结壁交圈后，冻胀压力快速增长

并达到最大值 0.3～0.6 MPa。冻胀压力快速增长表明冻结壁已完全交圈。当卸压孔完全打开后，冻胀压力明显下降。

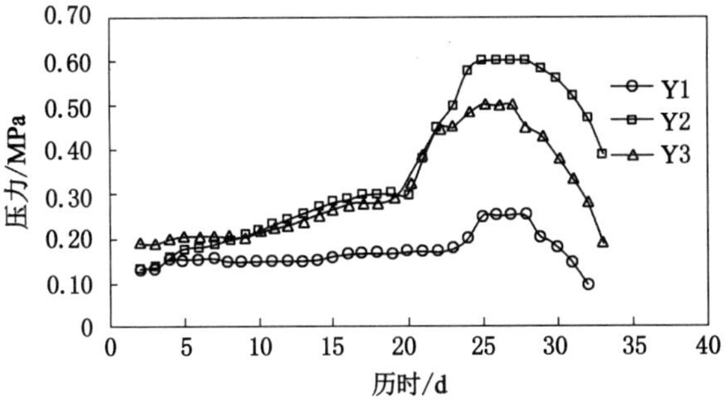


图 5-7　内部冻胀压力-历时曲线

通过信息化监测，保证了工程施工安全，有力地指导了施工。

## 五、盾构出洞口监测案例

### （一）工程概况

上海市中环线上中路越江公路隧道工程，采用大直径泥水平衡盾构外径 14.87 m，盾构长度 12.6 m。出洞口中心距地面 16.25 m。盾构出洞时在工作井槽壁上破洞口径 15.2 m。盾构出洞处钢筋混凝土槽壁厚度 1.2 m，盾构出洞后下行坡度为 4.5%。盾构机出洞洞门采用冻结法加固，于 2005 年 8 月 10 日开始冻结。盾构出洞洞门结构示意图见图 5-8。

### （二）工程地质

出洞段地层分布见表 5-11。

表 5-11　出洞段地层分布

| 序号 | 地质编号 | 地层 | 厚度/m | 底板累计深度/m |
|---|---|---|---|---|
| 1 | ①1 | 人工填土 | 1.40 | 1.40 |
| 2 | ②1 | 褐黄-灰黄黏土 | 2.50 | 3.90 |
| 3 | ②3 | 灰色黏质黏土 | 2.50 | 6.40 |
| 4 | ③ | 灰色淤泥质粉质黏土 | 2.00 | 8.40 |
| 5 | ④ | 灰色淤泥质黏土 | 6.80 | 15.20 |
| 6 | ⑤1 | 灰色粉质黏土 | 3.00 | 18.20 |
| 7 | ⑤2 | 灰色砂质黏土 | 9.00 | 27.20 |
| 8 | ⑤3 | 灰色粉质黏土 | 1.20 | 28.40 |
| 9 | ⑦1-1 | 草黄色黏质粉土 | 8.40 | 36.80 |

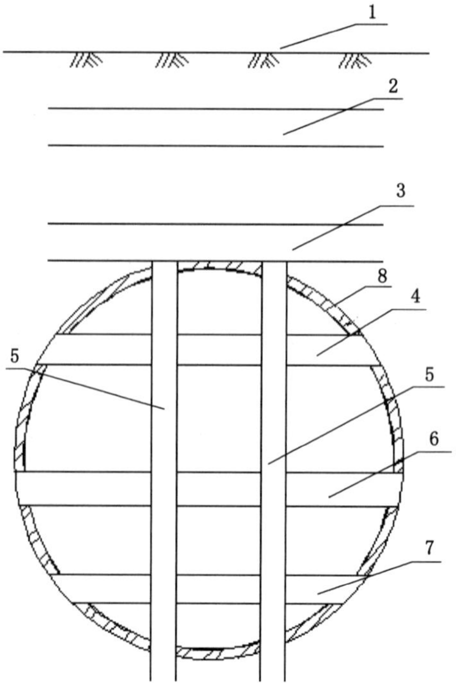


1—地表；2—第一道围檩；3—第二道围檩；4—第三道围檩；
5—封洞梁；6—第四道围檩；7—第五道围檩；8—洞门直径 15.2 m。

图 5-8　洞门结构示意图

（三）监测方案

（1）土体分层沉降。

（2）冻结壁内部冻胀压力，以及冻结壁对连续墙的冻胀压力。

（3）连续墙位移和相对弯曲变形。

地下连续墙和冻结孔及测点平面布置见图 5-9，其中 C1～C14 为测温孔的位置，SW1～SW3 为洞口处连续墙顶端竖向位移测点。在 C7 测温孔内深度 5.0 m、6.5 m、8.0 m 处预埋压力传感器，测量连续墙附近冻土内的冻胀压力。在洞门中心线上预埋测斜管，每 0.5 m 测斜一次，以得到连续墙弯曲变形曲线。

（四）监测数据分析

1. 土体分层沉降

根据图 5-10 数据分析可知，冻结过程中不同土层的沉降规律并不一致，各点的沉降量均未超过±15 mm。

2. 冻胀压力

根据图 5-11 数据分析可知：在 C7 孔内，冻胀压力上部大、下部小；在冻土柱交圈期（冻结第 10～35 天），因水结冰体积膨胀，冻胀压力快速增大；冻实后，因冻土产生冷缩，冻胀压

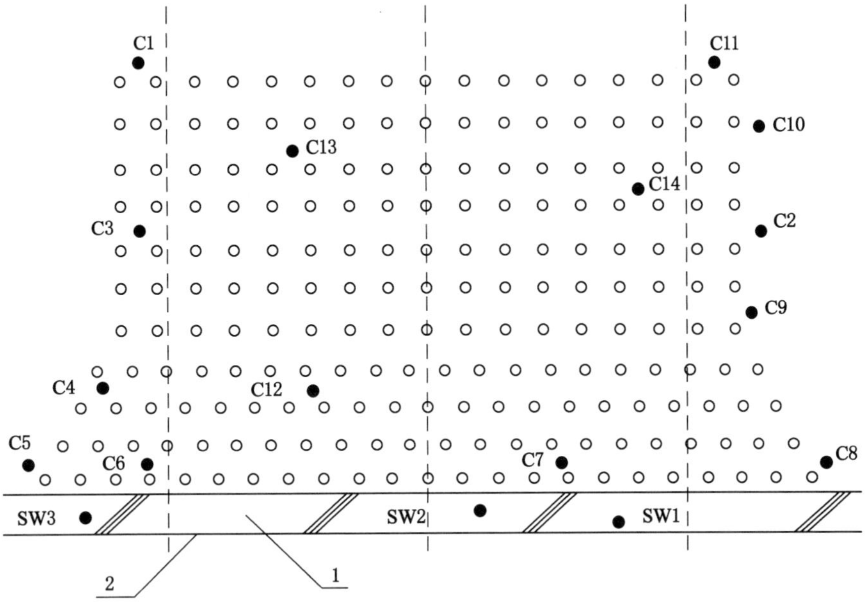


1—连续墙;2—盾构边界。

图 5-9　地下连续墙和冻结孔及测点平面布置图

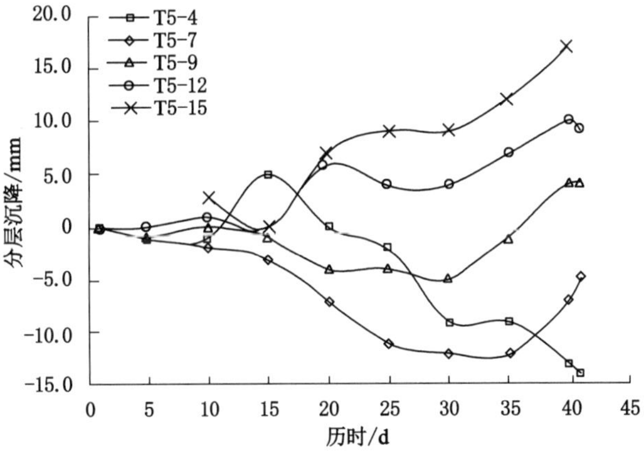


图 5-10　冻结土体分层沉降-时间曲线

力反而略有减小。

3. 槽壁位移和相对弯曲变形

根据图 5-12 数据分析可知,在冻结初期,由于冻胀压力很小,连续墙位移很小;在冻结壁交圈后,连续墙位移不断增加,但由于连续墙和封洞梁、围檩组成的维护结构刚度较大,连续墙的位移总量不大,最大达到 4.68 mm;随后因冻土冷缩作用,冻胀压力减小,连续墙位移相应减小;再后来,随着洞口连续墙分层剥除和封洞梁、围檩的凿除,连续墙产生较大位移,最大值达 31.56 mm。

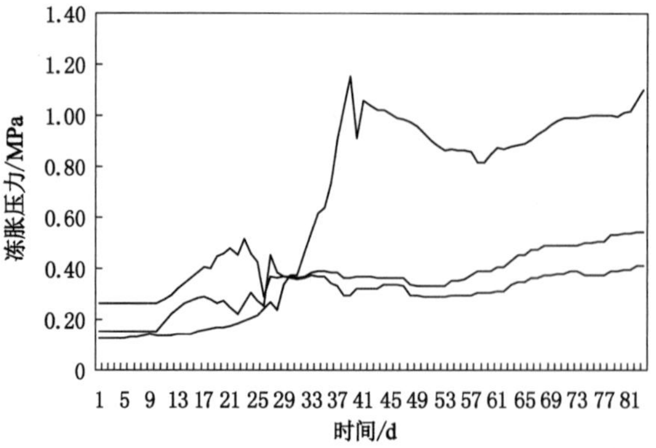


图 5-11　土层冻胀压力-时间实测曲线

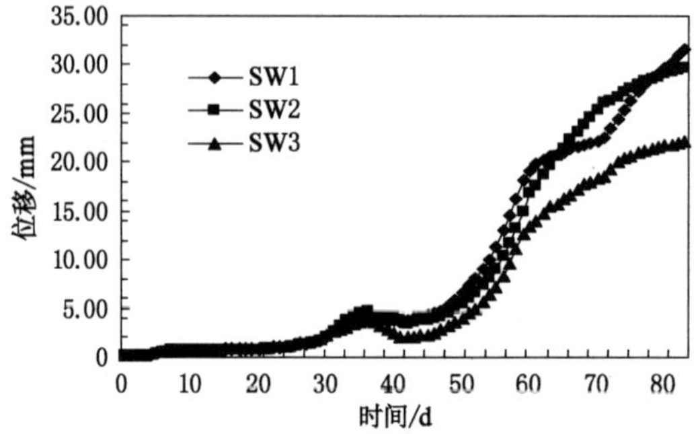


图 5-12　槽壁顶端位移-时间曲线

根据图 5-13 数据分析可知，8 月 30 日冻土交圈后，随冻胀压力的增大，连续墙沿深度方向的相对弯曲变大，而后因冻土冷缩以及洞口连续墙分层凿除冻胀压力得到释放，相对弯曲略有减小。

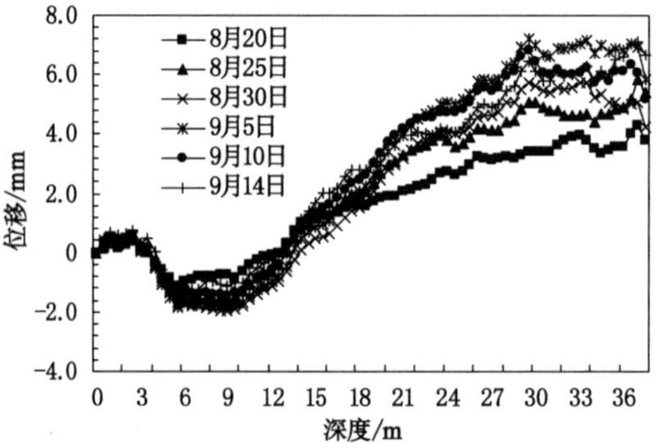


图 5-13　槽壁相对弯曲变形曲线

# 第六章　工 程 应 用

随着冻结法工程应用的日益增多和取得的良好效果，尤其是在非矿山领域，冻结法的应用越来越广泛。

## 一、地铁隧道联络通道及泵站工程冻结施工案例

### （一）工程概况

福州市轨道交通 4 号线一期工程祭酒岭站—陆庄站区间隧道出祭酒岭站后沿杨桥中路向东北方向行进至陆庄站，线路左侧主要为高层居民小区，右侧主要为办公楼，区间隧道主要下穿电力顶管隧道、福州茶园山空军干休所、省邮电局宿舍和陆庄高架桥，距离高架桥桥桩基础最小水平净距 4.37 m。本区间盾构拟采用复合式土压平衡盾构，陆庄站始发，祭酒岭站接收。区间右线里程 YCK25＋338.886～YCK26＋303.918，总长度 965.032 m，左线里程 ZCK25＋338.886～ZCK26＋303.918，总长度 965.032 m。区间隧道衬砌采用预制钢筋混凝土管片，管片内径 5 500 mm，管片外径 6 200 mm；管片厚度 350 mm，管片宽度 1 200 mm。

区间隧道于 YDK25＋735.802(ZDK25＋735.634)设置一座联络通道及泵站。联络通道及泵站处线间距为 13.0 m，联络通道埋深为 19.6 m。联络通道及泵站采用水平冻结法加固地层，矿山暗挖法施工。

### （二）地质条件和周边环境

1. 工程地质

根据工程勘察报告，联络通道处地层分布情况如下：

联络通道所处地层自上而下为杂填土(1-2)、粉质黏土(3-1)、残积砂质黏性土(5-2)、全风化花岗岩(6-1)及强风化花岗岩(砂土状)(7-1)，其中联络通道主要位于全风化花岗岩(6-1)及强风化花岗岩(砂土状)(7-1)。联络通道及泵站地质纵断面图见图 6-1。

2. 水文地质

地下水按赋存方式分为上层滞水、松散岩类孔隙水、残积土及风化岩层中的孔隙-裂隙水和基岩裂隙水四种类型。

(1) 上层滞水。

第四系表层的人工填土中的地下水主要为上层滞水，其透水性一般，填土层由于物质组成变化较大，渗透性变化大。填土层以碎块石和填砂为主时，渗透性较好，富水一般；填土成分主要为黏性土混少量碎石时，富水性、透水性及渗透性相对较差。

(2) 松散岩类孔隙水。

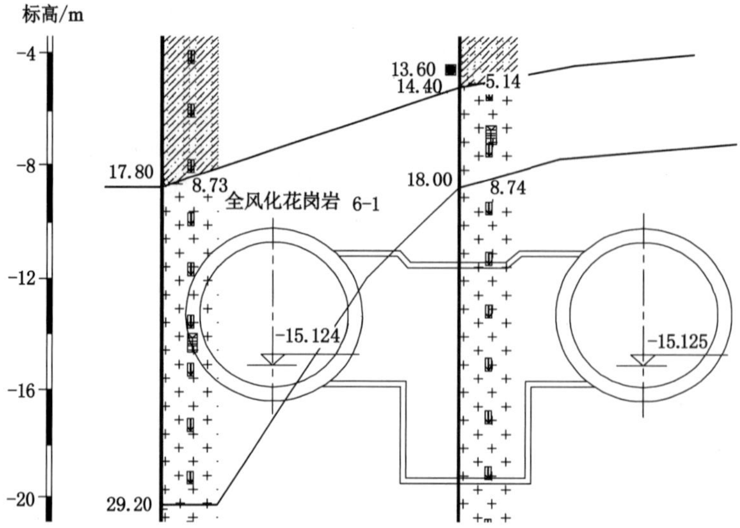


图 6-1　联络通道及泵站地质纵断面图

松散岩类孔隙水主要存在于(2-4-6)(含泥)粗中砂、(3-3)(含泥)粗中砂中，由于(含泥)粗中砂呈薄层透镜状，上覆有(2-4-1)淤泥或(3-1-1)粉质黏土等相对隔水层，为承压水。含水层的含水性能与土层粒度的形状、大小、颗粒级配及黏粒含量等有密切关系，属强透水层。含水层分布范围小，呈薄层透镜状，含水量较小。

(3) 残积土及风化岩层中的孔隙-裂隙水。

残积土及风化岩层中的孔隙-裂隙水主要赋存于残积土、全风化岩及强风化岩孔隙-裂隙中，为弱透水层，富水性较弱。含水层性质一般表现为潜水，上覆粉质黏土、淤泥、淤泥质土，属于相对隔水层；当地下水位标高大于隔水顶板时，地下水类型表现为承压水。

(4) 基岩裂隙水。

基岩裂隙水赋存于深部中等风化岩、微风化岩带裂隙中。由于裂隙张开和密集程度、连通及充填情况都很不均匀，具有各向异性，所以裂隙水的埋藏、分布及水动力特征非常不均匀，主要受岩性和地质构造控制，透水性及富水性一般较弱，裂隙发育处透水性及富水性较好，与风化岩、残积土孔隙-裂隙水水力联系紧密，地下水类型为承压水。

3. 周边环境

联络通道及泵站位于道路下方，主要管路有 JS-DN1800 铸铁管，二者之间最小间距约为 15.4 m；距离最近的建(构)筑物为榕鹰汽配维修中心：采用条形基础，基础底埋深约 1.5 m，二者间距最小约为 29.2 m；周围其他建(构)筑物距离较远。

### (三) 冻结设计

1. 冻结壁

联络通道及泵站冻结壁厚度：喇叭口处≥1.8 m，通道正常段及泵站≥2.1 m；冻土平均温度≤−10 ℃；冻结壁与隧道管片交界面处温度≤−5 ℃。

2. 冻结壁承载力

(1) 设计计算参数。

冻结壁结构尺寸如前。冻结壁受力采用许用应力法计算，参照福州地区冻土实验报告并考虑一定折减，取−10 ℃冻土强度的设计指标（强风化花岗岩）：单轴抗压不小于 4.8 MPa，抗折强度 2.8 MPa，抗剪强度 3.5 MPa。

冻土壁承载力验算采用许用应力法，根据《福建省城市轨道交通工程联络通道冻结法技术规程》（DBJ/T 13-280）中的Ⅲ类冻结壁强度检验，安全系数取抗压 2.0、抗折 3.0、抗剪 2.0。

材料参数取值见表 6-1。

**表 6-1 材料参数取值表**

| 项目 | 密度/(kg·m$^{-3}$) | 弹性模量/MPa | 泊松比 |
|---|---|---|---|
| 冻土(−10 ℃) | 2 200 | 150.0 | 0.30 |
| 残积砂质黏性土 | 1 890 | 39.27 | 0.30 |
| 全风化花岗岩 | 2 510 | $1.34\times10^{3}$ | 0.24 |
| 初衬结构 | 2 500 | $32.5\times10^{3}$ | 0.20 |
| 二衬结构 | 2 500 | $32.5\times10^{3}$ | 0.20 |

(2) 计算模型。

联络通道及泵站冻结壁力学分析采用均质线弹性三维模型，计算参照结构施工顺序进行，先形成区间隧道，然后联络通道及泵站开挖与构筑分两步进行。冻土力学特性参数取冻结壁平均温度下的冻土力学特性值。根据结构对称性，取结构的 1/4 作为计算模型（见图 6-2）。

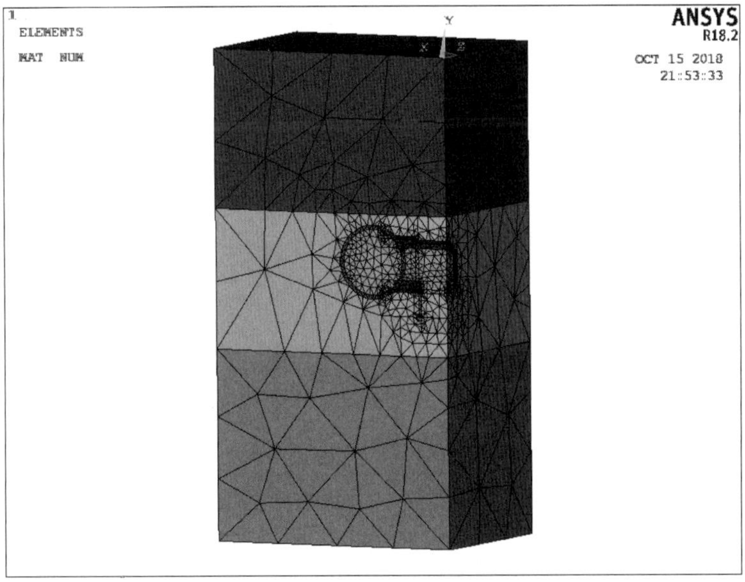


图 6-2 冻结壁有限元计算模型

冻结壁三维受力变形计算流程：

① 固结地层，模拟初始地应力；

② 模拟区间隧道结构生成后应力重分布；

③ 形成联络通道外围冻结壁，并开挖联络通道中心未冻土，计算未支护条件下冻结壁受力与变形；

④ 生成联络通道结构初衬、二衬，形成泵站四周冻结壁，并开挖泵站，分析泵站部分的应力与变形。

(3) 计算结果。

有限元计算结果云图见图 6-3。

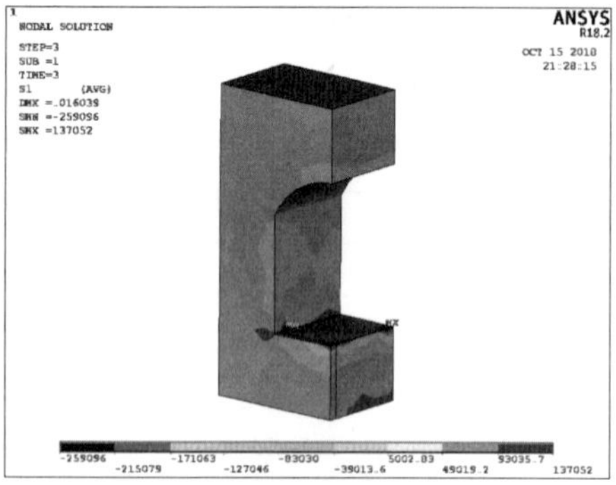


(a) 正常段 $\sigma_1$ 分布

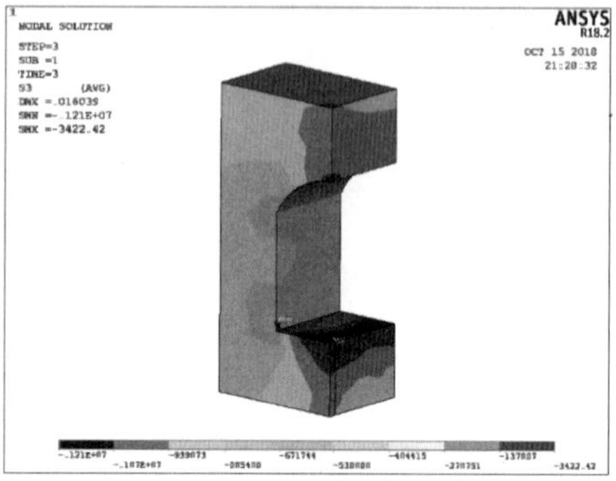


(b) 正常段 $\sigma_3$ 分布

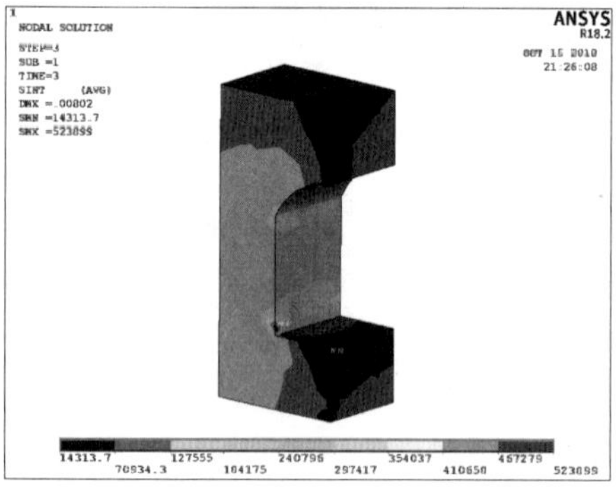


(c) 正常段 $\tau$ 分布

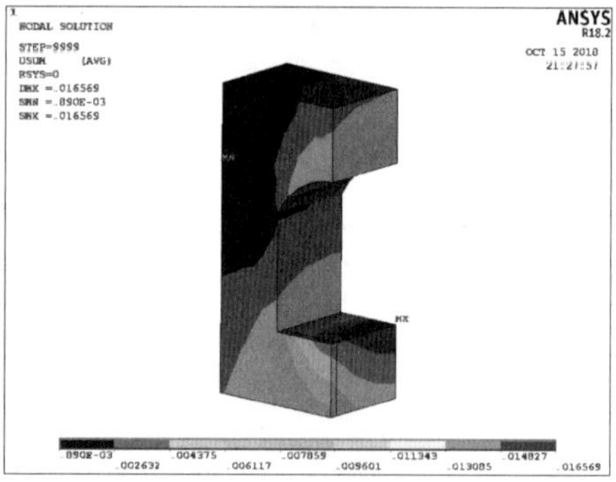


(d) 正常段变形分布

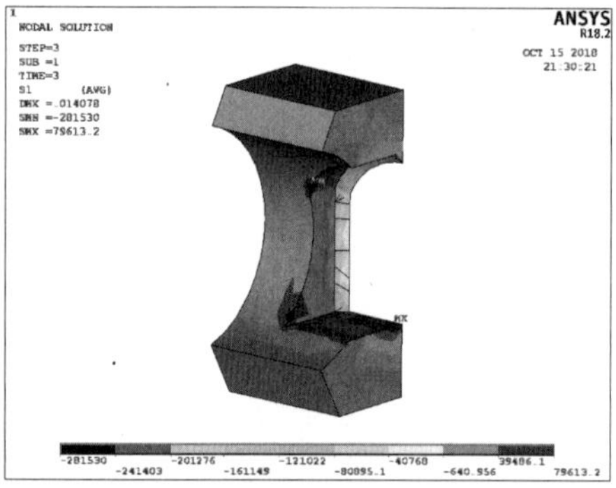


(e) 开口段 $\sigma_1$ 分布

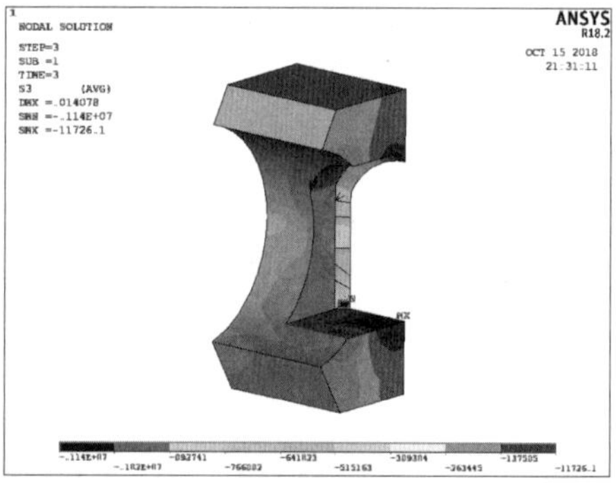


(f) 开口段 $\sigma_3$ 分布

图 6-3 有限元计算结果云图

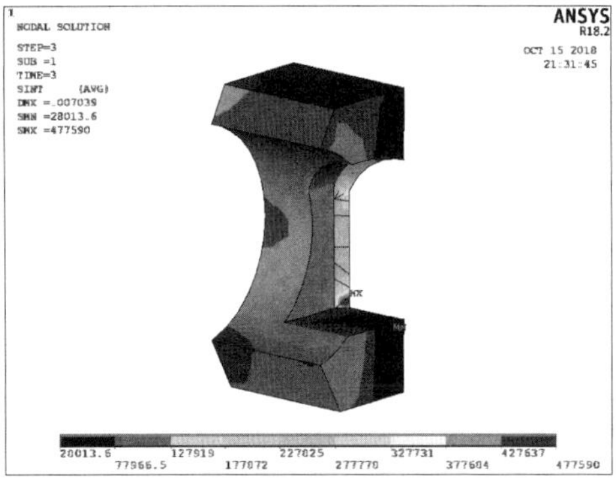


(g) 开口段$\tau$分布

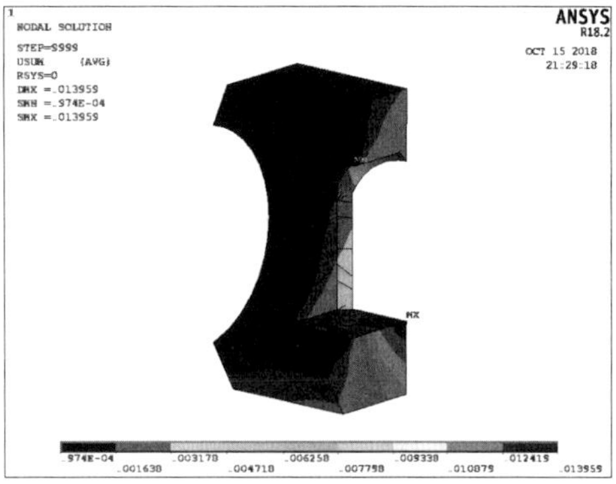


(h) 开口段变形分布

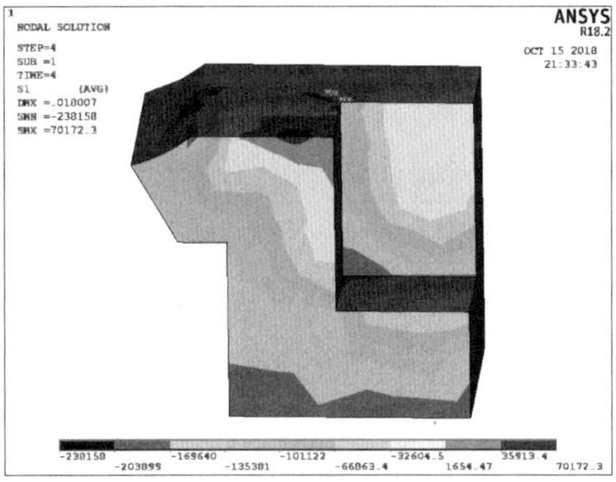


(i) 泵站$\sigma_1$分布

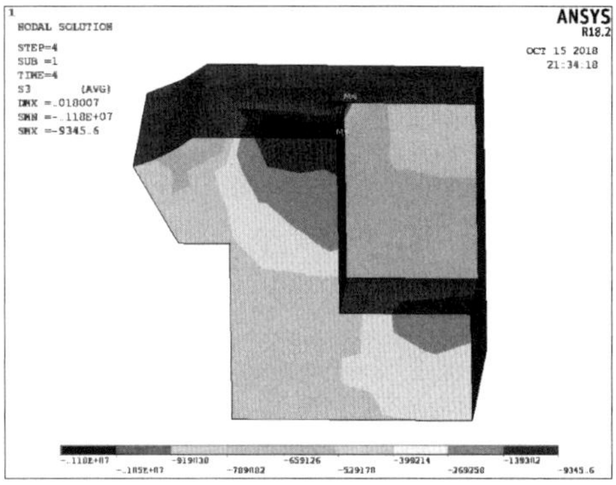


(j) 泵站$\sigma_3$分布

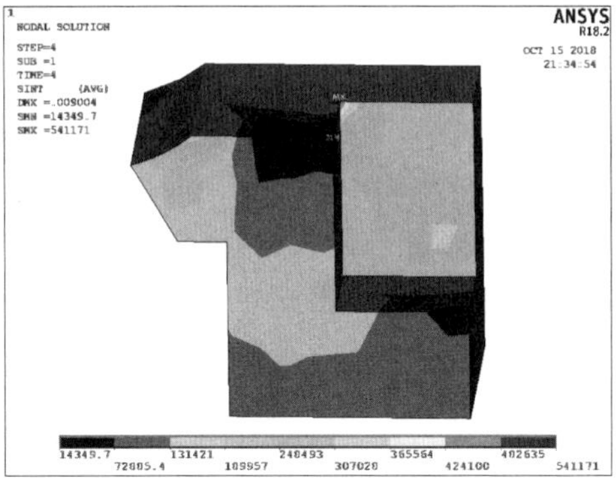


(k) 泵站$\tau$分布

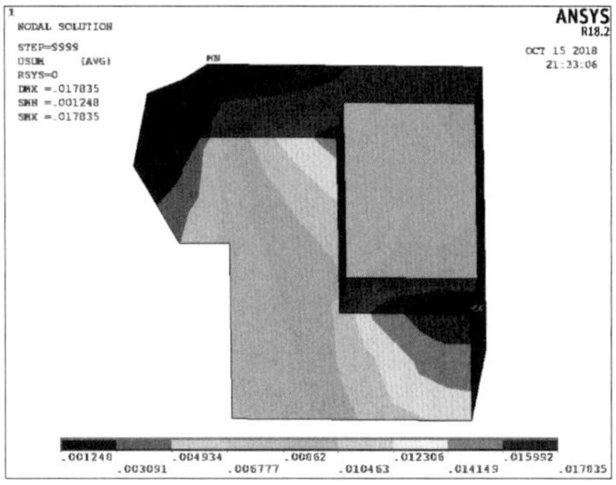


(l) 泵站变形分布

图 6-3(续)

通道冻结壁应力、位移计算值及安全系数见表 6-2。

**表 6-2　通道冻结壁应力、位移计算值及安全系数**

| | 项目 | 压应力 $\sigma_1$/MPa | 弯拉应力 $\sigma_3$/MPa | 剪应力 $\tau_{max}$/MPa | 位移 $U_{max}$/mm |
|---|---|---|---|---|---|
| 中间通道 | 计算值 | 0.13 | 2.23 | 0.83 | 11.7 |
| | 强度指标 | 2.8 | 4.8 | 3.5 | |
| | 安全系数 | 21.5 | 2.2 | 4.2 | |
| 开口段位置 | 计算值 | 0.08 | 1.14 | 0.48 | 14.0 |
| | 强度指标 | 2.26 | 3.47 | 1.91 | |
| | 安全系数 | 28.3 | 3.0 | 4.0 | |
| 泵站位置 | 计算值 | 0.31 | 2.13 | 0.55 | 7.1 |
| | 强度指标 | 2.8 | 4.8 | 3.5 | |
| | 安全系数 | 9.0 | 2.3 | 6.4 | |

计算可知：冻土应力峰值均小于冻土强度指标，并满足规范要求的安全系数；联络通道部分以及泵站部分的最大变形均<20 mm；计算过程为考虑实际开挖随挖随支的有利作用，整体计算偏安全。因此，设计采用厚冻结壁厚度 2.1 m（喇叭口 1.8 m），平均温度−10 ℃，能够满足施工要求。

3. 冻结孔、测温孔及卸压孔

联络通道及泵站冻结孔数 76 个（冷冻站侧隧道内布置 56 个冻结孔，冷冻站对侧布置 20 个冻结孔）。

联络通道及泵站设 4 个对穿孔 $\phi$89 mm×8 mm 用于冷冻站对侧冻结孔盐水循环。

联络通道及泵站冷冻站对侧隧道沿通道外围冻结壁均敷设 6 排冷冻排管，排管间距不大于 400 mm；冷冻排管采用 $\phi$45 mm 无缝钢管。

冻结管管头碰到冷冻站对侧隧道管片的冻结孔，不能循环盐水的管头长度不得大于 150 mm。

联络通道及泵站设测温孔 9 个，分别布置在通道内外和两侧隧道内，联络通道及泵站冷冻站一侧布置 2 个，对侧布置 7 个，深度 2.0～5.4 m；卸压孔均布置 4 个，布置在冻结帷幕中间，左、右线各 2 个，卸压孔深度为 3.5 m。

联络通道及泵站冻结孔平面布置图见图 6-4，立面透视图见图 6-5。

4. 制冷系统设计

根据施工现场条件，冻结站设在右线隧道内联络通道附近靠近祭酒岭站方向一侧。

(1) 冷冻机的选择。

$$Q_1 = 1.3 \cdot \pi \cdot d \cdot H \cdot K$$

式中　$H$——冻结管总长度，m；

$d$——冻结管直径，m；

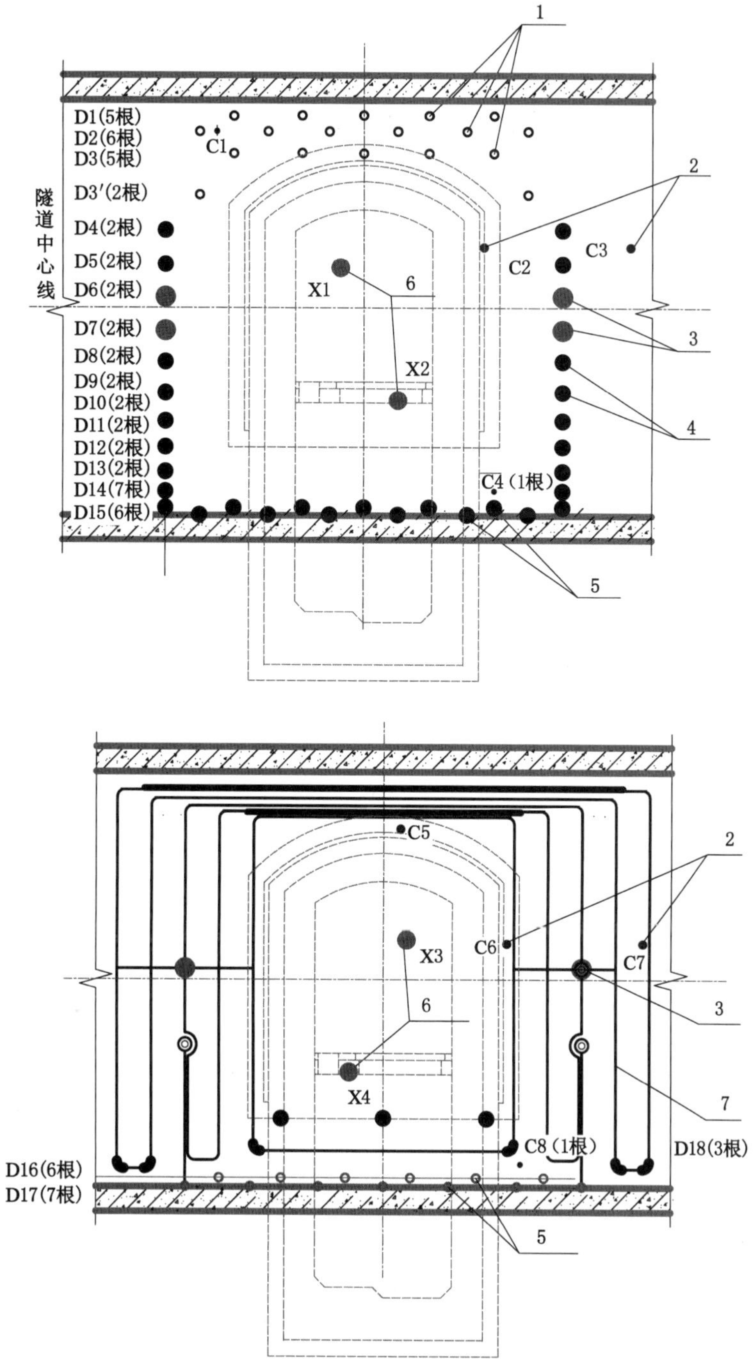


1—顶板冻结孔；2—测温孔；3—透孔（兼做冻结孔）；4—侧墙冻结孔；

5—底板冻结孔；6—卸压孔；7—冷冻排管。

图 6-4　联络通道及泵站冻结孔平面布置图

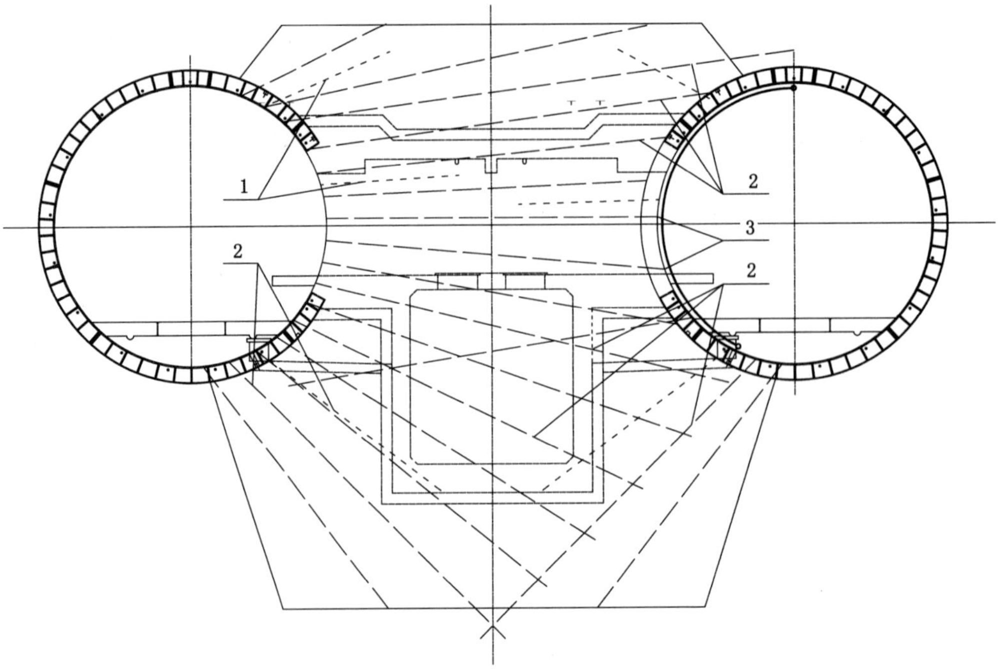


1—测温孔；2—冻结孔；3—透孔(兼做冻结孔)。

图 6-5　联络通道及泵站冻结孔立面透视图

$K$——冻结管散热系数，kcal/(m$^2$ · h)；

$Q_1$——每米管道的冷量损失，kcal/h，62 950 kcal/h。

根据计算选用 JYSLGF300 型螺杆机组 2 台(1 用 1 备)，单台制冷量 110 000 kcal/h。

(2) 冻结系统辅助设备。

① 盐水泵 2 台，IS150-400A 型，流量 243 m$^3$/h，电机功率 37 kW，其中 1 台备用。

② 冷却水循环选用 IS150-315A 型清水泵 2 台，流量 240 m$^3$/h，电机功率 22 kW，其中 1 台备用。清水冷却采用隧道内喷淋强风冷却系统。

③ 冻结管选用 $\phi$89 mm×8 mm，丝扣连接。

④ 测温管、卸压管选用 $\phi$45 mm×3 mm(浅孔)、$\phi$45 mm×3 mm(浅孔)和 $\phi$89 mm×8 mm(深孔)，20$^\#$ 低碳无缝钢管。

⑤ 供液管选用 $\phi$45 mm×3 mm，20$^\#$ 低碳无缝钢管。

⑥ 盐水干管和集配液管选用 $\phi$165 mm×5.5 mm 有缝钢管。

(3) 其他。

① 用电负荷：用电负荷约 250 kW · h。

② 冷冻机油选用 N46 冷冻机油约 2.0 t。

③ 制冷剂选用氟利昂 R-22 约 2.0 t，冷媒剂选用氯化钙约 15 t。

5. 冻结主要设计参数

冻结主要技术参数详见表 6-3。

**表 6-3　冻结主要技术参数表**

| 序号 | 参数名称 | 单位 | 参数 | 备注 |
| --- | --- | --- | --- | --- |
| 1 | 两隧道中心间距 | m | 13.00 | |
| 2 | 两隧道中心标高 | m | −13.264/−13.265 | 左线/右线 |
| 3 | 冻土墙设计厚度 | m | 2.1/1.8 | 通道/喇叭口 |
| 4 | 冻土墙平均温度 | ℃ | ≤−10 | 和管片交界处≤−5 |
| 5 | 冻土帷幕交圈时间 | d | 23～28 | |
| 6 | 积极冻结时间 | d | 暂定 48 | |
| 7 | 冻结孔个数 | 个 | 76 | |
| 8 | 冻结孔成孔控制间距 | m | 1.1 | 泵站侧墙部位 1.30 |
| 9 | 冻结孔允许偏斜 | mm | 130 | |
| 10 | 设计最低盐水温度 | ℃ | −30～−28 | 冻结 7 d 盐水温度达到−18 ℃以下 |
| 11 | 单孔盐水流量 | $m^3/h$ | 5～8 | |
| 12 | 冻结管规格 | mm | $\phi$89×8 | 低碳钢无缝钢管，丝扣连接 |
| 13 | 测温孔 | 个 | 9 | 低碳钢无缝钢管，丝扣连接 |
| 14 | 测温孔深度 | m | 2.0/5.4 | 浅孔/深孔 |
| 15 | 卸压孔个数 | 个 | 4 | 兼做冻胀孔 |
| 16 | 冻结管总长度 | m | 593.953 | |
| 17 | 测温管长度 | m | 24.8 | 材质同冻结管，$\phi$45 mm |
| 18 | 卸压管长度 | m | 14.0 | 材质同冻结管，$\phi$45 mm |
| 19 | 冷冻排管长度 | m | 150 | 材质同冻结管，$\phi$45 mm |
| 20 | 冻结总需冷量 | $10^4$ kcal/h | 6.295 | 工况条件 |
| 21 | JYSLGF300 型冷冻机 | 台 | 2 | 1 台备用 |
| 22 | 施工工期 | d | 123 | 打钻、冻结、掘砌 |

### （四）冻结施工

#### 1. 施工准备

（1）施工工序。

① 本工程主要包括冻结孔造孔施工、冷冻站冻结系统安装、结构周围地层冷冻加固、联络通道开挖与构筑、充填与融沉注浆等主要工序。

② 联络通道内结构开挖与构筑主要包括土体开挖、初期支护、防水施工、钢筋绑扎、模板支设、混凝土浇筑等施工工序。

（2）“三通一平”筹划。

通路：施工场地设备吊装及渣土运输有专用通道，可满足道路畅通要求。

通电：施工场地用电从甲方提供的供电接口通过电缆接入配电箱。

通水：冻结工作井侧各铺设 1 趟 1.5 in 镀锌自来水管路至施工工作面，用于冻结孔钻孔供水。隧道内各铺设 1 趟 2 in 镀锌焊接钢管管路至地面，用于施工场地排污，在隧道最低处安装流量 40 $m^3/h$ AB2.4S 潜水泵。

打钻施工平台(升降平台):隧道内打钻施工架子是由 $20^{\#}$ 工字钢和木板搭设的升降平台,平台尺寸为长×宽×高=10 m×6 m×5.1 m,由固定在 4 根立柱顶部的 4 个 3 t 葫芦和抱卡来控制平台的高度,见图 6-6。平台高度调整好后用抱卡对立柱处平台脚部进行固定,并在平台中间采用脚手架管支撑到隧道管片上进行加固。

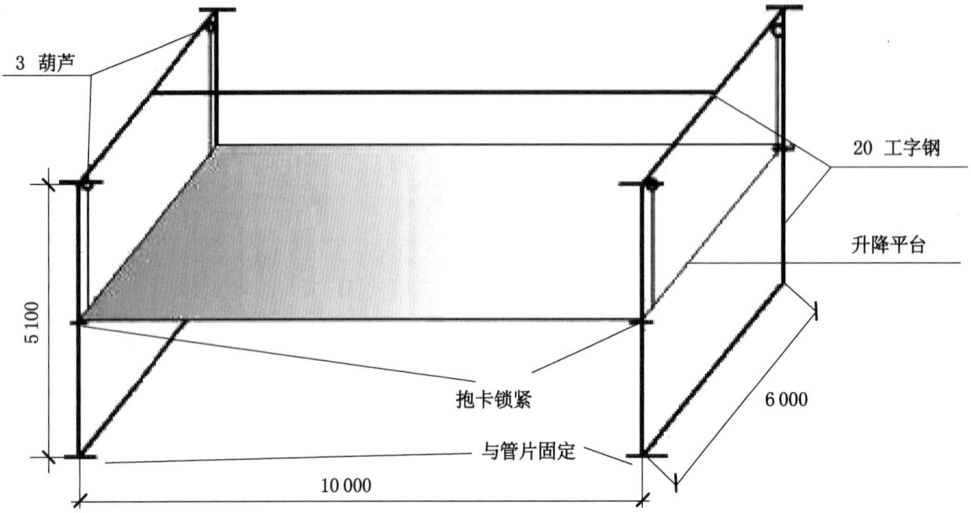


图 6-6 钻孔平台示意图

(3) 冻结站布置。

冻结站设置在右线隧道内联络通道附近靠近祭酒岭站方向一侧,占地面积约 180 $m^2$,冻结站内按需冷量要求配备 2 台冷冻机(一用一备)、2 台盐水泵(一用一备)、2 台清水泵(一用一备)。冷冻站现场布置位置见图 6-7。

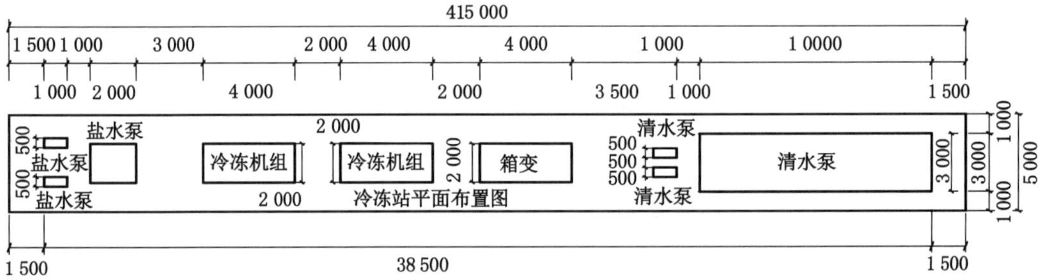


图 6-7 联络通道及泵站冻结站位置布置图

(4) 施工工艺流程。

施工工艺流程见图 6-8。

2. 钻孔施工

(1) 冻结孔定位。

① 由公式法依据设计相关参数计算出每个冻结孔在管片上面的坐标($X$,$Y$),$X$ 取冻结

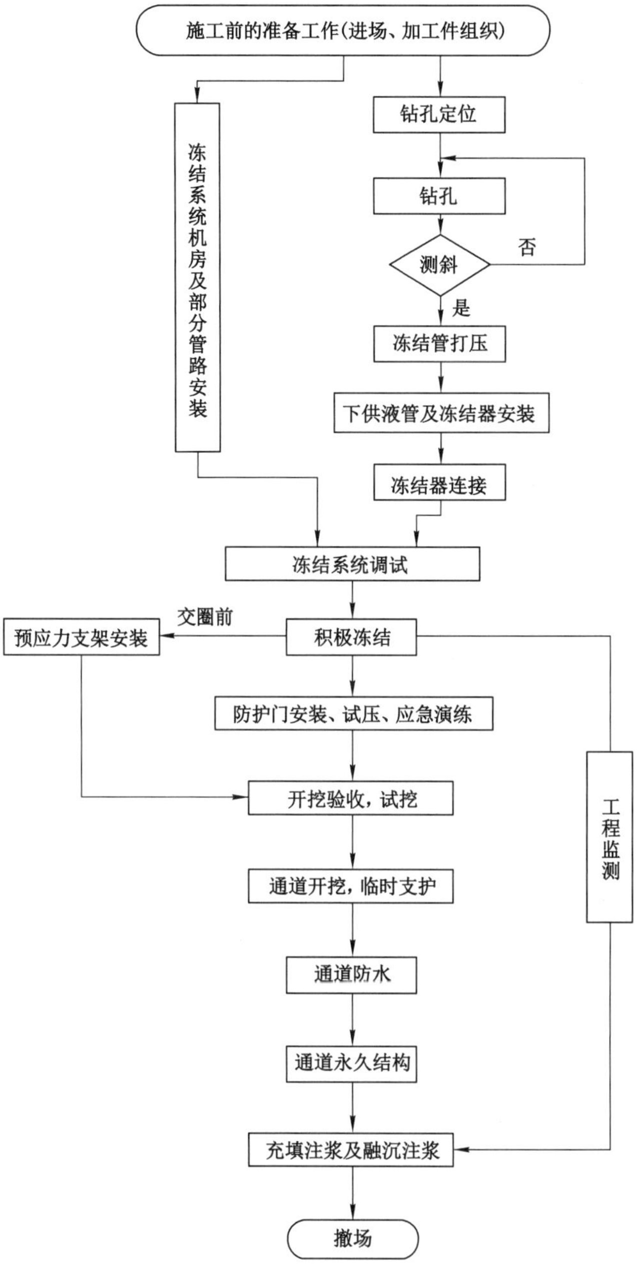


图 6-8 冻结法联络通道施工工艺流程图

孔水平方向距离通道中心线的距离(左侧为－，右侧为＋)，$Y$ 取冻结孔垂直方向上距离通道腰线的距离(腰线以上为＋，腰线向下为－)，现场根据通道实际中腰线位置进行实地放样，对于与管片缝、手孔重合部分进行适当调整，开孔位置较设计误差不得大于 100 mm。

② 冻结孔垂直倾角主要依据地质罗盘仪进行定位，水平倾角根据设计水平角度利用公式法计算出后视偏斜，现场施工时利用施工线、钢卷尺距离通道中腰线的距离对冻结孔后视点进行定位。

(2)钢管片冻结开孔。

① 孔口管安装前，应检查钻孔格仓与相邻格仓的密封性。孔口管安装至钢管片底部，孔口管与钢管片间应采用满焊固定。

② 孔口管与钢管片应采用3根直径不小于12 mm的钢筋焊接固定。焊接位置在距离孔口管插入端端部150 mm处，如遇孔口管接近肋板，可直接与钢管片肋板焊接。

③ 钻孔格仓底部及四周应涂抹遇水膨胀止水胶，钻孔格仓及相邻非钻孔格仓内应采用C30硫铝酸盐微膨胀混凝土进行充填，与钢管片内表面齐平，挂网应采用直径8 mm圆钢、间距100 mm，圆钢净保护层厚度不小于20 mm，圆钢与钢管片电焊可靠连接；孔口管外露部分与钢管片格仓采用4根直径不小于12 mm的圆钢焊接固定，钢筋两端应保证搭接长度不小于20 mm。

④ 孔口管安装完成后，执行二次开孔及冻结管钻进成孔。冻结管钻孔完成后，应利用孔口管预留旁通阀对孔口管与冻结管环形空间进行注浆，并对注浆压力与注浆量进行双控。注浆压力满足压浆需要且不大于开孔处水土压力的2倍。注浆时应注单液浆(水灰比0.8∶1)，注浆量原则上不小于0.2 $m^3$，应满足地层沉降控制要求。注浆结束，观察旁通阀及孔口管法兰处无渗漏后方可拆除球阀及压紧装置，观察不少于12 h。

⑤ 冻结管与孔口管之间应焊接厚度不小于6 mm、内径91 mm、外径151 mm、环宽30 mm的环形钢板进行封堵，环形钢板与法兰搭接不小于10 mm且环形钢板不得覆盖法兰孔，环形钢板与冻结管外壁及孔口管法兰均需焊接，焊缝高度6 mm。

⑥ 积极冻结前，管片隧道内侧保温按设计施工图执行。

(3)钢筋混凝土管片冻结开孔。

先钻进250 mm、直径大于孔口管管径2～4 mm的钻孔，打入缠上麻丝的孔口管，打入深度为250 mm。混凝土管片厚350 mm。在孔口管附近均匀布置不少于4根M12、钻孔深度140 mm、有效埋深120 mm的膨胀螺栓，膨胀螺栓与孔口管应采用内径133 mm、外径333 mm、环宽100 mm、厚度6 mm的环形钢板进行焊接固定，焊缝高度6 mm。

孔口管安装完成后，执行二次开孔及冻结管钻进成孔。冻结孔钻孔完成后，利用孔口管预留旁通阀对孔口管与冻结管环形空间进行注浆，并对注浆压力与注浆量进行双控。注浆压力满足压浆需要且不大于开孔处水土压力的2倍。注浆时应先注单液浆(水灰比0.8∶1)、后注双液浆(水灰比1∶1，水泥浆∶水玻璃＝1∶1)，单液浆注浆量不小于0.2 $m^3$，双液浆注浆量视工程现场需求确定。

注浆结束，观察旁通阀及孔口管法兰处无渗漏后方可拆除球阀及压紧装置，单液浆观察不少于12 h、双液浆观察不少于2 h。

冻结管与孔口管之间应焊接厚度不小于6 mm、内径91 mm、外径121 mm、环宽30 mm的环形钢板进行封堵，环形钢板与法兰搭接不小于10 mm且环形钢板不得覆盖法兰孔，环形钢板与冻结管外壁及孔口管法兰均需焊接，焊缝高度6 mm。

(4)钻孔。

考虑区间地层以风化层为主，采用冻结管＋复合片钻头跟管法钻进技术，利用冻结管作钻杆，冻结管采用丝扣连接，并辅以焊接，确保其同心度和焊接强度。冻结管到达设计深度后密封头部，既减少了地层流出物的数量，也有利于控制地面沉降，同时保证冻结孔的成孔质量。

按设计要求调整好钻机位置并固定好，将钻头装入孔口装置内，在孔口装置上接上1.5 in阀门，并将盘根轻压在盘根盒内。首先采用干式钻进，当钻进困难不进尺时，从钻机上进行注水钻进，同时打开小阀门，观察出水、出砂情况，利用阀门的开关控制出浆量，保证地面安全，不出现沉降。

开孔段保证钻进精度是关键。钻进前2 m时，要反复校核冻结管方向，调整钻机位置，并用精密罗盘检测偏斜无问题后方可继续钻进，且施工过程中冻结管连接处焊接完成后需静置15 min方可钻进，严禁焊接完成后立即进行钻进。

冻结管下入孔内前要先配管，保证冻结管同心度。完成钻孔后，用测斜仪进行测斜，然后复测冻结孔深度，并进行打压试漏。冻结孔试漏压力应为冻结工作面盐水压力的2倍，一般不小于0.8 MPa，30 min内压力下降不超过0.05 MPa，再延续15 min不变为合格。对于上仰的冻结孔，可以安装供液管后再打压，或者适当延长稳压时间。

用丝堵封闭好孔底部，具体方法是，利用接长杆将丝堵上到孔的底部，利用反扣在卸扣的同时将丝堵上紧。

冻结管安装完毕后，从孔口管旁通位置进行注浆，再将冻结管与孔口管的间隙焊牢。

在冻结管内下入供液管。供液管底端连接不小于100 mm长的支架或底端切割成斜口，斜口长度100 mm。然后安装去、回路羊角和冻结管端盖。

3. 管路连接、保温与测试仪表

盐水和冷却水管路用法兰连接，并用管架架设在施工平台上或隧道管片上，以免影响隧道通行。在盐水管路和冷却水循环管路上要设置伸缩接头、阀门和测温仪、压力表、流量计等测试元件。盐水管路要离开基面安装，避免浸水和高低起伏。回路盐水干管上要做“∩”字形弯起。盐水管路经试漏、清洗后用聚苯乙烯泡沫塑料保温，保温层厚度为60 mm，保温层的外面用塑料薄膜包扎。

集配液管与冻结管的连接用高压胶管，每组冻结管的进出口各装阀门一个，以便控制流量。冻结器采用组内串联、组间并联连接，施工中，冻结孔每4~8个孔连接为一组。联络通道四周冻结管每4个串联成一组，其他冻结管每五六个串联成一组，分别接入集配液管。

考虑两侧隧道内管片的散热对冻结效果的影响，在上行线隧道管片内侧安装冷冻板，加强冻结。在联络通道附近隧道管片内侧敷设保温层，敷设范围至设计冻结壁边界外1 m。保温材料采用阻燃（或难燃）的软质塑料泡沫软板，导热系数不大于0.04 W/(m·K)，吸水率不大于2%。保温板采用专用胶水密贴在隧道管片上不留空隙，板材之间搭接宽度不小于150 mm，板材之间不得有缝隙。

4. 冻结运转

（1）管路测试及积极冻结。

冷冻系统安装完成后，首先进行盐水系统试运转，盐水（氯化钙溶液）相对密度在1.25～1.27，将系统管道内充满清水，盐水箱充至一半清水，在盐水箱内（加过滤装置）溶解氯化钙，开启盐水泵，边循环边加氯化钙，直至盐水浓度达到设计要求。清水系统不参与运转，冷冻机处于停机状态运转12 h并观察液位，液位无变化方可确认盐水系统密闭无漏点。

盐水系统试漏完成后，检查确认冻结电路系统、冷却水循环系统参数正常后方能开冷冻机。冷冻机先空转1～3 h，观察运转是否异常。在试运转时，要逐步调节能量、压力、温度和电机负荷等各状态参数，使机组在有关设备规程和运行要求的技术参数条件下运行。

冷冻站正常运转一周盐水温度降至－18 ℃以下，积极冻结 15 d 盐水温度降到－24 ℃以下。

开始冻结后，要巡回检查冻结器是否有断裂漏盐水的情况发生。一旦发现盐水漏失，立即关闭阀门，并根据盐水漏失情况采取补救措施。

冻结过程中，每天检测去、回路干管盐水温度、冻结器回路盐水温度、盐水箱液位变化、冷却水温度，观察冻结器头部结霜是否有异常融化。冻结运转初期，检测各冻结器的盐水流量，如发现检测流量小于设计要求，则应用控制阀门进行调节，或者加大盐水泵泵量，使其满足设计要求。

每天必须巡视冻结情况，每天监测测温孔温度，并根据测温数据，分析冻结壁的扩展速度和厚度，预计冻结壁达到设计厚度时间。积极冻结期间必须检查孔口管与冻结管封孔焊接情况，若发现问题及时处理。

(2) 维护冻结。

① 从开挖到施工结构层前，盐水温度要保持不高于－28 ℃。

② 维护冻结过程中，与积极冻结时一样进行冻结施工监测，确保冻结系统运转正常，及时分析冻结壁的温度变化。

③ 在开挖过程中，每天监测暴露冻结壁的表面温度和位移量，如发现局部冻结壁温度较高、变形较大，可用串接管道泵的方法加大对应位置的冻结孔流量。开挖期间，不允许提高盐水温度和减小盐水流量。

(3) 停止冻结。

浇筑完二衬混凝土后即可停止冻结，割除冻结管，并对冻结管进行充填和防渗处理，及时进行充填注浆。

5. 开挖与构筑

(1) 施工方案。

① 开挖方案。

联络通道开挖构筑施工占用左线隧道，在联络通道开口处搭设工作平台，利用隧道作为排渣及材料运输通道，材料设备通过陆庄站端头井用门吊进行垂直运输。做好施工准备并经探孔确认可以进行正式开挖后，打开钢管片，从冷冻站侧开口向对侧方向暗挖。工程作业采用风镐、铲及手镐相结合，人工出土，工作面排土用小型推土车，推到井口附近的专用排土箱内，用提升机吊至地面排出；工程用料，利用吊车吊至井下，用平板车及小型推土车运至工作面，混凝土采用商品混凝土，混凝土运输车运至井口通过溜灰管下至小型推土车送至工作面。施工时，先掘砌通道，后施工集水井。

② 开挖顺序。

祭酒岭站—陆庄站区间联络通道，在开挖及结构施工中，在左线隧道内联络通道开口处搭设一个开挖平台，向陆庄站方向出土。

根据工程结构特点，拉开管片以后，联络通道开挖掘进采取分区分层方式进行，土方开挖的总体顺序如图 6-9 所示。

其施工顺序见表 6-4。

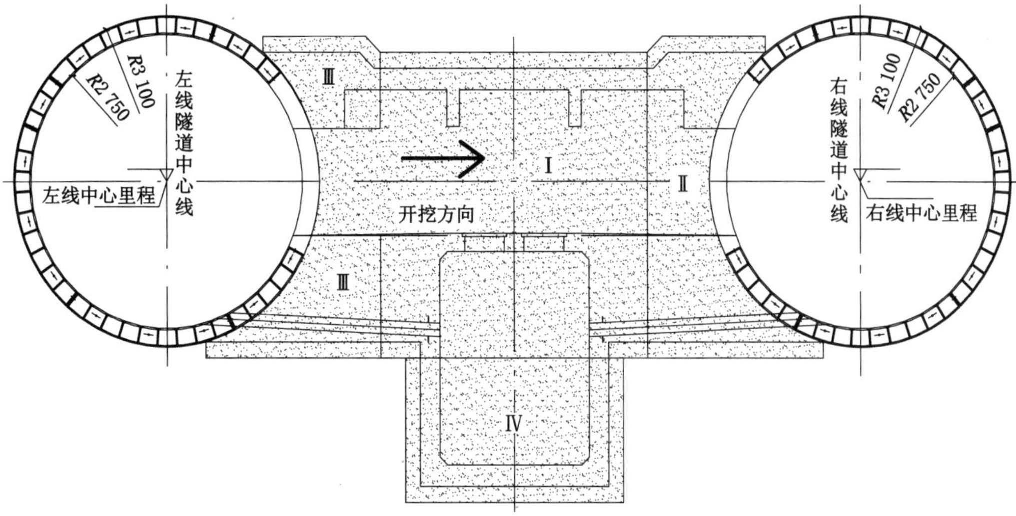


图 6-9　联络通道土方开挖的总体顺序示意图

**表 6-4　联络通道及泵站开挖顺序**

| 步骤 | 开挖介绍 | 开挖图示 |
|---|---|---|
| 第一步 | 开挖通道部分，采用全断面开挖土方，严格按照开挖步距要求及初期支护要求，及时进行初期支护 | 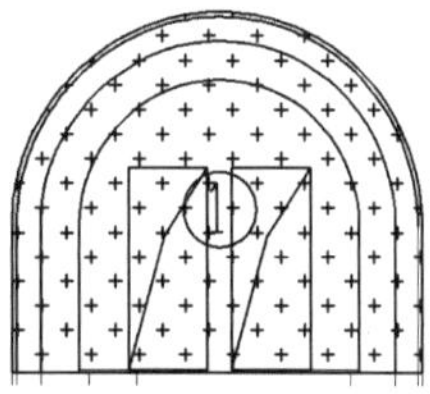 |
| 第二步 | 完成喷射混凝土后，铺设防水层，施作正常段断面的二次衬砌 |  |
| 第三步 | 开挖泵站，架设钢架支撑，施作初期衬砌 |  |

**表 6-4(续)**

| 步骤 | 开挖介绍 | 开挖图示 |
| --- | --- | --- |
| 第四步 | 完成喷射混凝土后，铺设防水层，施作泵站二衬 |  |

按照上述开挖顺序进行开挖。开挖步距 0.5 m，开挖好一个步距后及时架好支架，并及时进行喷射混凝土。喷浆结束以后，进行防水、钢筋及混凝土浇筑施工。

③ 支护方案。

采用两次支护方式。第一次支护为临时支护，采用型钢支架＋木背板＋钢筋网片支护，然后喷射混凝土。在第二次支护前，进行防水施工。第二次支护为永久支护，采用现浇钢筋混凝土。

临时支护采用型钢支架。采用 20# 工字钢成直腿拱形支架和矩形支架。钢拱架为封闭形式，用于喇叭口及通道内的临时支护，为增加支架的稳定性，每道支架中部加有一根横撑，通道段支架间距为 0.43 m，喇叭口处支架间距为 0.25～0.40 m，相邻支架间加有纵向拉杆，以提高整个支护体系的整体性和稳定性。矩形钢支架用于集水井，支护间距为 0.35 m，上下两排支架间由拉杆相互连接，必要时增加纵横向支撑，以提高支架整体的稳定性及抗变形的能力。

若冻土暴露在空气中的时间过长，为了控制支架间冻结帷幕的变形，减少冻结帷幕冷量损失，所有钢支撑架后用保温板进行保温。保温板必须同冻结壁紧贴，尽量减少支护间隙；保温板不能松动，当支护间隙较大时，可增加木楔子，以提高支护效果。

永久支护为结构设计中的钢筋混凝土结构，为减少混凝土施工接缝，联络通道侧墙开挖及临时支护完成后一次连续进行浇筑。由于这种结构的特殊性，通道顶板内的混凝土浇筑较为困难，为提高混凝土施工质量，采取分段浇筑的施工方式，必要时可采用喷浆机对浇筑空隙进行充填。上部结构施工完成以后，开挖集水井，集水井开挖到设计深度，首先对集水井底板进行封底浇筑，然后一次完成集水井的钢筋混凝土浇筑施工。

通道支护及结构层施工时，在一次支护层和冻土之间及防水层和结构层之间预埋注浆管，作最后充填注浆用。

(2) 施工准备。

① 五通。

供水：将水管接送至施工场地，水量为 15 $m^3/h$；排水，从联络通道到地铁车站区间利用排水管路，水泵设在联络通道口附近，形成排水系统。

供电：将电接送至施工场地。

道路：能允许 5～10 t 卡车进出施工场地，市内运输，必要时应提供通行证。

通信：井上、井下通信联系使用内部专用电话或安装远程视频监控系统。

通风：从联络通道向金山站侧安装风机，加强隧道通风。

② 工作平台。

按联络通道出口尺寸及施工需要，工作平台由一个大平台和一斜坡道构成。在联络通道开口处的隧道支撑架底梁上表面搭设中间工作平台，主要作为材料运输之用，面积约为 4 m×4.5 m=18 $m^2$。在联络通道运输侧，搭设面积约为 16 m×4.5 m=72 $m^2$ 的施工平台，主要作为材料运输和车辆换向之用。在联络通道运输侧，同时搭设斜坡道与运输、换向平台相连接，斜坡道高端宽约 3 m，坡长约 8 m，坡度以方便车辆运输为原则，可以适当调整。在中间平台的另一侧搭设材料设备平台，面积约 18 $m^2$。平台用 $18^{\#}$ 工字钢，工字钢经倒角后搭在混凝土管片上，台面用 50 mm 厚木板铺盖而成。

③ 预应力支架安装。

联络通道冻结壁交圈前需在通道开口处隧道中设置 4 榀隧道支撑（左右线开口处各 2 榀），以减轻联络通道开挖构筑施工对隧道产生的不利影响。隧道支撑分别安装在联络通道预留洞口两侧的第二环隧道管片中部，两榀钢支架间距 3.6 m，并在联络通道两端沿隧道方向对称布置，预应力支架加工及制作详见设计图 6-10。

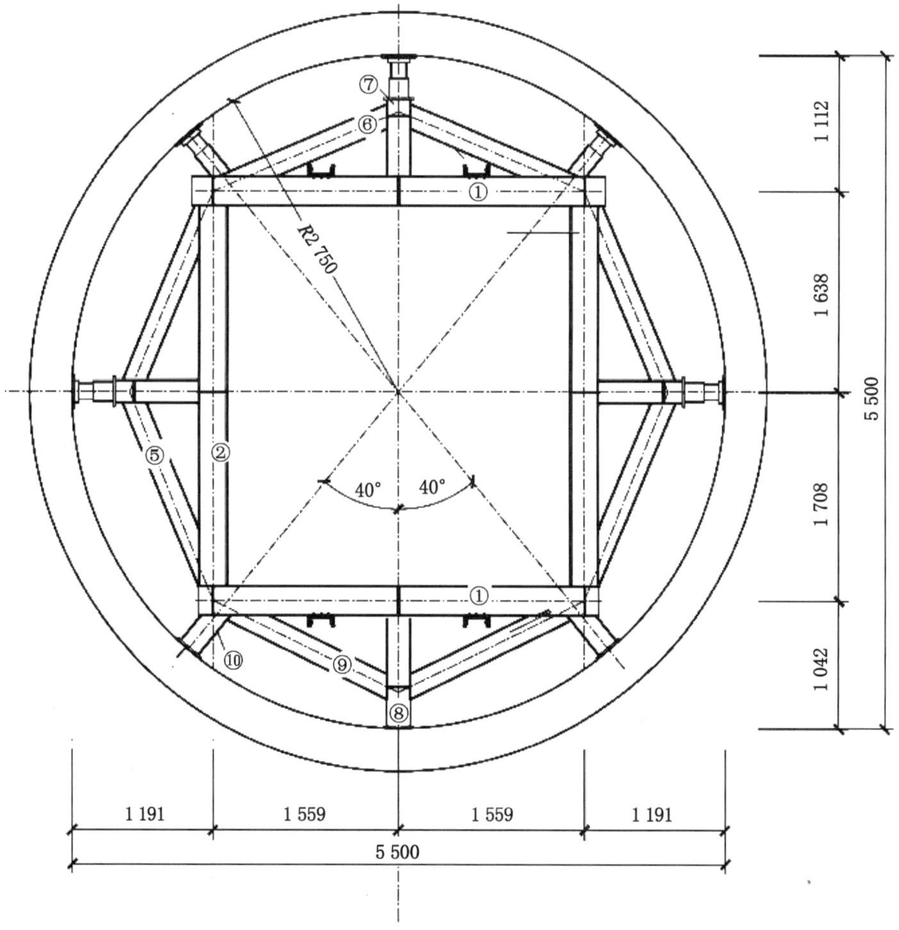


图 6-10　联络通道预应力支架设计图

④ 防护门。

防护门是防止开挖过程中发生位移变形超值，或冒泥、涌水，其他措施抢救无效的情况下，为确保隧道安全而使用的。防护门需在结构全部完成后，方可拆除。防护门实物见图 6-11，防护门设计图见图 6-12。

图 6-11　防护门实物图

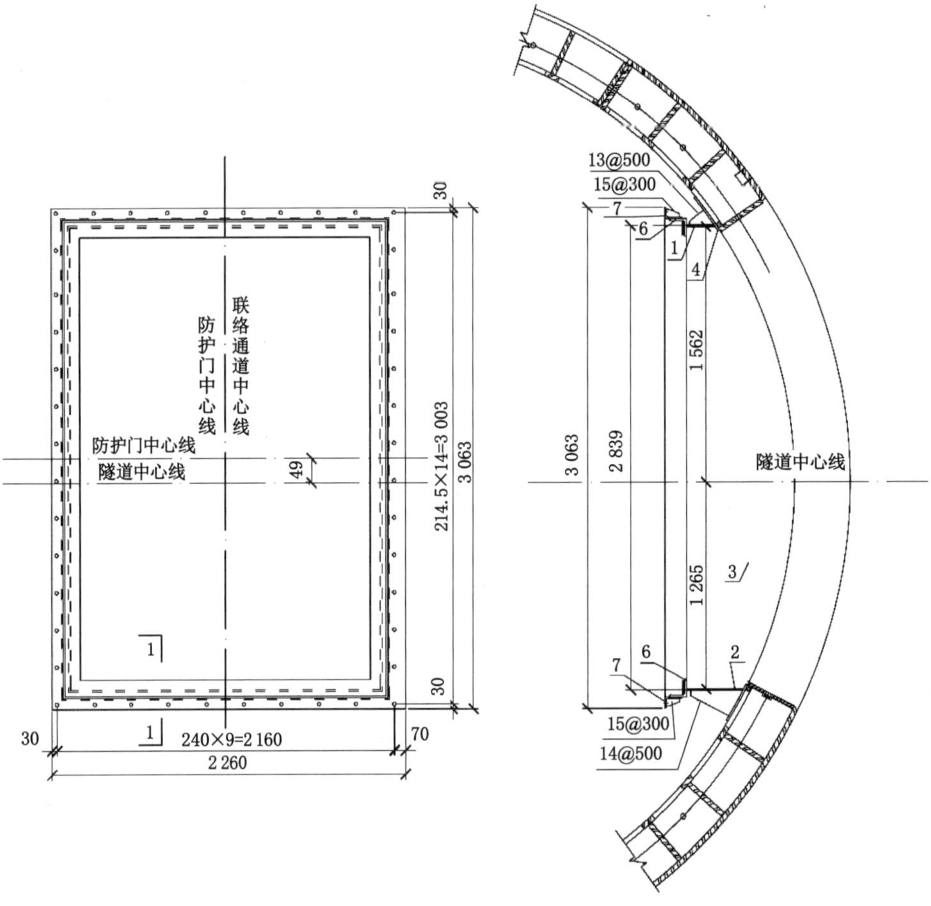


图 6-12　联络通道防护门设计图

安装顺序：防护门在安装过程中，门板和门框分开安装，先安装门框，再安装门板。

准备工作：在隧道顶部与门框安装位置正上方钢管片环缝处安装 2 个 3 t 手拉葫芦待用，使用吊车垂直与三轮车水平运输，将门框和门板运至工作面。

安装门框：用上述准备的 2 个 3 t 手拉葫芦配合松紧拉链，将门框移位至安装预定位置。再将门框与管片四周接触部位焊联。采用 $\phi$25 mm 螺纹钢筋将门框与管片焊接拉联，间距 500 mm；手拉葫芦承重能力不小于 3 t，钢丝绳套直径不小于 16 mm，在吊装过程中必须有 2 个吊点：1 个垂直吊点和 1 个斜拉吊点；防护门框通过植筋与内衬墙锚固焊接，门框四周与管片搭接处做密封处理。

安装门板：使用前述 2 个手拉葫芦，采用安装门框方法，将门板移位至预装位置。

防护门安装后应进行密闭性试验。联络通道防护门设计耐压值不小于 0.423 MPa，安装后进行耐压试验，试验压力值不小于防护门底水土压力和 0.356 MPa。

(3) 开管片。

施工必需的准备工作完成后，可先拆除一片钢管片，观测工作面情况，可行后拆除剩余钢管片。具体方法是：

开管片时，准备 2 台 32 t 千斤顶，5 t、10 t 和 2 t 手拉葫芦各 1 个。2 台千斤顶架在被开管片两侧，中间用 1 根横梁同钢管片直接相连，通过顶推横梁向外推拉钢管片，5 t、10 t 葫芦作为主拉拔管片用，一端钩住欲拆管片，一端套挂在对面隧道管片上，水平方向加力向外(隧道内)拉拔管片。2 t 葫芦悬吊在欲拆管片上方管片上，一端钩住欲拆管片，以防管片拉出时突然砸落在工作平台上。具体操作见图 6-13。

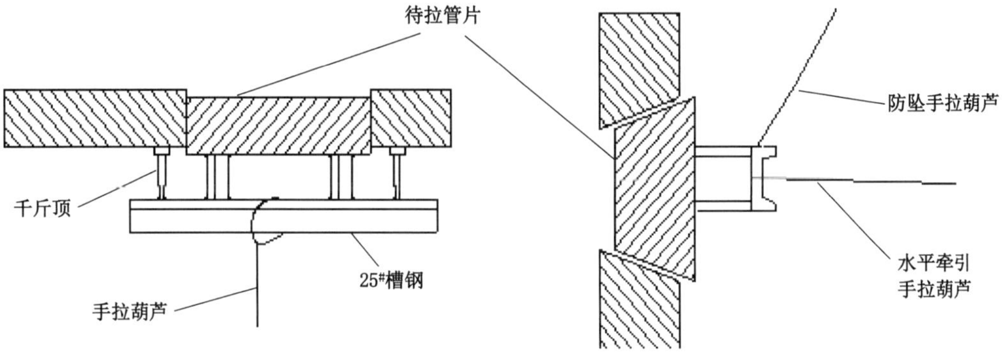


图 6-13 联络通道开管片示意图

用千斤顶及 5 t 葫芦拉拔时要注意观察管片外移情况，并随时注意调整 2 t 葫芦拉紧程度和方向。因管片锈蚀而拉出困难时，用大锤振管片，减轻拔出应力。拆除顺序见图 6-14(先拉一号，接着拉二、三、四号，待通道贯通后再拉五、六号)。

联络通道开管片实物见图 6-15。

(4) 土方开挖。

① 导洞开挖。

喇叭口导洞位置进尺 1.1 m、高 2 m、宽 2.4 m。导洞较小，采用一次开挖完成，开挖完成后架设导洞支撑，支撑与土体之间塞入木背板及保温板。

② 通道开挖。

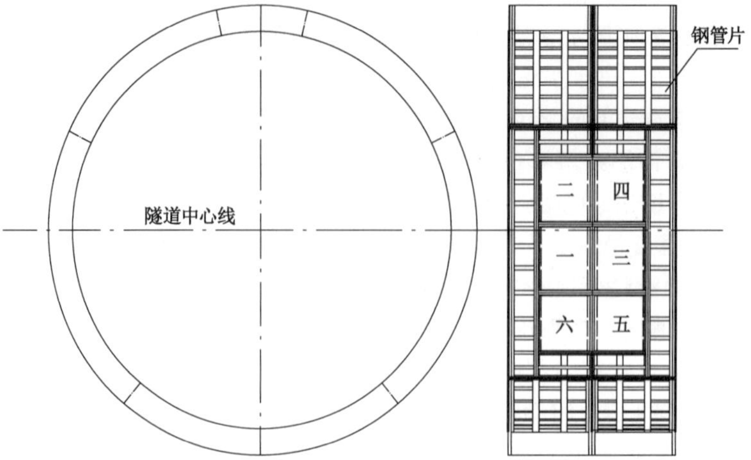


图 6-14　钢管片拆除顺序图

图 6-15　联络通道开管片实物图

通道起挖时开挖步距不超过 0.5 m，自上而下开挖，每开挖一定高度，正前方工作面宜采用聚乙烯保温板对土体保温。

当全部断面开挖完成后，架设第一、二榀支撑及中部横梁平台。中部平台采用 3 根 $\phi$48 mm 钢管进行加固，一头锚固进工作面，另一头架设在中部钢支护横梁上。上面铺设木板，并用铁丝将木板与钢板及支护型钢绑扎。

根据开挖情况判断导洞处土体是否稳定，若土体不稳，应在导洞处设置钢筋与木板支护。

分层逐步向下拆除保温板，并进行上部土方开挖。拆除保温板后需检查板后土体稳定情况，土体状态良好情况下才能进行下一步施工。上部开挖完成后同样进行保温处理。

分层逐步向下拆除平台下部保温板，并进行下部土方开挖。开挖完成后迎头同样进行保温处理，然后安装初支。

依次完成后续通道及喇叭口过渡段第一榀初支位置开挖。

③ 喇叭口开挖。

先开挖副侧喇叭口，再开挖主侧喇叭口。

副侧喇叭口位置采用分部开挖，首先开挖出工作面位置，观察对侧管片及复核中线偏差距离，顶部位置提前标注布置冻结管位置距离（标注方法：通过副侧冻结管布置图距离进行镜像至开挖面进行标注）然后进行顶部开挖。开挖过程中禁止风镐相对于冻结管垂直施工，应从标注冻结管附近斜向慢慢打入剥离冻土直至标高位置（使用保温板对顶部暴露冻结管进行拱顶保温，维护喇叭口处冻结帷幕）。

分层逐步向下拆除平台下部固定木板，并进行下部土方开挖，开挖至底部喇叭口位置对底部冻结管位置进行标注。然后安装初支及木背板施工，并进行挂网喷浆。

拆除临时导洞支撑，进行主侧喇叭口反刷。

(5) 初期支护。

初期支护是维护地层稳定、确保施工安全的一项重要技术措施，又是永久支护的一部分，是支护工艺最为关键的一步。初期支护采用型钢支架、木背板加喷射混凝土进行支护。初支及时封闭成环，增加支架的稳定性，相邻两排支架间必须用支撑杆相互连接。泵站的初期型钢支架为矩形且上下支架用 $\phi$20 mm 圆钢吊挂。所有支架间冻土体全用木板背实背紧，少量空隙用水泥砂浆充填严实。图 6-16 所示为通道开挖过程中初期支护结构示意图。

图 6-16 通道初期支护结构示意图（喷浆前）

初期支护采用 22# 工字钢，节点采用连接板＋M20×46 的不低于 8.8 级高强螺栓连接。首榀加工后应放在水平地面上预拼装，确认尺寸无误后，再批量加工。

初期支架及木背板安装完毕即可喷射混凝土，施工时亦可根据冻结加固效果及开挖变形监测结果分析，合理选择喷浆时机完成初支封闭。由于受喷面为木质结构，不利于喷射物集结，因此施工前在格栅钢架适当位置焊接若干短钢筋，控制喷射混凝土厚度。喷射混凝土强度等级为 C25 早强混凝土，配合比 $m_{水泥}:m_{水}:m_{砂}:m_{碎石}=1:0.47:1.59:3.39$。喷浆层厚度为 250 mm。厚度应包住钢架，保护层厚度不小于 20 mm。喷浆层不易成型，分两次喷射。首次喷射厚度为 100 mm，二次喷射找平，并且在首次喷射混凝土初凝后方可进行二次喷射。喷射时应注意风压、水压、喷射角度、喷嘴到受喷面的距离。喷射时应先下部后上部。喷射物料中应按要求掺加速凝剂，喷射墙体部位金属支架后的木背板适当拆除几块，以便喷射物料进入木背板后面，便于支护层和通道周帮土层接触密实，以防冻土层解冻时地层变形破坏通道。

(6) 防水施工。

联络通道防水设计遵循“以防为主，以堵为辅，多道防线，综合治理”的原则。以混凝土结构自防水为根本，接缝防水为重点，辅之以夹层防水层或内防水层加强防水。

防水施工前对初期支护找平，平整度要求 $D/L \leqslant 1/10$，$D$ 为支护层相邻凸面凹进去的深度，$L$ 为支护层相邻凸面距离。

联络通道由初期支护与二次衬砌组成，在两者之间设置夹层防水层，夹层防水层由无纺布+ECB 防水板组成。

铺设防水板前应先铺设缓冲层，缓冲层材料采用单位质量不小于 400 $g/m^3$ 的短纤土工布，缓冲层采用搭接法连接，搭接宽度不小于 50 mm。

铺设防水板时，仰拱防水板宜采用沿隧道纵向铺设的方法，防水板之间接缝采用双焊缝进行热熔焊接，搭接宽度大于 100 mm。

管片与支护层和结构层的接缝处，设置兜绕成环的遇水膨胀橡胶条和预埋注浆管；隧道预埋排水管，设置两道遇水膨胀止水条，止水条规格为 30 mm×12 mm。

联络通道的纵向、环向施工缝设置中埋式钢板止水带进行防水处理，施工缝在底板以上 30 cm 位置处设置。施工缝中埋式钢板止水带示意图见图 6-17。

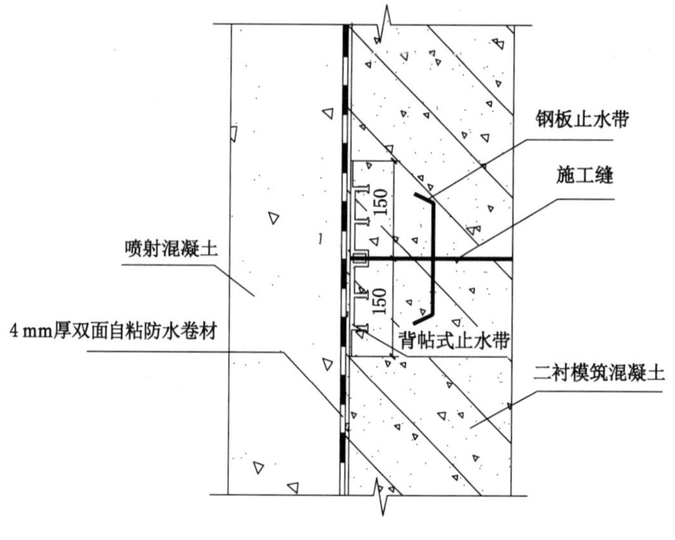


图 6-17 施工缝中埋式钢板止水带示意图

(7) 结构施工。

① 钢筋绑扎。

按照钢筋的实际长度合理下料，合理安排接头位置、搭接和锚固长度。

② 模板施工。

联络通道弧顶采用无痕钢模板，侧墙采用木模支护。按照“准、稳、密、平”的原则，依据施工图及技术规范要求立模。立完之后还要对模板进行加固，防止脱模及跑模等现象出现，为保证浇筑的效果，模板外采用钢架支撑加固。

立模时净宽放大 10 mm，净高放大 20 mm，以防下沉。严格按线立模，误差控制在±3 mm 以内。

根据结构边墙、顶板的形状及尺寸，放出模板厚度，并充分考虑预留混凝土浇筑时由于自重而引起的拱部下沉量：拱部模板应预留沉落量 10～30 mm。联络通道底板浇筑达到设计强度的 70%后架立拱架。

③ 浇筑混凝土。

浇筑混凝土顺序：底板→侧墙→拱顶。

使用插入式振动器快插慢拔，插点均匀排列，逐点移动，按顺序进行，不得遗漏，做到均匀振实，每点振动 20～30 s，移动间距不大于振动棒作用半径的 1.5 倍(一般为 300～400 mm)，振捣上一层时插入下层混凝土面 50 mm，以消除两层间的接缝，以混凝土表面不再显著下降、不再出现气泡、表面泛出砂浆为准。同时模外轻敲轻打，使壁面浆液饱满，消除蜂窝麻面，连续浇筑。

插入振捣器避免碰撞钢筋，不得放在钢筋上，振捣机头开始转动以后才能插入混凝土中；振完后，徐徐提出，不能过快或停转后再拔出来；振捣靠近模板时，插入式振捣器机头须与模板保持 5～10 cm 的距离。

浇筑喇叭口时，在钢管片上割洞浇筑或喷浆，最后辅以砂浆合口。

浇筑混凝土之前，应予埋好各种管件，并固定牢靠，穿墙管安装防水止水板。

(8) 集水井施工。

通道混凝土浇筑达到拆模强度后(达到混凝土强度设计值的 60%，一般 12 h 后可进行集水井中部掘砌施工)，通道中间部分模板予以拆除，利用两端喇叭口底板形成运输平台。在其上辅以木板，以便行人和推车。泵站按线开挖至一定深度时安装钢支架。首层钢支架应和通道支护层中的金属支架焊接，钢支架之间用螺栓或焊接连接并在井帮上打入若干钢橛子，以辅托钢支架质量。挖掘采用风动工具、手镐、铁铲等，若土层稳定性较好，则边挖边架一次到底；土层条件很差、护帮很难时，则采用短段槽钢板柱超前护帮，分段到底。集水井挖掘较深时，采用滑轮编筐人工提土，开挖误差控制在 20 mm 以内。

初期支护、喷射混凝土、防水层施工方法如前所述。钢筋绑扎及混凝土浇筑通道底板和集水井钢筋混凝土同时施工，集水井先浇筑底板，后浇筑侧墙和通道底板。

### 6. 充填和融沉注浆

注浆分为充填注浆和融沉注浆。充填注浆意在充填初支与冻土之间的空隙；融沉注浆主要补偿融沉过程中地层损失，防止地表下沉影响周边建(构)筑物安全。

联络通道解冻采用自然解冻方式，并配合融沉注浆。注浆加固应根据设计要求，采用适当的注浆工艺、注浆材料及注浆工序，注浆过程中应遵照“多点、少量、多次、均匀”的循序渐进原则，并根据隧道沉降和解冻温度场的监测，适时调整注浆量和注浆时间间隔，确保沉降稳定。

(1) 注浆孔布置。

① 开挖初期支护时，按照设计要求埋置 DN40 注浆管，埋置深度不小于 30 mm，注浆管就近点焊在型钢支架上。联络通道及泵站注浆管布置见图 6-18。

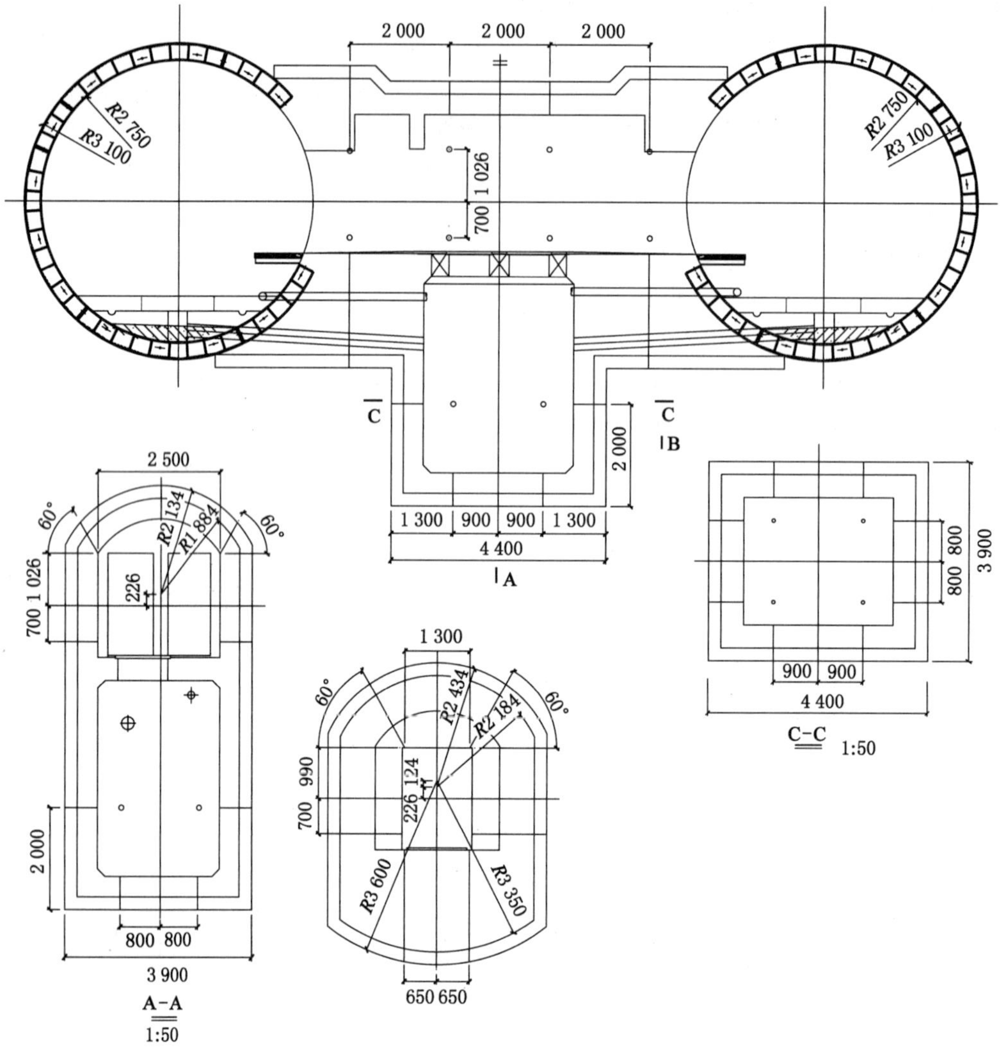


图 6-18　联络通道及泵站注浆管布置图

② 管头深度至型钢支架后，做二次衬砌时，接长至结构表面。

③ 注浆管中间部位焊接止水钢板，端部留管箍接头，并用丝堵堵死，丝堵头部以距离模板 50 mm 为宜，在丝堵与模板之间衬垫 100 mm 见方的海绵，海绵用铁丝绑扎在注浆管上。

④ 模板拆除后，凿出注浆管，接上阀门即可。

(2) 注浆材料。

注浆一般采用单液水泥浆和 C-S 双液浆，单液浆水泥强度等级为 P·O42.5 级，水灰比一般为 0.8～1；双液浆水泥强度等级为 P·O42.5 级，水玻璃为 35～42°Bé，可根据地层适当调整，将配好的水泥浆液和水玻璃浆液按照 1∶1 混合注入。充填注浆采用水泥单液注浆，融沉注浆采用单液注浆为主，双液注浆为辅，配合比详见表 6-5 和表 6-6。

**表 6-5　双浆液配合比(1 m³)**

| 甲液/kg | | 乙液/kg | |
|---|---|---|---|
| 水 | 水泥(P·O42.5) | 水玻璃(42°Bé) | 水 |
| 310 | 390 | 235 | 335 |
| 甲液和乙液按照体积比 1∶1 混合注入 | | | |

**表 6-6　单液浆配合比(1 m³)**

| 水/kg | 水泥(P·O42.5)/kg |
|---|---|
| 620 | 780 |

(3) 充填注浆。

① 注浆部位。充填注浆主要填充初期支护层和冻土帷幕之间的空隙,以及拱顶部的支护层与结构层之间的空隙。

② 注浆时机。停止冻结后 3～7 d 开始充填注浆,开始时结构混凝土强度达到设计强度 60%以上,到停止冻结后 1 个月结束。

③ 注浆压力。充填注入单液水泥浆,通道部位注浆压力不大于静水压力。

④ 注浆流量。注浆流量宜控制在 15 L/min 左右。

⑤ 注浆量。充填注浆量较大,注浆量约为 25 m³,由预留注浆孔均匀注入。

⑥ 注浆顺序。从底部、侧墙到拱顶,先中间后两侧,依次展开。底部注浆孔注浆,侧墙注浆孔连续返浆后,停止底部注浆;由侧墙注浆孔继续注浆,当拱顶注浆孔连续返浆时,关闭侧墙注浆阀门;继续注肩窝 2 个,当顶部注浆孔连续返浆后,关闭顶部注浆阀门,注浆压力达到 0.3 MPa 后停止充填注浆。

(4) 融沉注浆。

① 注浆时机。停止冷冻后,根据测温情况及沉降监测情况选择融沉注浆时机,但不得大于 30 d,持续时间为 3～4 个月,此融沉注浆以单液注浆为主、双液注浆为辅。

② 注浆工艺。单根注浆孔注浆时在预留注浆孔内插入 $\phi$32 mm 注浆花管,插入深度以刚好穿过结构层为宜,孔口装上防返浆装置,分层注浆。注浆过程中不拔管,下次注浆时花管外插,冻结壁内侧注浆效果见图 6-19。

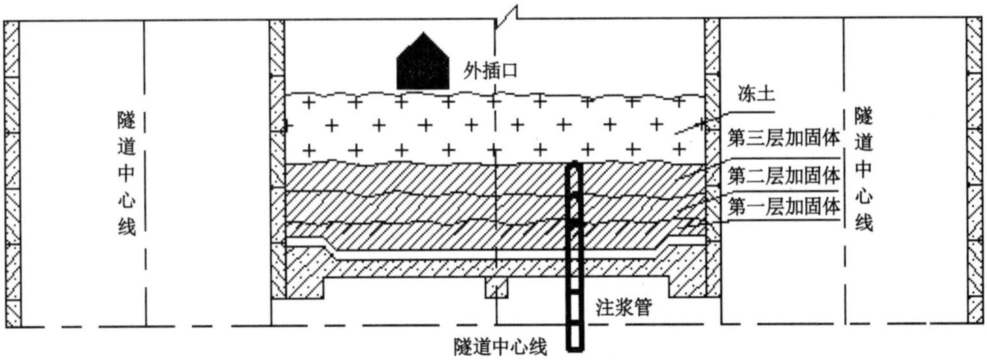


图 6-19　冻结壁内侧注浆效果示意图

③ 注浆压力。融沉注浆压力为0.3～0.5 MPa,不高于联络通道及隧道结构设计要求允许值。

④ 注浆流量。注浆流量宜控制在15～20 L/min。

⑤ 注浆量。注浆流量控制在10～15 L/min,单孔单次注浆量根据注浆压力控制,单孔注浆量以注浆压力上升到0.5 MPa为限,单孔单次注浆量不大于1 $m^3$。每天注浆一次。根据经验,融沉注浆总量一般为冻土体积的5%～10%左右,实际用量以隧道和地面不沉降为准。

⑥ 注浆顺序。联络通道融沉注浆顺序为:联络通道位置两侧隧道底部、内侧管片上注浆孔⟶通道底部注浆孔⟶通道侧墙注浆孔⟶拱顶部注浆孔。

⑦ 注浆结束标准。实测地面沉降持续时间不少于3个月,当冻结壁完全融化,实测地面沉降持续一个月且每半个月不大于0.5 mm时即可停止融沉补偿注浆。3个月内停止融沉补偿注浆后,若地面沉降半个月大于0.5 mm时,应继续进行融沉补偿注浆。融沉注浆采取时间和沉降双控原则。

7. 割管封孔

联络通道结构施作完毕,冻结站拆除,回收供液管,放出$CaCl_2$盐水后,割去露出隧道管片的孔口管和冻结管,封堵冻结孔。

(1) 钢管片冻结割管封孔。

① 分组停冻后,应尽快割除隧道管片上的孔口管和冻结管,防止孔口管和冻结管周围冻结壁解冻漏水。

② 观察孔口无渗漏后割除钢管片格仓顶部6 mm厚钢板,割除孔口管、冻结管至钢管片内深度不小于100 mm。

③ 对遗弃在地层中的冻结管应进行充填,充填前采用压缩空气吹干管内盐水;充填冻结管材料应采用M10以上水泥砂浆或C20以上混凝土,对于上仰冻结管充填管长度应不小于管口以内1.5 m,对于下俯冻结管原则上应全段充填。

④ 孔口管割除部位采用10 mm厚钢板进行焊接封堵,焊缝高度为6 mm。焊缝涂抹遇水膨胀止水胶,在割除区域侧壁施工M12以上膨胀螺栓2根(外侧预留长度不小于3 cm),并与孔口管残留部分焊接,遇到肋板时应与肋板焊接。

⑤ 采用C30硫铝酸盐微膨胀水泥充填剩余空间与钢管片内齐平,钢管片表面焊接12 mm厚钢板,焊缝高度为8 mm。钢板应覆盖钻孔格仓,并与格仓肋板搭接不小于50 mm。钢板表面涂刷与钢管片同材质防锈漆。

⑥ 取出非钻孔格仓防火保温材料,并采用C30硫铝酸盐微膨胀水泥挂网充填、找平。

(2) 钢筋混凝土管片冻结割管封孔。

① 分组停冻后,应尽快割除结构墙上的孔口管和冻结管,防止孔口管和冻结管周围冻结壁解冻漏水。

② 割除孔口管、冻结管至混凝土结构内深度不小于100 mm。

③ 对遗弃在地层中的冻结管应进行充填,充填前采用压缩空气吹干管内盐水;充填冻结管材料应采用M10以上水泥砂浆或C20以上混凝土,对于上仰冻结管充填管长度应不小于管口以内1.5 m,对于下俯冻结管原则上应全段充填。

④ 孔口管割除部位采用 10 mm 厚钢板焊接封堵，焊缝高度 6 mm。焊缝处涂抹遇水膨胀止水胶后，在割除区域混凝土管片侧墙施工 4 根 M12 以上膨胀螺栓(外侧预留长度不小于 3 cm)，并与孔口管残留部分焊接连接。

⑤ 采用 C30 硫铝酸盐微膨胀混凝土充填剩余空间与混凝土结构齐平，采用 4 根不小于 M12×80 后扩式机械锚栓将 300 mm×300 mm×12 mm 钢板与混凝土管片固定。钢板与混凝土管片之间的空隙应采用环氧树脂进行密实充填。钢板表面涂刷与钢管片同材质防锈漆。

测温管、透孔、注浆孔割管封孔参照上述技术要求执行。

### (五) 信息化施工监测

#### 1. 监测内容

(1) 钻孔施工监测内容。

① 钻孔长度。

② 铺设冻结管长度。

③ 冻结管偏斜。

④ 冻结器打压值及稳压时间。

⑤ 供液管铺设长度。

⑥ 焊缝的宽度及强度。

(2) 冻结系统监测内容。

① 冻结器去回路盐水温度。

② 冷却循环水进出水温度。

③ 冷冻机吸排气温度。

④ 盐水泵工作压力。

⑤ 冷冻机吸排气压力。

⑥ 制冷系统冷凝压力。

⑦ 制冷系统汽化压力。

(3) 冻结壁监测内容。

① 冻结帷幕内外侧测温孔温度。

② 冻结帷幕断面内卸压孔内温度变化。

③ 开挖后冻结帷幕温度。

④ 冻胀压力监测。

⑤ 冻土的发展速度及冻结帷幕的平均温度。

⑥ 冻土向内、外扩展范围。

(4) 施工监测项目。

① 建(构)筑物沉降、倾斜、裂缝。

② 地下管线沉降。

③ 地表沉降。

④ 邻近隧道管片结构沉降。

⑤ 邻近隧道管片结构收敛。

⑥ 联络通道沉降及收敛监测。

2. 监测方法、手段及说明

(1) 冻结孔监测。

冻结孔偏斜的监测使用水准仪、经纬仪进行，当冻结管长度超过 20 m 时，采用水平钻孔测斜仪进行测斜。

冻结器密封性能的监测采用管内注水，手动试压泵加压的方法试漏，试漏程序及指标符合冻结管设计要求，每孔监测 1 次。

(2) 温度监测。

① 测温孔布置。

为了及时掌握冻结帷幕的发展状况，在冻结帷幕的内部和周围布置 9 个测温孔，分别布置于冻结站侧和其对侧隧道内，用于测量冻结温度场。在每一孔内布置 3～4 个测点，从孔口向内每间隔一定距离布置 1 个测点。

测温传感器为 2 mm×0.5 mm 的铜-康铜双绞线，型号 CWR-2 型。

② 其他温度测点布置。

盐水系统使用电脑测温仪测量。在去、回路盐水干管上安装热电偶传感器测量去、回路盐水温度，在关键冻结管头部焊测温插座。冻结系统总流量在开冻时测量，其他温度与流量监测每天 1 次。

③ 测试系统。制冷系统和冷却水循环以及冻结帷幕温度使用点温仪并结合精密水银温度计监测，监测频率每天 1 次。

冻结孔和冻结孔头部温度监测使用电脑自动监测系统。硬件由计算机、调制解调器、光电隔离器、数据采集器、传感器及打印机等组成。

(3) 压力监测。

压力监测内容为冻土帷幕内冻胀压力和冻结帷幕断面内卸压孔压力变化，在卸压孔一侧安装压力表，自开机冻结起进行监测，至开挖之前停止，每天测 1 次，在冻胀压力上涨期间，每天测 2 次。积极冻结时，如果孔内水压增加到地层水土压力的 1.5 倍，打开孔口阀门卸压。

制冷系统和盐水系统的工作压力分别采用制冷专用压力表和通用压力表测量，监测频率为每天 1 次。

(4) 竖向位移监测。

竖向位移监测对象包括地表、建(构)筑物、地下管线、联络通道隧道拱顶及联络通道隧道初支护拱顶等。

① 监测方法。

采用闭合水准路线测量方法，通过采用已有的基准网控制点，建立水准测量监测网。通过高程基准点联测一条闭合或附合水准线路，由线路的工作基点来测量各监测点的高程。测量时，用水准仪的 ABFFB 模式进行往返观测。往测时，奇数站测量顺序“后前前后”，偶数站测量顺序“前后后前”；返测时，奇数站为“前后后前”，偶数站为“后前前后”。

② 测点布设。

轴线两侧分别按轴线方向按通道中心向两侧 3 m、3 m、5 m、5 m、5 m 布设断面。地面沉降布置见图 6-20。

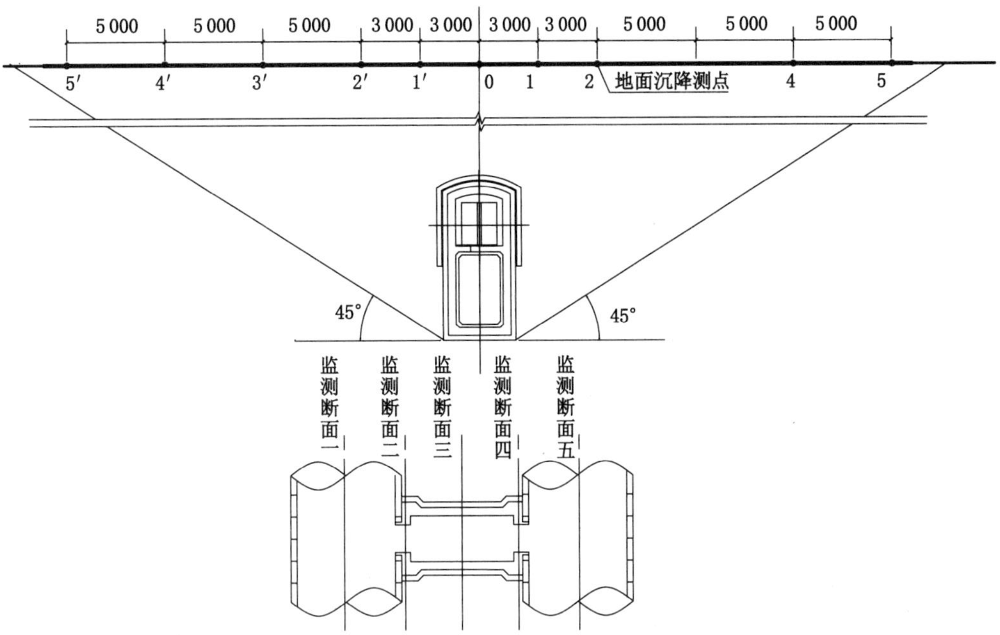


图 6-20 地面沉降布置图

③ 数据采集与处理。

沉降监测点在按要求布设完成后，连续三次对监测点进行数据采集，取三次监测数据的平均值作为初始值。日常监测时，采用二等水准测量方法进行各个监测点的高程值采集；仪器设置有自动存储功能，对数据进行存储。

沉降量按以下公式进行计算：

$$\Delta H = H_n - H_0$$

式中 $\Delta H$——监测点沉降量，mm；

$H_0$——监测点初始高程，mm；

$H_n$——实测高程，mm。

通过监测点各期高程值计算各期阶段沉降量、阶段变形速率、累计沉降量等数据。

④ 地表沉降。

布点的方法：软土地表处使用 1 m 螺纹钢直接打入稳定土层；在硬化路面处使用钻具钻孔打入螺纹钢作为测点。布设时用水钻打孔，确保打透硬化地面。将不低于 80 cm 长度的 $\phi$18～20 mm 的钢筋打进钻孔，并使钢筋的顶端低于地面 1～2 cm，孔内用沙子填实，孔口加装专用测点保护盖。

⑤ 地下管线竖向位移监测

管线监测点主要布设在给水、燃气等带压及刚性管线上，在管线上方每间隔 20 m 布设一个测点。管线监测点采用埋设深层监测点方法，即打孔钻穿马路的硬地坪，插入钢筋作为测量标志，为方便立尺，钻孔的孔径不小于 12 cm。

⑥ 建筑物竖向位移。

施工次要影响区范围内的所有建筑物均布设沉降监测点，砖混结构沉降监测点间距不大于 12 m。根据现场情况，建筑物沉降监测点直接用电钻在建筑物外侧墙体上钻孔，在建筑物房角、承重墙和立柱上及沉降缝两侧均应布点，安装测量标志，或利用原有沉降监测点。对于有沉降缝的建筑，应在每个沉降缝两侧分别设点。

建筑物测点埋设示意图见图 6-21。

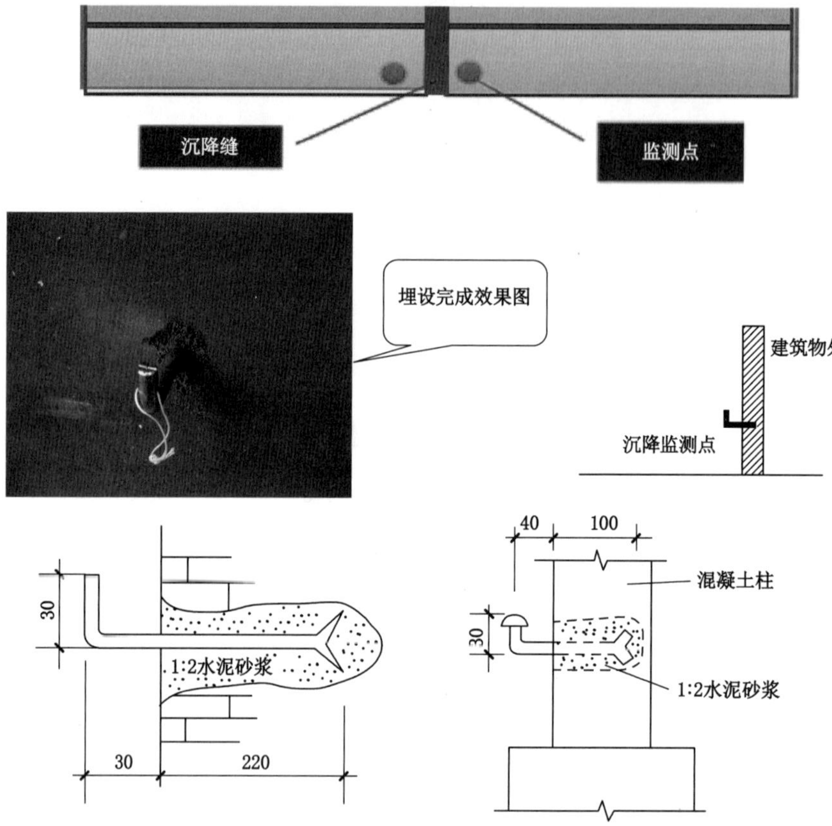


图 6-21　建筑物测点埋设示意图

埋设方法：用冲击钻在墙体上钻孔—气枪清孔—安装 L 形建筑物专用测量标—回填固结料固定测点—编号。

⑦ 管片拱顶位移。

使用 AB 胶粘贴直角形的钢板，在钢板上贴上反射片，拱顶测点与管片结构拱底测点环号一一对应。

拱顶沉降监测方法步骤如下：

a. 全站仪任意设站，仪器整平；

b. 后视基准点，测出后视基准点与仪器的高差 $h_1$；

c. 瞄准需要监测的拱顶沉降监测点，测出隧道结构竖向位移（拱顶）监测点与仪器的高差 $h_2$；

d. 重复 b、c 步骤，得出三组数据，并取其平均值 $h_1'$ 与 $h_2'$，计算得出隧道结构竖向位移（拱顶）监测点与后视基准点的高差 $\Delta h$（$\Delta h = h_2' - h_1'$）；

e. 对每次监测的 $\Delta h$ 进行差值计算，得出变化速率。

沉降值计算：

对同一测点而言，

$$\begin{cases}\Delta h = h_i - h_{i-1} \\ \sum \Delta h = h_i - h_0\end{cases}$$

式中　$h_i$——第 $i$ 次高程；

$h_{i-1}$——第 $i-1$ 次高程；

$\Delta h$——第 $i$ 次测得沉降值；

$h_0$——初次测量高程；

$\sum \Delta h$—— 本次累计沉降量。

拱底竖向位移的布设方法：测点与拱顶沉降位于同一环内。测点布设在管底管片结构上，用冲击钻钻孔，埋设顶面为半圆形的测量标志并用锚固剂固定，并做好标识标记。

⑧ 管片结构净空收敛监测。

联络通道隧道净空收敛：以联络通道纵轴线为准，在区间隧道左右线和联络通道左右两侧分别按 2、3、5、10、10、10 环布设，并与联络通道隧道拱顶沉降测点一一对应，左右线联络通道附近共计布设 28 个断面(即 56 个点)。

联络通道初支护净空收敛测点分别布设在联络通道左右线喇叭口及联络通道中部，总共 3 个断面(即 6 个点)，并与联络通道初支护拱顶沉降测点一一对应，采用冲击钻在围岩上钻孔埋入长 30 cm $\phi$25 mm 的钢筋，外露钢筋头斜切 45°角并贴上 4 cm×4 cm 反射片布设。

使用全站仪测量两收敛测点三维坐标，通过计算两坐标点之间的直线距离的变化情况，测定隧道管片净空收敛。

管片结构净空收敛采用全站仪进行监测，管片左右对应两点坐标分别为 $A(X_a、Y_a、Z_a)$、$B(X_b、Y_b、Z_b)$，两点之间的直线距离计算公式为：

$$L_{ab} = \sqrt{(X_a - X_b)^2 + (Y_a - Y_b)^2 + (Z_a - Z_b)^2}$$

每次所测距离与初始距离之差为累计收敛值，当次与前次距离之差为本次所测变化值。

## 二、盾构隧道洞门水平冻结施工案例

### （一）工程概况

天津地铁 11 号线海河东路站—环宇道站区间为单洞单线隧道，左右线各一条盾构法隧道，隧道结构内径 5.5 m、外径 6.2 m。

接收端环宇道站为地下二层结构，接收端头隧道中心标高为－10.608 m，地面绝对标高为＋3.650 m，洞口形状为圆形，洞口开口净直径为 6.700 m。设计采用水平冻结＋钢套筒接收，即为了保证地连墙凿除施工安全，接收端头采用水平冻结加固地连墙前方土体，使加固后的土体临时替代基坑地连墙以达到封水挡土的作用，然后凿除地连墙，拔除盾构推进区域内冻结管，接着回填并封闭钢套筒，最后盾构在钢套筒内完成接收。

### （二）地质及环境条件

盾构接收处土层为⑥2 淤泥质粉质黏土、⑥3 黏质粉土、⑥4 粉质黏土，⑦1 粉质黏土、

⑧1 粉质黏土。根据含盐量检测报告,氯离子含量为 5 315 mg/L,硫酸盐含量为 653 mg/L。

下部微承压水主要赋存于第Ⅲ陆相层及第Ⅳ陆相层的粉土、砂类土中。第一层微承压水以⑧/1 粉质黏土为相对隔水顶板,以⑨/1 粉质黏土为相对隔水底板,主要赋存在第Ⅱ陆相层中⑨/24 粉砂层中,其顶板埋深为 21.4～28.2 m(高程为－17.83～－24.01 m)。含水层厚度 0.7～3.30 m,呈条带状分布。水文观测成果,第一层承压水稳定水位埋深 2.86～3.9 m(高程为 1.207～－0.35 m)。第二层微承压水以第Ⅱ海相层的⑩/1 粉质黏土为相对隔水层顶板,主要赋存在第Ⅳ陆相层中的⑫/12 黏质粉土、⑫/24 粉砂中,顶板埋深为 28.9～49.2 m(高程为－25.49～－45.13 m),含水层厚度为 0.6～7.4 m,基本呈层状分布。根据水文观测成果,第二层承压水稳定水位埋深按 4.47～5.43 m(高程为－0.403～－1.363 m)。第三层承压水主要赋存在第Ⅳ陆相层中的⑪/2 黏质粉土、⑪/4 粉砂中。

微承压水主要接受上层潜水渗透补给,与上层潜水水力联系紧密,排泄以相对含水层中的径流形式为主,同时以渗透方式补给深层地下水,各层地下水水位受季节影响较小。根据潜水、微承压水稳定水位观测变化情况,在宏观角度上,潜水、微承压水水力联系密切。

### (三) 冻结设计

盾构接收是指盾构机在区间隧道推进完成后,由正常段隧道进入工作井(此处为环宇道站)的过程,设计采用水平冻结加固。

盾构接收过程中,需预先对隧道与工作井基坑连续墙外侧一定范围内的含水地层进行加固,使之具有一定的强度和封水性,保证连续墙凿通时不会出现地层涌砂出水、坍塌等问题。

#### 1. 盾构接收(水平冻结)计算

冻结壁的作用是在盾构接收过程中起到临时替代基坑连续墙封水挡土的作用。为此,要求冻结壁必须能承受基坑连续墙洞口出水土压力的作用。盾构接收加固体、荷载、计算模型及冻结管布置见图 6-22。

#### 2. 地层水、土压力计算

盾构机中心标高约为－10.608 m,地面绝对标高＋3.65 m,则盾构机中心埋深 $H=14.258$ m。地面超载取 20 kPa。

盾构机中心深度水土侧压力按重液公式和经验公式分别计算:

重液公式:

$$p = 0.013H + 20 = 0.013 \times 14.258 + 0.02 = 0.205(\mathrm{MPa})$$

经验公式:

$$p = KP_{\mathrm{t}} = 0.78 \times \left(\sum \gamma h + 20\right) = 0.78 \times (20.4 \times 14.258 + 20)$$

$$= 242(\mathrm{kN/m^2}) = 0.242(\mathrm{MPa})$$

式中 $K$——侧压力系数,取 0.78;

$\gamma$——土的平均重力密度,取 20.4 $\mathrm{kN/m^3}$;

$h$——上部土体计算厚度,取 14.258 m。

取 $p$ 为 0.242 MPa 计算。

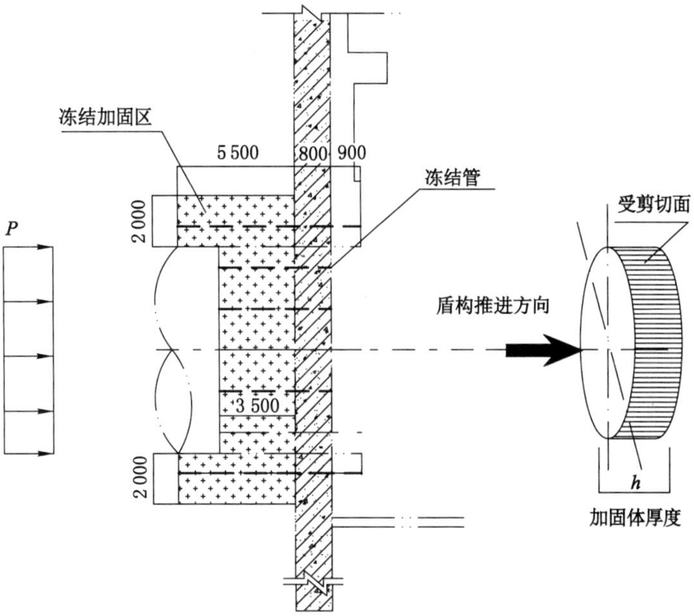


图 6-22　盾构接收加固体、荷载、计算模型及冻结管布置示意图

3. 盾构接收冻结壁结构计算

(1) 有限元计算。

左、右线隧道冻结盾构推进有先后顺序，有限元计算取其中一条隧道计算。根据冻结孔布置尺寸(孔间距外圈 0.781 m，中圈 1.080 m，内圈 1.060 m)和设计盐水温度(－30～－28 ℃)及冻结管规格 $\phi$89 mm×8 mm 等主要冻结技术参数，考虑连续墙破洞后的冷量损失，取本冻结壁设计平均温度为－10 ℃；冻结壁有效厚度，杯壁为 2.0 m，杯底为 4.0 m。ANSYS 软件三维数值分析的假设：

① 在工程影响范围内取计算范围内土层为单一土层；

② 冻土帷幕为－10 ℃的等温体；

③ 未冻土和冻土均为弹性材料。

模型材料的力学参数见表 6-7。

**表 6-7　模型材料参数**

| 土层名称 | 天然重力密度/(kN·m$^{-3}$) | 压缩模量/MPa | 黏聚力/kPa | 内摩擦角/(°) |
|---|---|---|---|---|
| 未冻土 | 20.4 | 2.86 | 15 | 14 |
| －10 ℃冻土 | 20.4 | 150 | 50 | 25 |
| 混凝土 | 25 | 35 000 | 4 650 | 50 |

计算区域取隧道接收洞中线上方至地面、下方 20 m，从隧道纵向中点往两头方向各取 20 m，自地下连续墙沿隧道轴线方向取 20 m。坐标原点位于隧道中心，$z$ 轴与隧道轴线平行，$xy$ 平面与 $z$ 轴垂直，$y$ 轴为竖直方向，计算区域内分布土体自重荷载。

整体模型的顶面(地面)为自由面,后、左、右三个垂直面上水平位移约束,底面上水平和垂直位移均约束。

数值计算考虑隧道接收最不利的情况,即地下连续墙开口 1.7 m 厚洞体全部开挖,4.0 m 厚的板块加固体承受水土压力。如果在这种情况下冻土帷幕满足强度要求,则实际情况下冻土帷幕的强度必然得到保证。

冻土帷幕模型网格划分见图 6-23。

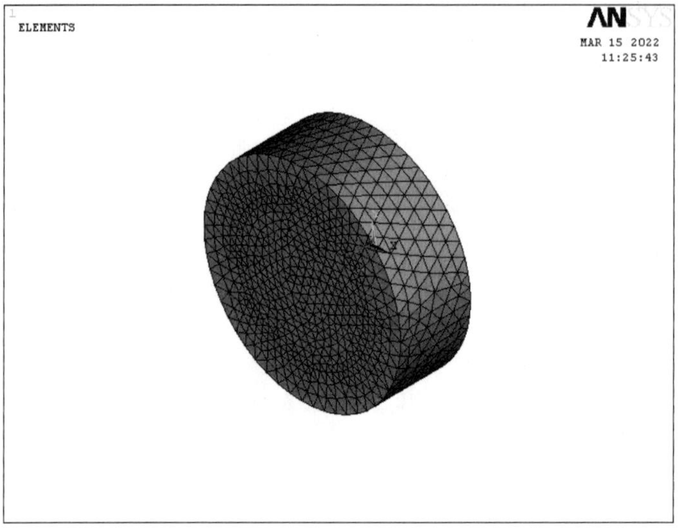


图 6-23　冻土帷幕模型网格划分图

板块加固体冻土帷幕剪应力、主应力云图见图 6-24 至图 6-28,单元最大主应力和最小主应力、剪应力见表 6-8,拉应力为正,压应力为负。

**表 6-8　单元最大主应力和最小主应力、剪应力表**　　单位:MPa

| 名称 | $\sigma_1$ | $\sigma_3$ | $\tau_{xy}$ | $\tau_{yz}$ | $\tau_{xz}$ |
|---|---|---|---|---|---|
| 最大值 | 0.35 | 0.01 | 0.11 | 0.24 | 0.22 |
| 最小值 | −0.22 | −0.65 | −0.11 | −0.19 | −0.21 |

从表 6-8 可以看出,最大、最小主应力值都很小,最大拉应力值为 0.35 MPa,最大压应力值为 0.65 MPa。最大剪应力为 0.24 MPa。强度验算见表 6-9。

**表 6-9　ANSYS 计算结果强度验算**

| 部位 | 应力名称 | 计算值/MPa | 指标 | 安全系数 | 安全系数指标 |
|---|---|---|---|---|---|
| 隧道接收洞体加固 | 最大拉应力 | 0.35 | 2.0 | 5.7 | 3.0 |
| | 最大压应力 | 0.65 | 3.6 | 5.5 | 2.0 |
| | 最大剪应力 | 0.24 | 1.5 | 6.3 | 2.0 |

根据以上计算强度验算结果,冻土帷幕的设计温度和厚度均满足强度要求。

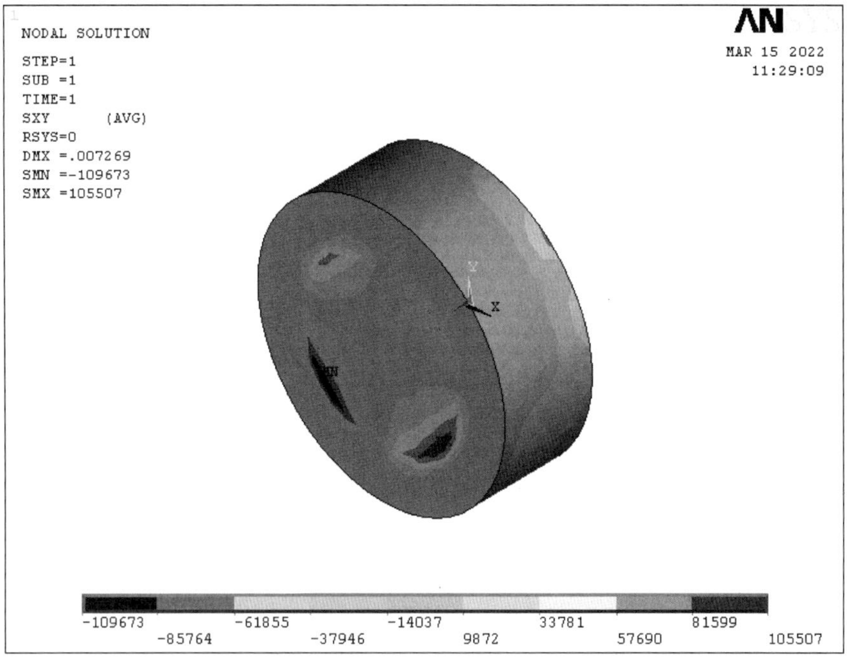


图 6-24 板块加固体冻土帷幕剪应力 $\tau_{xy}$ 分布云图

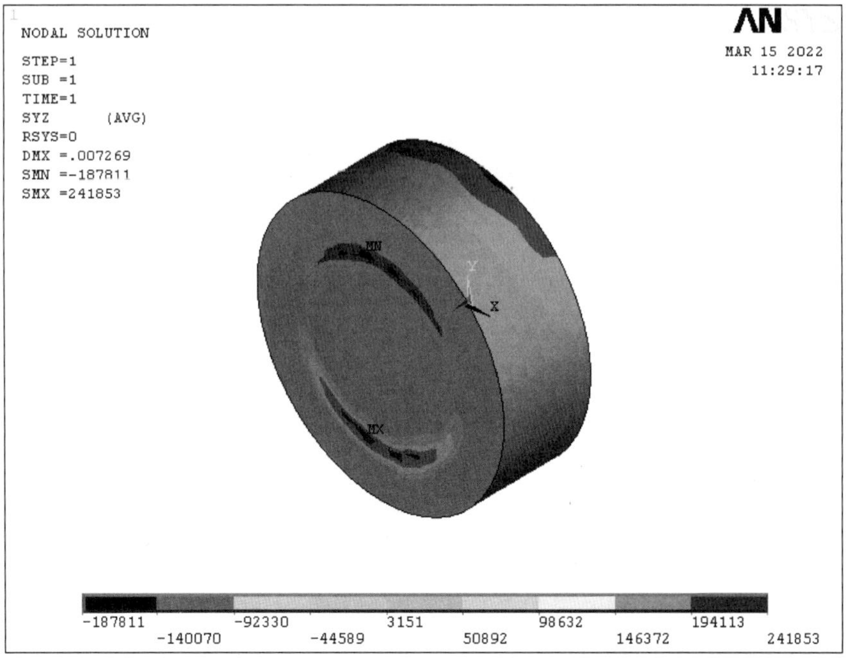


图 6-25 板块加固体冻土帷幕剪应力 $\tau_{yz}$ 分布云图

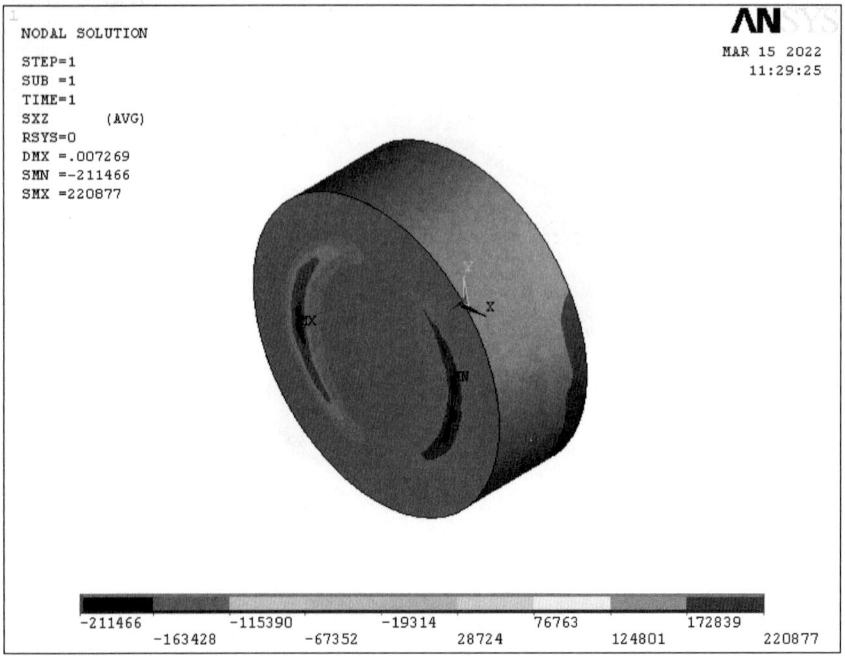


图 6-26　板块加固体冻土帷幕剪应力 $\tau_{xz}$ 分布云图

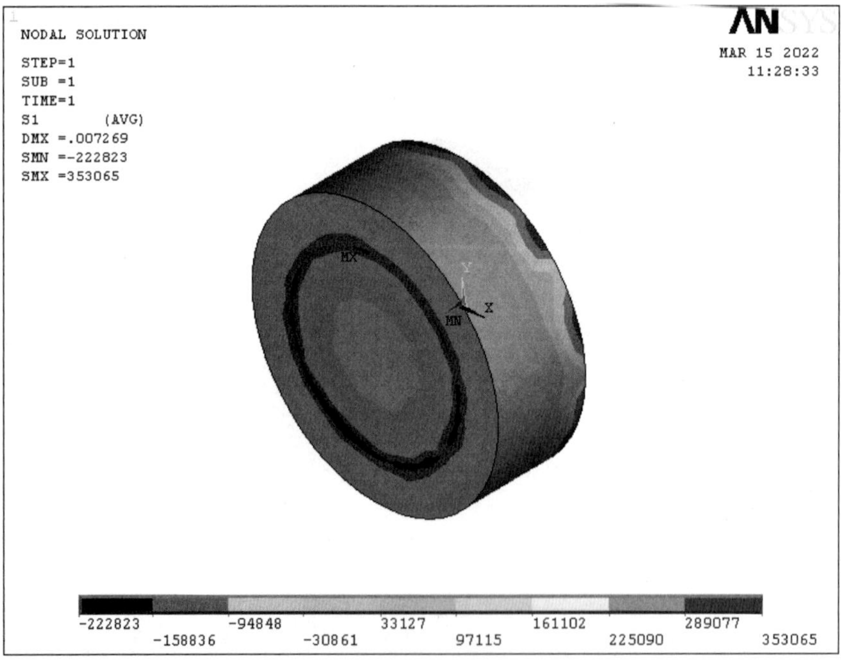


图 6-27　板块加固体冻土帷幕主应力 $\sigma_1$ 分布云图

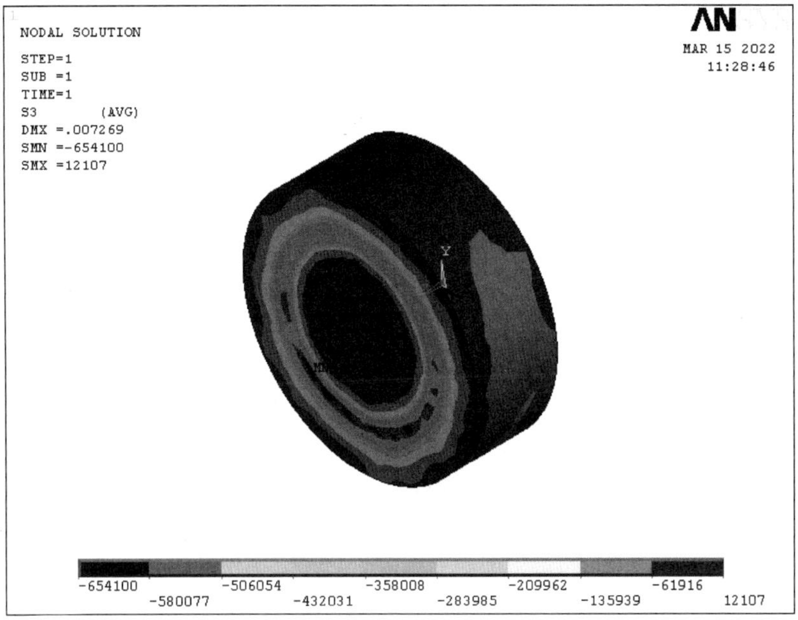


图 6-28　板块加固体冻土帷幕主应力 $\sigma_3$ 分布云图

(2) 解析计算。

假定加固体为整体板块而承受水土压力，运用日本计算理论计算加固体的厚度：

$$h=\left[\frac{K\beta\cdot p\cdot D^2}{4\sigma}\right]^{\frac{1}{2}}$$

计算得到冻土墙厚度为 1.81 m，相关数据及结果见表 6-10。

**表 6-10　运用日本计算理论的计算结果**

| 冻土平均温度/℃ | 冻土弯拉强度 $\sigma$/MPa | 水土压力 $P$/MPa | 加固体开挖内直径 $D$/m | 系数 $\beta$ | 安全系数 $K$ | 计算加固体厚度 $h$/m |
|---|---|---|---|---|---|---|
| −12 | 2.0 | 0.242 | 6.7 | 1.2 | 2.0 | 1.81 |

采用我国建筑结构静力计算理论公式进行验算，圆板中心所受最大弯曲应力计算公式为：

$$\sigma_{\max}=\frac{p\,(D/2)^2}{16}(3+\mu)\,\frac{6}{h^2}$$

计算结果见表 6-11。

**表 6-11　运用我国建筑结构静力计算理论的计算结果**

<table>
<tr><th>水土压力 $p$/MPa</th><th>加固体开挖内直径 $D$/m</th><th>冻土泊松比 $\mu$</th><th>计算加固体厚度 $h$/m</th><th>计算得加固体最大弯拉应力 $\sigma_{\max}$/MPa</th><th>冻土弯拉强度 $\sigma_{-10\,℃}$/MPa</th><th>安全系数 $K$</th></tr>
<tr><td rowspan="2">0.242</td><td rowspan="2">6.7</td><td rowspan="2">0.35</td><td rowspan="2">4.0</td><td>0.213</td><td>2.0</td><td rowspan="2">9.39</td></tr>
<tr><td colspan="2">$\sigma_{\max}\ll\sigma_{-10\,℃}$</td></tr>
</table>

剪切验算加固体厚度，沿槽壁开洞口周边验算加固体剪切应力：

$$\tau_{\max} = \frac{pD}{4h}$$

计算结果见表 6-12。

**表 6-12 剪切应力验算数据及结果**

| 水土压力 $p$/MPa | 加固体开挖内直径 $D$/m | 加固体厚度 $h$/m | 最大剪切应力 $\tau$/MPa | 冻土抗剪强度 $\tau_{-10\ ℃}$/MPa | 安全系数 $K$ |
|---|---|---|---|---|---|
| | | | $\tau_{\max}=0.224$ | $\tau_{-10}=1.5$ | |
| 0.242 | 6.7 | 1.81 | $\tau_{\max} \ll \tau_{-10\ ℃}$ | | 6.70 |

根据以上计算结果并结合类似工程冻结施工经验和设计原则，盾构接收冻结壁杯底厚度取 4.0 m，外圈维护冻结帷幕杯壁厚度取 2.0 m。

按弹性固定板计算冻结壁，弹性固定板计算简图见图 6-29。

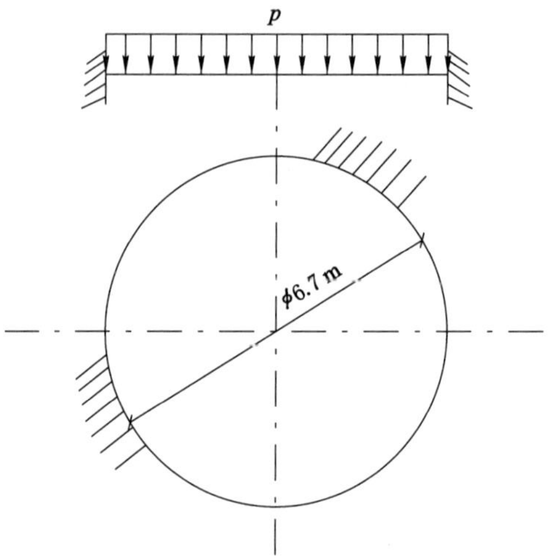


图 6-29 弹性固定板计算简图

板中最大弯拉、压应力：

$$\sigma_{\max} = \frac{3p\left(\frac{1}{2}D\right)^2(1+\mu)}{8h^2} = \frac{3\times 0.242\times(3.35)^2(1+0.35)}{8\times 4.0^2} = 0.086 < 2.0$$

安全系数：$K=2.0/0.086=23.3$。

式中 $p$——计算水土压力，取 0.242 MPa；

$D$——洞口凿除净直径，取 6.7 m；

$\mu$——冻结壁泊松比，取 0.35；

$h$——冻结壁厚度，取 4.0 m。

板中最大变形：

$$U_{\max} = \frac{3p\left(\frac{1}{2}D\right)^4(1-\mu^2)}{16Eh} = \frac{3\times 0.242\times 3.35^4\times(1-0.35^2)}{16\times 150\times 4.0} = 0.008$$

式中　$p$——计算水土压力,取 0.242 MPa;

$D$——洞口凿除净直径,取 6.7 m;

$\mu$——冻结壁泊松比,取 0.35;

$h$——冻结壁厚度,取 4.0 m。

$E$——冻结壁弹性模量,取 150.0 MPa。

根据上述计算,冻结壁平均温度可按 −12.0 ℃计算,有效厚度可达到 4.0 m。

取冻结壁厚度为 4.0 m,按有限元结构分析和经验公式计算,或按洞口周边抗剪计算,或按弹性固定板计算,均能满足强度、刚度要求。

4. 冻结设计参数

(1) 冻结帷幕。

① 设计冻结壁厚:“杯底”长度为 4.0 m,“杯壁”长度为 5.5 m,杯壁冻结壁有效厚度为 2.0 m,冻结壁设计平均温度不高于 −12 ℃,与地连墙交界面处温度≤−5 ℃。

② 积极冻结时,在冻结区附近 200 m 范围内不宜采取降水措施。在积极冻结前对冻结区附近 200 m 范围内进行排查,如有降水施工,应采取相应措施。在冻结区内土层中不得有集中水流。

③ 在洞门内及洞门圈四周敷设保温层。保温层采用阻燃(或难燃)的软质塑料泡沫保温材料,厚度 40 mm。导热系数不得大于 0.04 W/(m·K)。

④ 单座洞门设计积极冻结时间为 35 d(积极冻结时间可根据实际冻结效果进行调整)。要求冻结孔单孔流量不小于 5 $m^3$/h;积极冻结 7 d 盐水温度降至 −20 ℃以下;凿洞门前盐水温度降至 −30～−28 ℃,去、回路盐水温差不大于 2 ℃。如盐水温度和盐水流量达不到设计要求,应延长积极冻结时间。每米冻结管(包括冷冻排管)的设计散热量不应小于 100 kcal/h。内圈冻结孔冻结至地连墙凿除完成,剩最外层钢筋,拔管期间依次停冻;外圈冻结孔在盾构接收完成和洞门封堵完成后,方可停止冻结;停止冻结后,应尽快割除孔口管与冻结管,并进行回填。

⑤ 当施工中地层及环境条件与原设计依据资料有重大变化时,应及时修改冻结帷幕设计。

⑥ 冻结帷幕设计详见图 6-30。

(2) 冻结孔。

冻结孔按水平角度布置,见图 6-31,共布置 3 圈冻结孔和洞门正中 1 个冻结孔。A 圈冻结孔沿直径 8.2 m 的圆周边布置 33 个孔,深度 7.2 m。B 圈冻结孔沿直径 5.5 m 的圆周边布置 16 个冻结孔,深度为 4.8 m。C 圈冻结孔沿直径 2.7 m 的圆周布置 8 个孔,深度 4.8 m。洞门正中心的 1 个冻结孔深度为 4.8 m。冻结孔共 58 个,总长度为 357.6 m。

每个洞门在冻结范围内各布置 8 个测温孔,测温孔 T1～T4 的深度为 7.0 m,T5～T8 深度为 4.5 m,选用 $\phi$89 mm×8 mm 的 20# 低碳钢无缝钢管。为确保冻结加固区域的全面温度监测,此 8 个测温孔均设置在冻结孔钻孔完成后钻孔测斜结果的最大距离的薄弱区内,根据冻结测温监测系统进行实时监测,最终确定冻结壁的发展厚度与冻结效果。

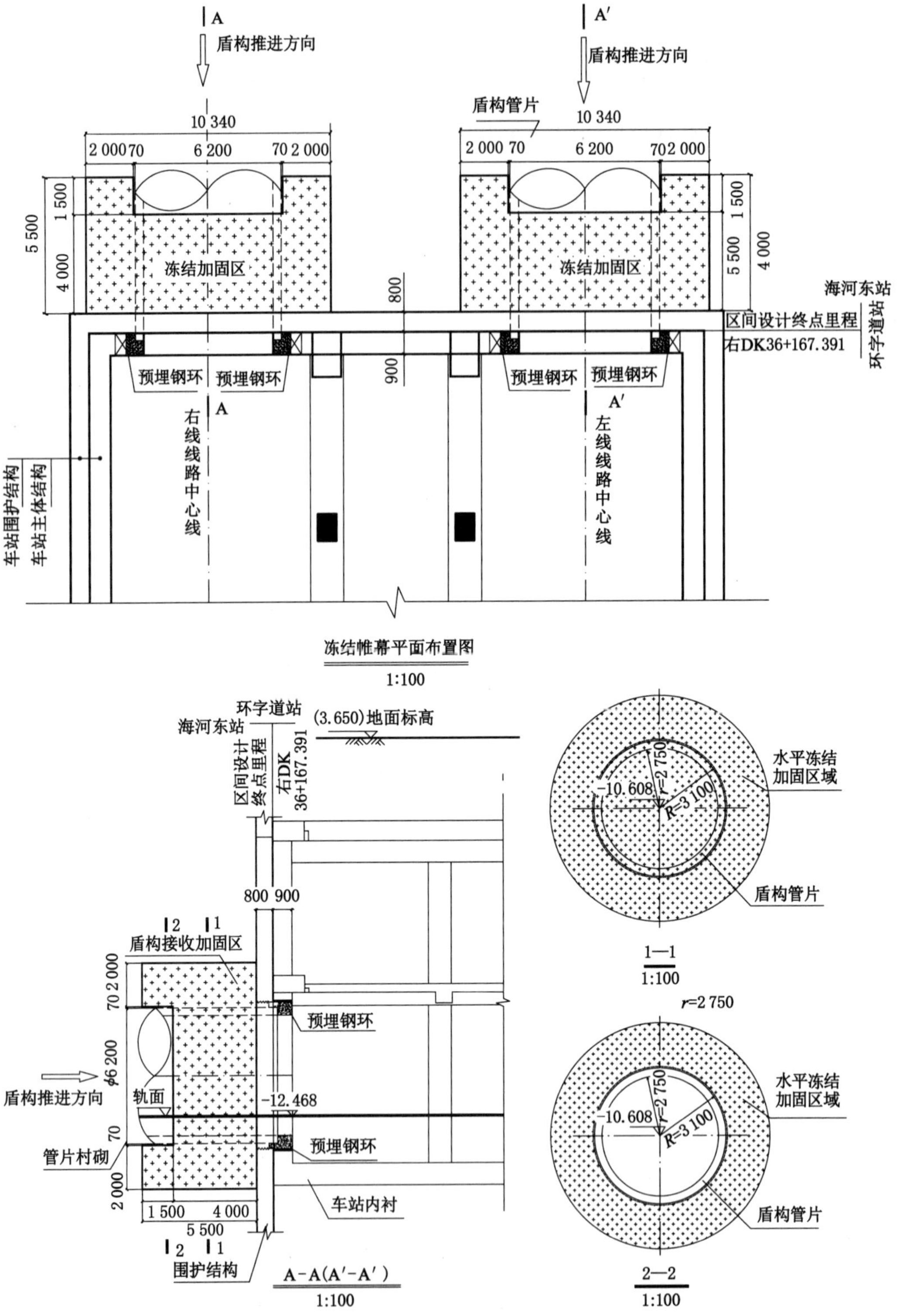


图 6-30　冻结帷幕设计平剖图

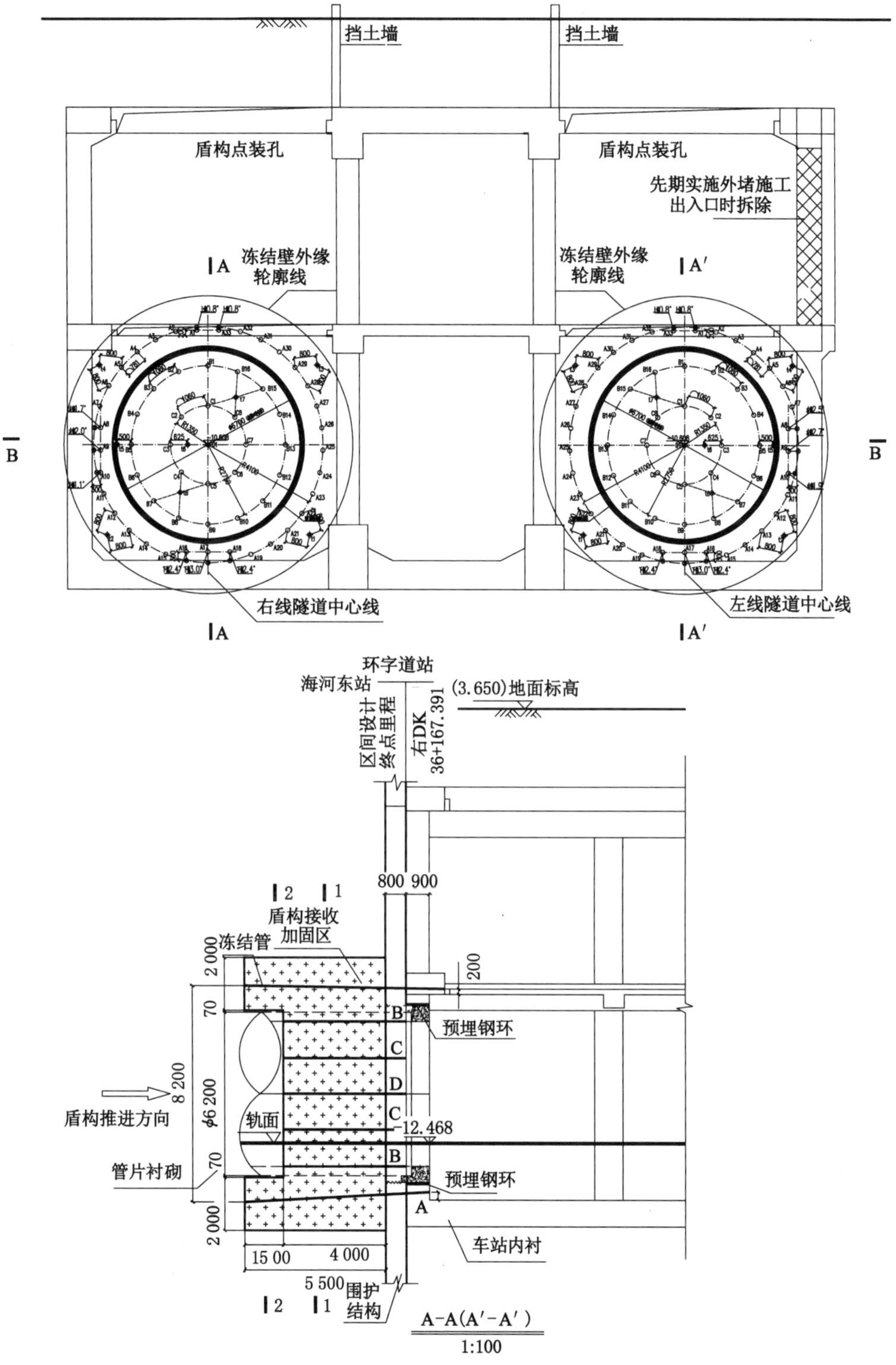


图 6-31　冻结孔布置平面图

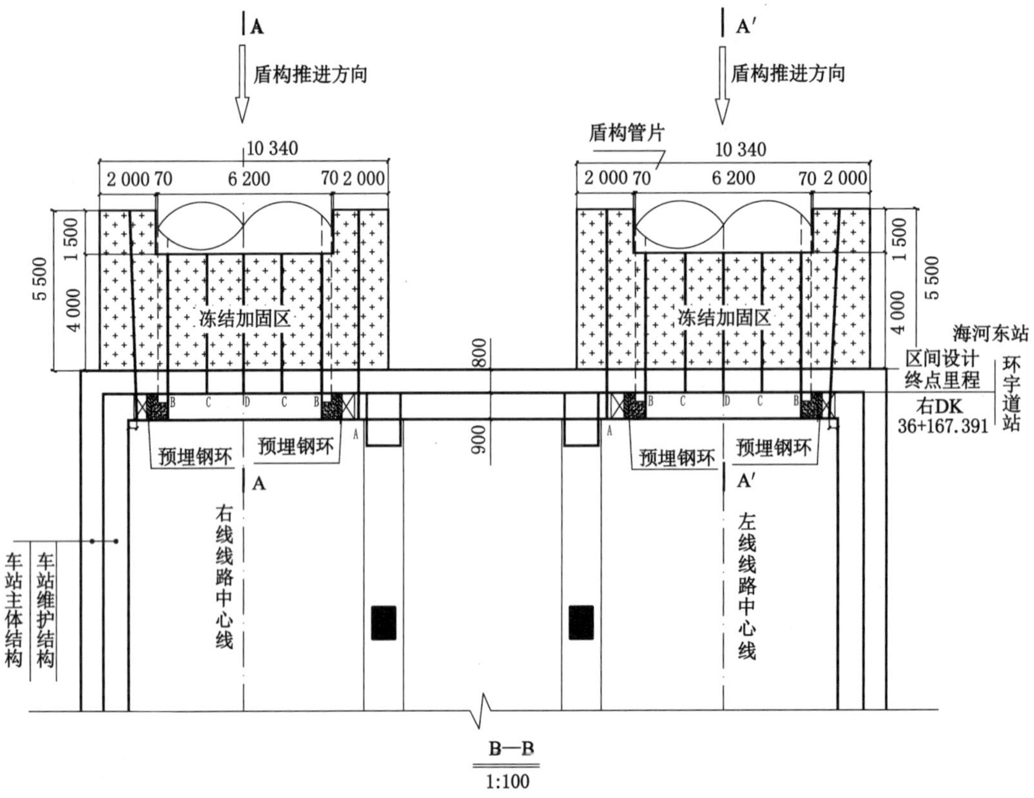


图 6-31(续)

(3) 制冷系统。

① 冷冻机的选择。

冻结需冷量的计算:

$$Q = 1.3 \cdot \pi \cdot d \cdot H \cdot K$$

式中 $H$——冻结管总长度;

$d$——冻结管直径;

$K$——冻结管散热系数。

经计算,单个洞门同时冻结需冷量 $Q$=39 000 kcal/h。

根据计算选用 JYSLGF300 型螺杆机组 2 台,其中 1 台备用。

② 冻结系统辅助设备。

盐水泵 2 台,IS150-315 型,流量为 240 $m^3$/h,电机功率为 30 kW,其中 1 台备用。

冷却水循环选用 IS150-315A 型清水泵 2 台,流量 240 $m^3$/h,电机功率 22 kW,其中 1 台备用。冷却塔选用 NBL-100 型 1 台。

冻结管选用 $\phi$89 mm×8 mm,丝扣连接后焊接。

测温孔管选用 $\phi$89 mm×8 mm 钢管。

供液管选用 $\phi$48 mm×4 mm,聚乙烯塑料管。

清水和盐水干管及集配液管选用 $\phi$165 mm×5.5 mm 有缝钢管。

③ 其他。

用电负荷:用电负荷约为 250 kW/h。

冷冻机油选用 N46 冷冻机油。

制冷剂选用氟利昂 R-22,冷媒剂选用氯化钙。

根据施工现场条件,把冻结站设在地面上,冻结站内设备布置平面图具体见图 6-32。

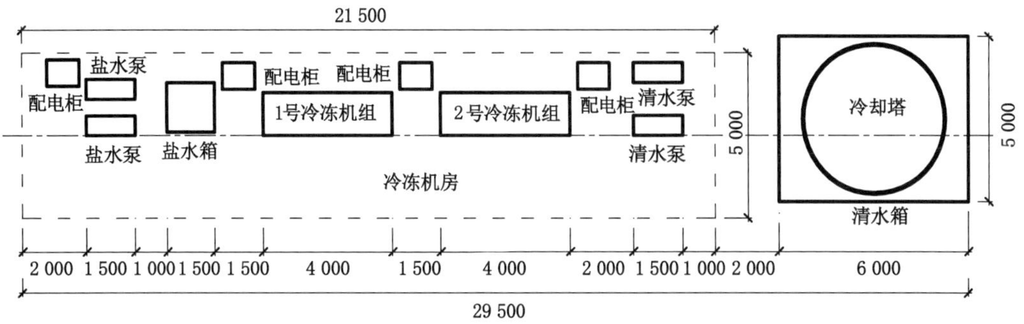


图 6-32 冻结站内设备布置平面图

冻结主要技术参数详见表 6-13。

**表 6-13 冻结主要技术参数**

| 序号 | 参数名称 | 单位 | 参数 | 备注 |
|---|---|---|---|---|
| 1 | 冻结孔深度 | m | 7.2/4.8 | 外圈/中圈、内圈 |
| 2 | 冻结帷幕设计厚度 | m | 4.0/2.0 | 杯底/杯壁 |
| 3 | 冻结帷幕平均温度 | ℃ | ≤−12 | 与地连墙交界处平均温度≤−5 ℃ |
| 4 | 冻结壁交圈时间 | d | 18～22 | |
| 5 | 积极冻结时间 | d | 35 | 积极冻结时间以实际冻结效果为准 |
| 6 | 外圈冻结孔个数 | 个 | 33 | |
| 7 | 中圈冻结孔个数 | 个 | 16 | |
| 8 | 内圈冻结孔个数 | 个 | 9 | |
| 9 | 冻结孔总长度 | m | 357.6 | |
| 10 | 测温孔总长度 | m | 46 | |
| 11 | 冻结孔开孔间距 | m | 0.781～1.080 | |
| 12 | 冻结孔允许偏斜量 | mm | ≤150 | |
| 13 | 设计最低盐水温度 | ℃ | −30～−28 | 冻结 7 d 盐水温度达到−20 ℃以下 |
| 14 | 单孔盐水流量 | $m^3/h$ | 5 | |
| 15 | 冻结管规格 | mm | $\phi$89×8 | 20# 低碳钢无缝钢管 |
| 16 | 测温管规格 | mm | $\phi$89×8 | 20# 低碳钢无缝钢管 |
| 17 | 孔口管规格 | mm | $\phi$133×6 | 20# 低碳钢无缝钢管 |
| 18 | 冻土预计发展速度 | mm/d | 26.0 | 向一侧发展 |
| 19 | 工况需冷量 | $10^4$ kcal | 3.9 | |

注:指单个洞门的参数。

（四）冻结施工

1. 工艺流程

“水平冻结孔临时加固土体，然后破除洞门、拔除盾构推进区域冻结管、盾构在钢套筒内接收”的施工方案的主要施工工序为：施工准备—冻结孔施工（同时安装制冷系统、盐水循环系统和检测系统）—积极冻结—探孔—凿除洞门（除最外一层钢筋）—盾构刀盘推进至距外圈冻结孔 10 m 处，盾构掘进区域内冻结管拔除并对冻结孔回填—割除洞门最外一层钢筋，钢套筒回填、密封—盾构刀盘进入冻土，向前推进—盾构接收和洞门封堵完成后，割除外圈冻结管并对冻结孔回填→进行融沉注浆。

冻结孔施工和冻结管的拔除施工为本工程的关键工序；冻结帷幕与地连墙的胶结为重要控制点；冻结温度检测、土体变形、压力监测及盾构推进施工为特殊工序。

2. 施工准备

盾构接收端头钻孔施工前需要搭设临时用的载人脚手架和钻孔脚手架。临时脚手架主要使用材料为 $\phi$48 mm，壁厚为 3.0 mm 的普通钢管，直角扣件及旋转扣件。搭设高度根据现场实际进行控制，最高不能大于 9.0 m。

载人脚手架为施工时仅用于工人操作并携带单人能提携质量（不大于 50 kg）的脚手架，如用于冻结器安装施工、冻结期间维护和巡查，载人脚手架设计最大步距不超过 1.8 m，横距不超过 1.2 m，纵距不超过 1.5 m，纵向横杆、横向横杆与立杆均使用直角扣件连接。外部设置纵向剪刀撑，剪刀撑与之相交的立杆使用旋转扣件连接，外部设置抛撑增加稳定性。具体设置见图 6-33、图 6-34。

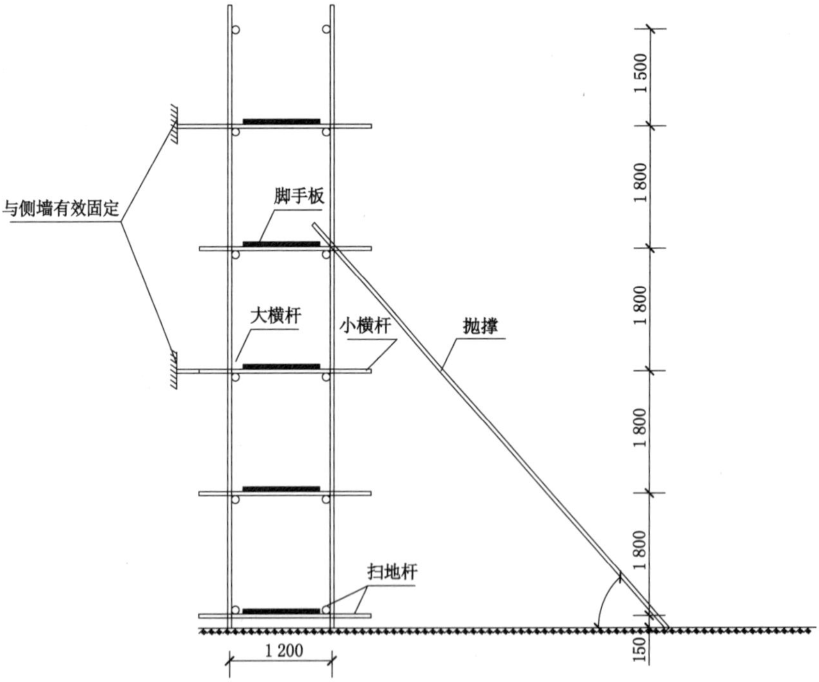


图 6-33　载人脚手架横断面示意图

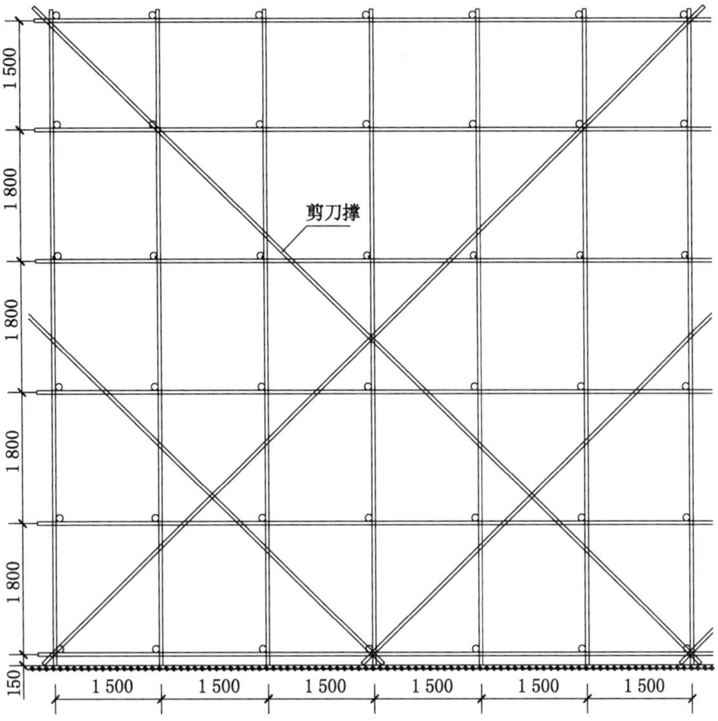


图 6-34 载人脚手架纵断面示意图

钻孔脚手架为施工时不仅需要上人操作，还需放置钻机支架的脚手架。钻孔脚手架在载人脚手架基础上另增加一排脚手架，仅用于放置钻机支架，另增加的钻孔脚手架设计最大步距不超过 1.8 m，横距不超过 3.0 m，纵距不超过 1.5 m。具体设置见图 6-35、图 6-36。

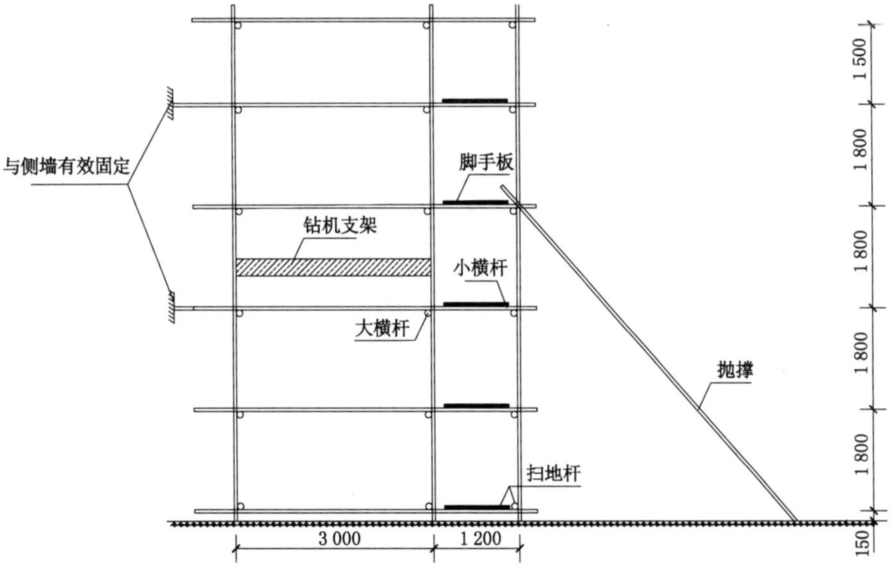


图 6-35 钻孔脚手架横断面示意图

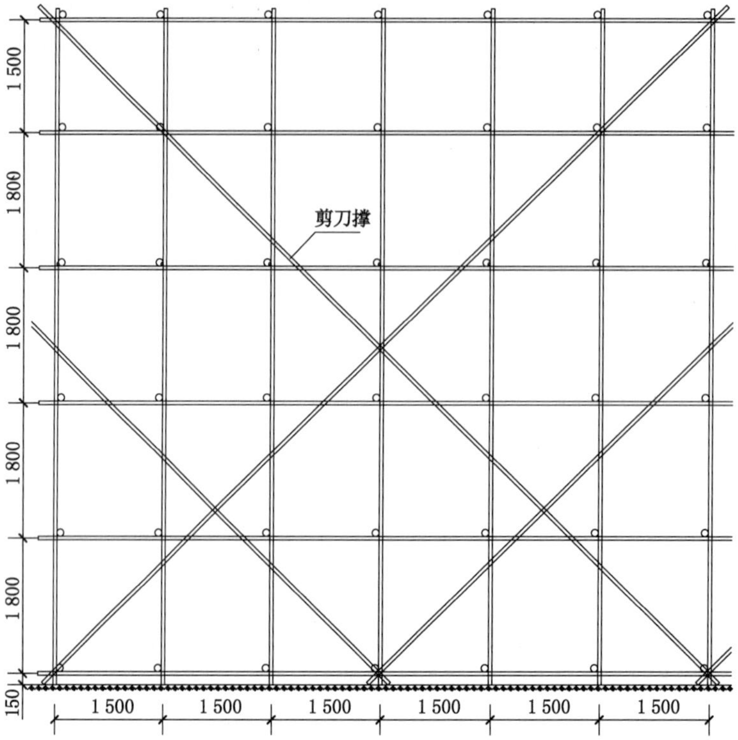


图 6-36 钻孔脚手架纵断面示意图

3. 钻孔施工

冻结孔施工工序为:定位、开孔及孔口管安装—孔口密封装置安装—钻孔—测量—打压试验。具体如下:

(1) 定位。

首先确定孔位,然后用开孔器(配金刚石钻头取芯)按设计角度开孔,开孔直径为 132 mm,当开孔深度到 500 mm 时停止取芯钻进,安装孔口管。孔口管的安装方法:将孔口处凿平,安装 4 个膨胀螺丝,孔口管的鱼鳞扣上缠麻丝、涂抹密封物,将孔口管砸进去,用膨胀螺丝上紧,装上 DN120 球阀,将球阀打开,用开孔器从球阀内开孔,一直将地连墙打穿,地连墙钻透后及时关好大球阀和小球阀。

(2) 孔口密封装置安装。

用螺丝将孔口装置装在球阀上,加上密封垫片,见图 6-37。

(3) 钻孔。

按设计要求调整好钻机方位角和俯仰角位置,固定密封装置。首先采用无泥浆钻进,当钻进不进尺时,调整为泥浆钻进,同时打开孔口装置上的旁通阀门,观察出水、出砂情况。钻机选用 MD-80 或 MD-120 型锚杆钻机,钻机扭矩为 2 000 N·m,推力 17 kN。

(4) 测斜。

利用全站仪或经纬仪结合灯光对每个成孔进行测斜,偏斜控制在 150 mm 以内,不宜内偏,测斜完毕绘制终孔测斜图。

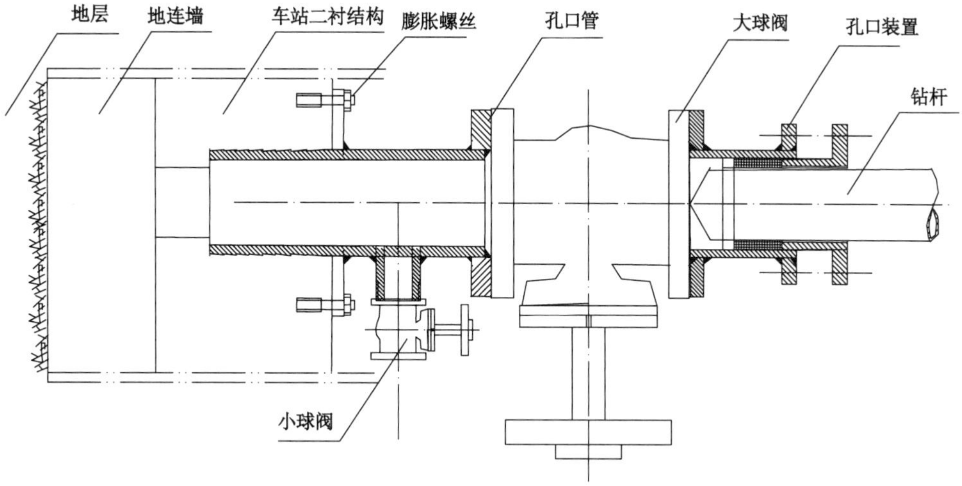


图 6-37　孔口密封装置

严格控制冻结孔成孔精度，根据测斜情况判断，若冻结管间距过大，则应增加补孔。

(5) 打压试验。

向成孔冻结管内注水进行密封试验，试验压力控制在 0.8 MPa。前 30 min 内压力下降到 0.05 MPa 以内，后 15 min 压力无变化，为合格。打压试验不合格时，应下放套管处理（两相邻冻结孔不可均下放套管）。

(6) 冻结管质量保证措施。

① 对冻结管进行外观检查，是否有夹渣、重皮、管子弯曲、椭圆及其他制造缺陷。

② 钻孔前由专人测量冻结管长度，按设计配好冻结管并编号，配管长度与设计长度偏差不得大于 50 mm。要明确编号，按冻结管的编号钻孔。成孔后进行测斜，并符合设计及规范要求。

③ 冻结管使用前，要清除管内铁锈、杂质。

④ 严禁用烘烤的方法使冻结孔内压力上升。

(7) 注浆。

每个冻结孔施工完成后，利用孔口管旁通阀，向地层内注单液浆改良地层。单液浆水泥强度等级为 P·O42.5 级，水灰比一般为 0.8～1。

注浆压力不大于静水压力，最大不超过 1.0 MPa；注浆流量宜控制在 15 L/min 左右。当单孔注浆压力达到 1.0 MPa 后，停止对该孔注浆，换其他未注的孔接着注。注浆期间，加强地面和管线、构筑物沉降监测。

4. 冻结系统的安装

(1) 冻结系统安装流程。

① 设备安装流程。

设备基础放样—施工设备基础（或锚固地脚螺栓）—设备就位、调平、固定—设备之间管路连接、电缆敷设—安装电控系统—冷冻机试漏—冷冻机充氟、加油—清、盐水箱加水—化盐—制冷系统试运转—盐水箱和冷冻机低温容器及管路保温。

② 管路安装流程。

主管路放样—安装管架—安装主管路—安装分支管路—安装压力表接口与温度插座—管路试漏—盐水管路保温。

(2) 安装准备工作。

① 制作盐水箱、清水箱、管架等加工件。

② 清理场地,设备(包括盐、清水箱)基础和主管线放样。根据实际场地情况对冻结站布置设计进行适当调整,以便于设备安装、操作,增加美观度。

(3) 设备安装。

① 冷冻机、水泵、冷却塔等设备应按照设备使用说明书的要求进行安装,并符合《机械设备安装工程施工及验收通用规范》(GB 50231)和《施工现场临时用电安全技术规范》(JGJ 46)等规范的有关规定。

② 冷冻机水平安装,底盘坐实,用楔铁找平。

③ 冷冻机和水泵固定后检查联轴器的间隙和同心度、轴封和盘根的松紧情况,确认满足设备安装技术要求。

④ 冷却塔安装检查布水器电机电缆接头是否绝缘、电机转动方向、布水器布水是否均匀。

⑤ 冷却塔与电器设备保证足够距离,防止水溅到电器上引发机电事故。

⑥ 盐水箱下垫 100 mm×100 mm×1 500 mm 方木,间距不大于 800 mm。方木之间充填 100 mm 厚聚苯乙烯保温板。

⑦ 按设备配电线路图连接供电电缆和控制电缆。确保设备的保护接地良好。

(4) 冻结站管路和检测仪表安装。

① 按照《工业金属管道工程施工规范》(GB 50235)和《现场设备、工业管道焊接工程施工质量验收规范》(GB 50683)等规范的要求安装管路。

② 按照冻结站设计图铺设管路。根据现场空间和设备位置适当调整管路布置,尽量缩短管路长度、减少管路弯头,并做到竖直横平、整齐美观。

③ 在连接管路和安装阀门前检查确认管内不留杂物,必要时进行除锈和吹扫。

④ 主要管路用 200 mm×200 mm 方木管架铺设在地面上,分支管路用"T"形钢管柱架空铺设,管架间距为 4～6 m。盐水干管坡度为 0.1%,在管路端头高处设 0.5 in 放空阀。

⑤ 阀门、压力表和温度计安装整齐,便于操作和读数。测温管采用 3 分钢管加工,埋设时管口向上,深度为水管直径的 1/3～1/2。

⑥ 管路采用水压试漏,注意管内不留空气,水温与环境温度基本一致。

⑦ 盐水管路经试漏后用 50 mm 厚橡塑保温筒保温,保温层外包扎塑料薄膜。盐水箱采用 50 mm 厚聚苯乙烯保温板保温。

⑧ 裸露管路涂刷防锈底漆和统一色彩的面漆。

(5) 冻结器连接。

① 冻结器头部盖板采用 6 mm 钢板,羊角头采用 $\phi$48 mm×3.5 mm 钢管加工。

② 羊角头与冻结管管壁焊接角度不大于 40°,各冻结器的羊角管焊接角度和软管连接整齐统一,避免管路出现硬弯增加盐水流动阻力。

③ 冻结器之间、冻结口与分配器之间用高压胶管连接。

④ 高压胶管外用 30 mm 厚软质橡塑保温筒保温，保温筒外缠裹塑料胶带。

(6) 冻结系统调试。

① 对制冷系统进行检漏和氮气冲洗，确保系统无渗漏，加油充氟。

② 在盐水箱中灌满清水，开泵循环冲洗管路，排空管路中的循环水。

③ 在盐水箱内注入约 1/4 的清水，开泵循环并逐步加入固体氯化钙。

④ 盐水相对密度达到 1.15 左右时开冷冻机。随着盐水温度降低再加入氯化钙，直至达到设计盐水相对密度。

⑤ 融化氯化钙时用筛网除去杂质。

⑥ 检查盐水水位报警器，确保其工作正常。

⑦ 测量各冻结器的盐水流量，调节控制阀门，确保各冻结器盐水流量符合设计要求。

⑧ 如发现个别冻结器或冷冻排管盐水流量随时间增加逐渐减小，表明管路中有积空气的情况，应及时增设放空阀。

⑨ 积极冻结和维护冻结期间，加强机房通风排热。

(7) 系统的保温。

为了减少冷量的损失，所有低温管路均需要保温，并保证保温层厚度不小于 40 mm。

由于混凝土导热系数较大，为了减少洞门内外的冷量损失，保证冻土与地连墙胶结的效果，对接收洞门周边地连墙及二衬表面进行保温，即敷设软泡沫板材料，厚度不小于 40 mm。

5. 积极冻结与维护冻结

(1) 积极冻结。

设备安装完毕进行调试和试运转。试运转时，要随时调节压力、温度等各参数，使机组在有关工艺规程和设计要求的技术参数条件下运行。冻结过程中，定时检测盐水温度、盐水流量和测温孔降温情况，必要时调整冻结系统运行参数。冻结系统运转正常后进入积极冻结，要求一周内盐水温度降至 −20 ℃以下。

(2) 维护冻结。

维护冻结从开始凿除洞门时起，至盾构完成接收止。维护冻结期间，各组冻结孔循环正常，以保证各测温孔温度不回升为准。

维护冻结过程中，加强冻结施工监测，确保冻结系统运转正常，及时研判冻土帷幕的状况。

6. 地下连续墙凿除

(1) 地下连续墙凿除条件。

① 积极冻结期间，冻结停止不超过 24 h。

② 各冻结孔盐水温度和去回路温差均符合设计要求，根据测温孔测温资料推算，冻结壁已交圈，冻结壁平均温度和厚度符合设计要求。

③ 冻结异常处打探孔进行温度检测(打探孔应注意避开冻结管)，洞门内部不同方位(九宫格方式)打探孔(深度 1 200 mm，孔径 50 mm)，进一步确认洞门是否安全。通过探孔探测土体温度和观察探孔的表征，探孔内无泥水涌出，且孔内土体坚硬。

④ 现场准备好水泥、水玻璃、双快水泥、棉纱、聚氨酯、注浆泵等应急材料与设备，确保

设备正常运行。

(2) 地下连续墙凿除施工。

冻结壁的厚度和强度达到设计要求后进行地下连续墙凿除施工。凿除过程中,如发现有渗水点,要及时进行封堵,停止凿除,重新保温继续冻结。

凿除时不能一次完成,分 3~5 层分层剥离,槽壁保留厚度不小于 300 mm,并保留钢筋,以保护冻土墙。

通过测温孔观测计算,并在槽壁上打探孔,确认冻土墙达到设计厚度及强度并与槽壁完全胶结后方可完全凿除。洞门凿除最后一层地连墙时间不应超过 1 d。

7. 冻结管拔除

(1) 拔管顺序。

盾构机已准备就位,且洞门凿除剩最外层钢筋时,拔除盾构掘进范围内的水平测温管、冻结管,拔孔先后顺序为 D 圈、C 圈、B 圈。拔除 D 圈冻结管时,C 圈、B 圈冻结管继续维持积极冻结。间隔拔除 C 圈、B 圈冻结管。拔除冻结管的同时,其他未拔除的冻结管继续维持积极冻结状态。从第一根冻结管开始,到所有冻结管拔除结束的总时间不超过 24 h。待拔管充填完成后迅速凿除最后一层地连墙,进行钢套筒回填和密封,然后盾构机靠近冻土壁,进行接收施工。

(2) 拔管方法。

用一个 2 $m^3$ 左右的盐水箱储存盐水,用 15~45 kW 的电热丝加热盐水。

利用流量为 50 $m^3/h$ 的盐水泵循环盐水,先用 30~40 ℃的盐水循环 5 min 左右,然后用 50~70 ℃的盐水循环 30 min 左右,当回路盐水温度上升到 25~30 ℃时,即可边循环边试拔。拔管过程中,对冻结管的热循环应适量,防止冻结壁过度融化。

利用手拉葫芦或卷扬机拉出,如拔出有困难,可先用两个 10 t 千斤顶架设在洞门上,水平向外顶推冻结管,具体操作见图 6-38。

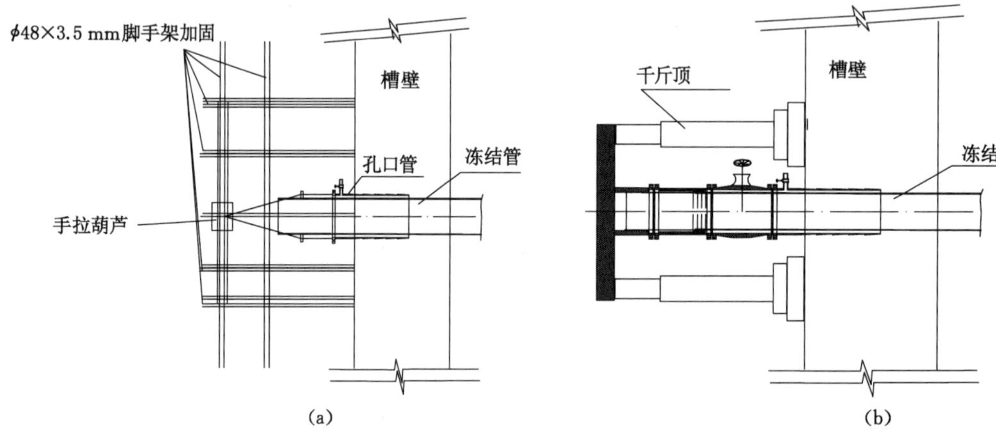


图 6-38 拔管示意图

(3) 冻结孔封堵。

冻结管拔除后应立即采用与冻结孔孔径匹配预冷的低强度水泥柱(或黏土柱)充填拔管后的孔洞。

8. 盾构接收

盾构推进区域的冻结管拔除并封堵完成后，割除地连墙最外层钢筋，盾构机刀盘向前推进至距冻结壁 3 m 处停机，进行钢套筒回填和密封施工。钢套筒密封完成，进行盾构接收。盾构接收过程中，应注意以下事项：

(1) 盾构机在接收过程中低速均匀推进，严格控制推进速度、扭矩及土仓压力。若推进过程中扭矩过大（大于 3 000 kN·m)，可向土仓中适当加入盐水。

(2) 盾构机穿越冻结壁过程中，为预防刀盘被冻住无法转动，刀盘靠近冻结壁后，开始连续低速转动刀盘，直至盾构机刀盘穿越冻土后再按照常规推进速度转动刀盘。若因机械设备故障造成盾构停机，为防止盾构刀盘和盾壳被冻结壁冻死，应每隔 10～15 min 将刀盘转动 3～5 min。一旦出现刀盘冻死情况，可采用鼓风机对前盾、土仓进行送风，以提高盾体周边温度，加速解冻，必要时向土仓内注热蒸汽解冻。

(3) 盾构机推进范围内的冻结管拔除后，盾构机应在 48 h 内完成接收。

(4) 盾构机进入冻结加固区后，应通过盾构预留注浆孔向盾壳和冻土之间充填惰性浆液。管片拼装至加固区后，开始逐环用双液浆向管片后注浆。

(5) 盾构接收过程中加强地表和管线沉降监测频率。

9. 冻结孔封堵

为了保证工程安全，盾构接收和洞门封堵完成后，冷冻停机之前，需对未拔除的冻结管进行割除并封堵。冻结孔封堵示意图见图 6-39。

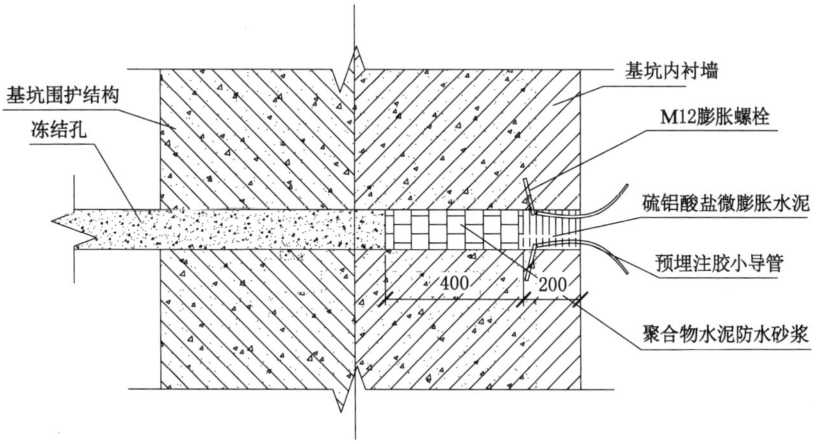


图 6-39　冻结孔封堵示意图

(1) 拔出供液管，切割 $\phi$89 mm 冻结管与 $\phi$133 mm 孔口管，割入深度不小于 60 mm。

(2) 向 $\phi$89 mm 冻结管中充填强度不低于 10 MPa 的砂浆，充盈量不低于 95%，充填深度不少于 2.5 m。砂浆的水灰比不超过 0.8，加入防冻剂和早强剂。

(3) 孔口处围护结构上打设 2 个 M12 膨胀螺栓，防止冻结管冒出。孔口充填微膨胀混凝土并预埋注浆导管，防止解冻后出现渗漏后便于进行注浆。

(4) 待冻土融化(15～20 d)，用环氧树脂对预埋注浆导管进行充填，待环氧树脂凝固后将软管割除。

(5) 预留软管割除后孔口用厚度为 12 mm 的钢板焊接密封，钢板后面充填环氧树脂，钢板周围通过植筋焊接固定，并对钢板进行防锈处理。

10. 融沉注浆

若地层沉降量大于 0.5 mm/d 或累计沉降量大于 3.0 mm 时，应进行融沉补偿注浆，地层隆起达到 3 mm 时应暂停注浆。

注浆配合隧道变形监测进行，利用盾构隧道管片上的预留注浆孔作为融沉注浆孔，注浆顺序为由下至上(即由隧道底部到隧道两侧再到隧道顶部)。融沉注浆采用单液水泥浆为主，水泥-水玻璃双液浆为辅，以少量、多次、均匀为原则，注浆压力不大于 0.5 MPa，注浆范围为整个冻结区域。水泥-水玻璃双液浆配合比为：水泥浆与水玻璃溶液体积比为 1∶1，其中水泥浆水灰比为 1∶1，水玻璃溶液采用 B35～B40 水玻璃加 1～2 倍体积的水稀释。

冻结壁已全部融化，且实测地层沉降持续 2 个月且每半个月不大于 0.5 mm，可停止融沉补偿注浆。

11. 收尾工作

盾构接收完成后，及时撤除冻结设备及其管路；整理、修整、清理施工现场，并用清水进行冲洗，不得有泥浆、油污和上道工序留下的施工设备。

### (五) 施工监测

应用人工制冷技术冻结加固盾构洞门周围的土体，使之发展为与地连墙胶结为一体的冻土结构，为盾构的接收施工创造一个可靠的围护结构。从钻孔开始到盾构接收完成的整个施工过程中，周边环境、隧道结构、加固地层经受冻结施工的影响。信息化施工监测为适时掌握和控制施工过程提供依据，是工程安全的重要保证。

1. 冻结孔监测

(1) 监测目的。监测冻结孔深度、偏斜和冻结器试压试漏情况，确保冻结孔深度、偏斜率、最大孔间距、冻结器试压试漏结果符合设计要求。

(2) 监测内容。对每个冻结孔钻孔深度、偏斜进行监测，对相邻两个冻结孔孔间距进行监测，对每个冻结器试压试漏。

(3) 监测方法。钻孔深度根据钻进时冻结管长度进行实际计算。冻结孔偏斜监测分为指导钻进偏斜监测和成孔偏斜监测，指导钻进偏斜监测每 3 m 测斜一次，成孔偏斜监测每孔必测。相邻两孔施工完成后，根据测斜成果绘出偏斜图，再找出最大孔间距。超过规定偏斜值的进行纠偏。

冻结器密封性能的耐压试验压力为 0.8 MPa，试压时间为 30 min，按规范要求试压。

(4) 监测仪器。冻结孔偏斜的监测使用水准仪、经纬仪进行。冻结器密封性能的监测采用管内注水、手动试压泵加压的方法。

(5) 监测记录。根据单孔测斜成果做成测斜记录汇总表，绘制测斜成果总平面图；根据冻结管试压试漏情况做打压记录汇总表等。

2. 制冷系统运转监测

(1) 监测目的。监测冷冻站制冷系统的温度、压力等运转参数以及盐水箱液位，分析冻结制冷系统运转情况，及时调整冷冻机组参数，确保其安全、高效运行。

（2）监测内容。监测内容：机组供液量、温度、压力；蒸发温度、压力；排气温度、压力；盐水液位等。各监测点位置见图 6-40。

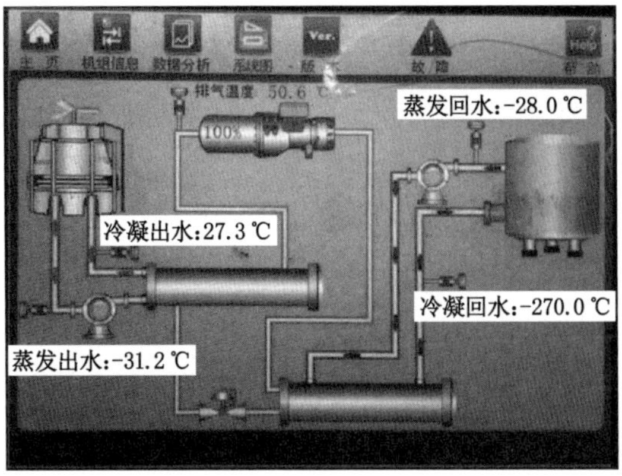


图 6-40　制冷系统监测点位详图

（3）监测方法和仪器。监测内容通过采集安装的测温元件、压力计等数据获得相关运转参数。通过液位计获得盐水液位情况。

（4）监测频率和记录。监测内容运转开始后每 2 h 监测 1 次，直至停机。根据冻结站各种运转日志，绘制盐水降温曲线等。

（5）监测报警值监测内容冷冻机组排气温度：＞90 ℃时自动停机。

冷冻机组蒸发温度：＜－35 ℃时自动停机。

冷冻机组排气压力：＞1.6 MPa 时自动停机。

冷冻机组吸气压力：＜0.05 MPa 时自动停机。

盐水箱液位：±5 mm。

3. 冻结器工作状况监测

（1）监测目的。监测冻结器工作状态，及时调整盐水流量的分配，使得各冻结器去路和回路温度均衡，确保各冻结器工作正常。

（2）监测内容。冻结器去路和回路温度。

（3）监测方法。在每组冻结器回路头部处，各布置 1 个测温点，自开机至停机每天 24 h 巡回监测，获取盐水的温度差。

（4）监测仪器。温度传感器、数据采集器、计算机等。

（5）监测记录。冻结器头部去路和回路记录表，冻结开始每 2 h 监测 1 次。

4. 冻结壁监测

（1）监测目的。推算冻土的发展速度及冻结帷幕的平均温度，确定冻土向内和向外发展范围。

（2）监测内容。测温孔温度。

（3）监测方法。冻结帷幕内外共布置 8 个测温孔，每孔内隔 1～3 m 布置 1 个测温点，且每个测温孔内的测点布置数量均不少于 3 个，测温传感器为 2 mm×0.5 mm 的铜-康铜双绞线，型号 CWR-2 型，经标定校核后，接入数据采集器，最后集中接入微机管理系统。

(4) 监测仪器。硬件由计算机、调制解调器、光电隔离器、数据采集器、温度传感器(热电偶)、打印机等组成。

每台上位计算机可控制 15 台数据采集器,每台数据采集器可带 6 个通道扩展模块,每一个通道扩展模块可接 36 个测点,整个系统最多可接 3 240 个测点。

采用专用冻结温度场监测系统软件包,软件包为菜单式用户界面,人机对话方便,数据自动打印、存储,同时可方便地将测量数据进行远距离传送。

(5) 监测记录。测温孔温度记录自冻结开机开始 1 次/d,直至停止冻结。接收期间加密至 1 次/2 h。

5. 地表及构筑物、管线沉降监测

(1) 测点布设。① 地表。在隧道两侧地面 20 m 范围内布设监测点,地面沉降监测点布置见图 6-41。

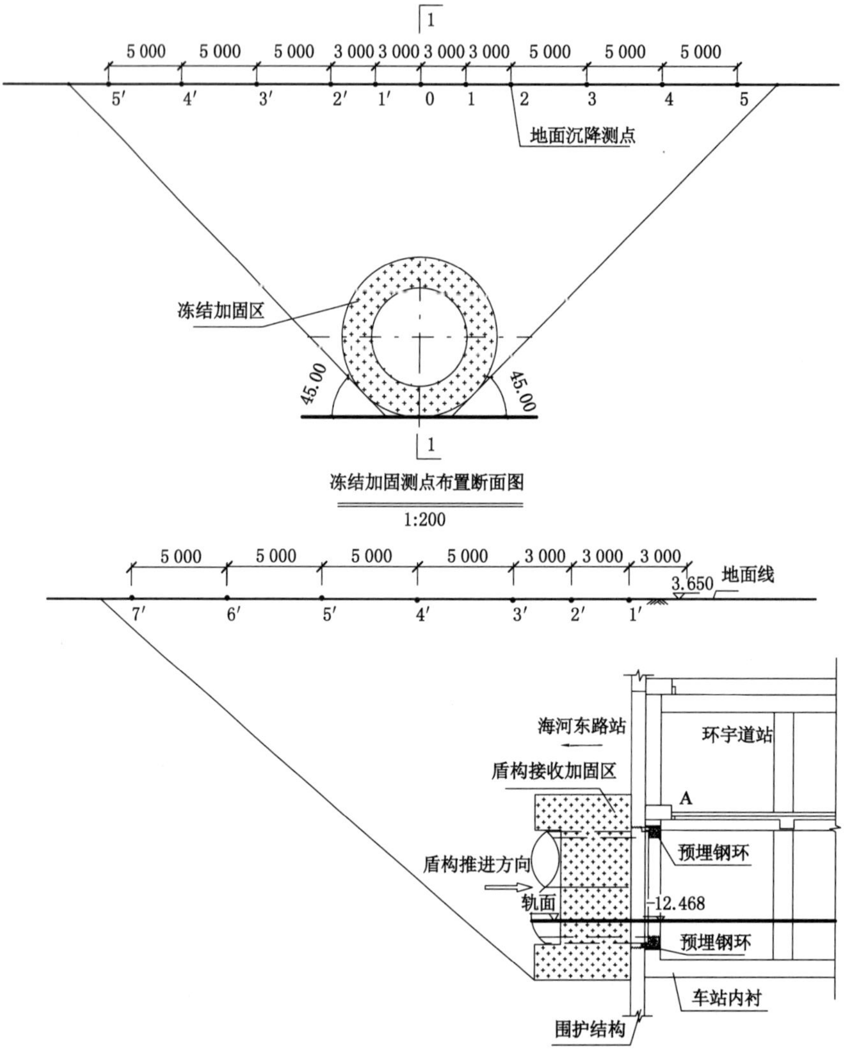


图 6-41　监测剖面示意图

② 构筑物。影响范围内的建筑物四角承重柱上使用植筋胶粘贴沉降钩。

③ 管线。根据《城市轨道交通工程监测技术规范》(GB 50911)的相关要求,地下管线位于主影响区时测点间距为 5～15 m,地下管线位于次要影响区时间距为 15～30 m。

监测点布置在管线的节点、转角点和变形曲率较大的部位,主影响区内监测点平面间距为 5～15 m,次影响区内监测点平面间距为 15～30 m,并延伸至隧道埋深 1～2 倍深度范围内的管线。

给水管线利用阀门开关及检查井等管线设备作为监测点,其余部位均采用间接布点法进行测点埋设。测点布设时,用水钻在路面上开孔,穿透路面硬化层后在孔内土体放入直径为 18～20 mm 的螺纹钢。螺纹钢入土深度原则上达到管顶位置,以不破坏管线为宜。

(2) 仪器设备。采用 LEICA NA2 型水准仪及附设,该仪器精度:±0.3 mm/km。

(3) 测量方法。沉降监测从水准控制点出发按三、四等水准测量要求测量各监测点的高程,测量闭合差小于 $\pm 0.5\ \mathrm{mm}\times\sqrt{N}$($N$ 为测站数)。前后两次测量值之差为本次沉降变化量,测量值与初值之差为累计沉降变化量。

通过监测建筑物沉降来计算建筑物差异沉降值与建筑物宽度的比值,即可得到建筑物的倾斜角度。建筑物差异沉降值可通过同一建筑物上不同监测点的沉降值、监测点的水平距离、建筑物宽度的关系求得。建筑物沉降计算示意图见图 6-42。

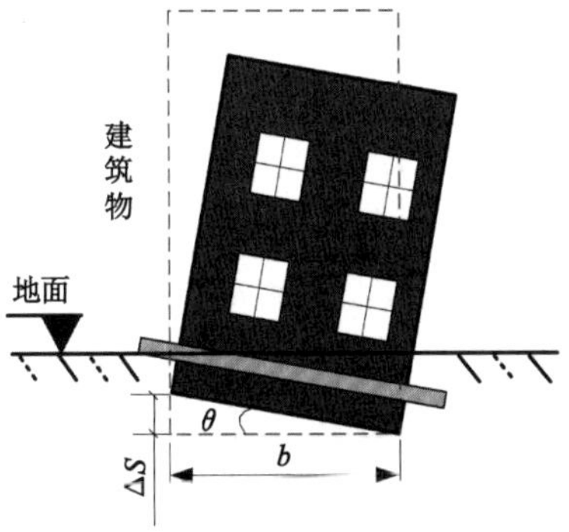


图 6-42 建筑物沉降计算示意图

(4) 周边环境监测控制值。周边环境监测控制值见表 6-14。

**表 6-14 周边环境监测控制值**

<table>
<tr><th rowspan="2">序号</th><th rowspan="2" colspan="3">监测项目</th><th colspan="2">控制值</th></tr>
<tr><th>变化速率/(mm·d$^{-1}$)</th><th>累计/mm</th></tr>
<tr><td>1</td><td colspan="3">地表位移</td><td>±3</td><td>+10～−30</td></tr>
<tr><td>2</td><td rowspan="3">管线位移</td><td rowspan="2">刚性管道</td><td>压力管道</td><td>±2</td><td>±10</td></tr>
<tr><td>3</td><td>非压力管道</td><td>±2～±3</td><td>±10</td></tr>
<tr><td>4</td><td colspan="2">柔性管线</td><td>±3～±5</td><td>±10</td></tr>
<tr><td>5</td><td colspan="3">临近建(构)筑物垂直位移</td><td>±2</td><td>10～30</td></tr>
</table>

注:建筑整体倾斜度累计值达到 2/1 000 或倾斜速度连续 3 d 每天大于 0.000 1$H$($H$ 为建筑物承重结构高度)时报警。

6. 隧道变形监测

隧道变形监测包括成型隧道管片的水平及垂直方向的变形监测。

(1) 基准点布设。在隧道 40 m 以外的稳定区域分别布设水平位移检测基准点和两个垂直基准点(其中一个作为复合点),见图 6-43。

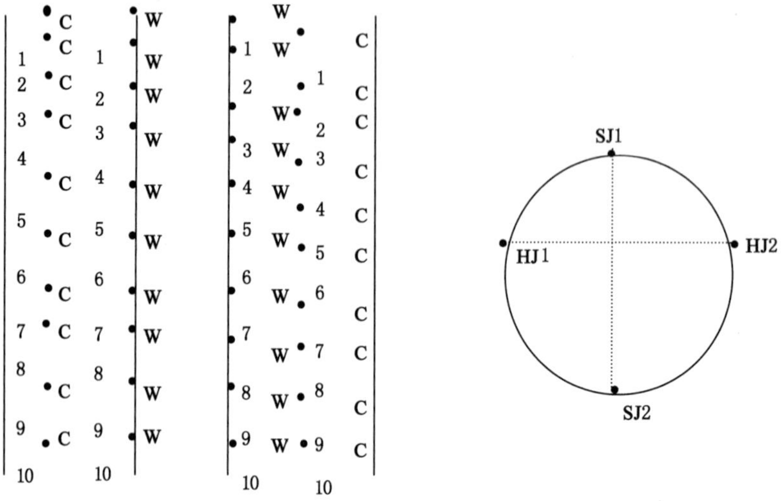


图 6-43 隧道变形测点布置图

(2) 位移测点布设。在隧道一侧 20 m 范围内对隧道管片水平及垂直方向的变形进行监测,测点间距为 2 m,测点用道钉打入管片内固牢。

所用的仪器设备主要有:LEICA NA2 型水准仪及附设,精度为±0.3 mm/km;J2 型经纬仪,精度为测角±2″;特制直尺,长度 8 m,精度为±0.5 mm。

(3) 测量方法。隧道内各测点的位移监测,使用电子经纬仪结合水准仪。

水平位移检测方法:将经纬仪安置在基准点上,用视准直线法测量各测点到视准线的距离,以开工前两次测量的平均值作为起始值,以后每次的测量值与之比较得到本次位移量和累计位移量。

隧道管片垂直位移的测量方法:将特制的长 8 m 的直尺分别置于同一环片上、下两测点上,用水准仪分别读取两次读数,相加即为直径,同样以开工前两次测量的平均值为初值,以后测量的结果与初值比较计算出隧道管片垂直方向的变化量。

相关监测频率见表 6-15。

**表 6-15 监测频率**

| 监测内容 | 监测频率 | | | 融沉注浆 |
|---|---|---|---|---|
| | 钻孔期间 | 冻结期间 | 接收期间 | |
| 综合管线垂直位移监测 | 1 次/d | 1 次/d | 2 次/d | 前 3 个月 1 次/(2～3)d;<br>第 4、5 个月 1 次/(5～7)d;<br>第 6 个月 1 次/(7～10)d |
| 邻近建(构)筑物垂直位移监测 | 1 次/d | 1 次/d | 2 次/d | |
| 地表剖面垂直位移监测 | 1 次/d | 1 次/d | 2 次/d | |
| 隧道位移监测 | 1 次/2 d | 1 次/d | 2 次/d | |

## 三、盾构隧道洞门垂直冻结施工案例

### (一) 工程概况

上中路越江隧道采用大直径泥水平衡盾构外径为 14.87 m,盾构长度为 12.6 m。洞口中心埋深为 16.25 m。盾构出洞时在工作井槽壁上破洞口直径为 15.2 m。钢筋混凝土槽壁厚度为 1.2 m,盾构出洞后下行坡度为 4.5%。

### (二) 地质条件

盾构出洞推进时其上部覆盖表土层自上而下为人工填土、②1 褐黄-灰黄黏土、②3 灰色砂质黏土和③灰色淤泥质、粉质黏土。盾构刀盘切割断面内土层为④灰色淤泥质黏土、⑤1 灰色粉质黏土和⑤2 灰色砂质黏土。盾构下口以下的直接土层为⑤2 层土和⑤3 灰色粉质黏土。盾构下口距⑦1-1 草黄色黏质粉土的顶板约 5.6 m。

### (三) 冻结设计

科学合理布置冻结孔是方案取得良好冻结效果的基础,冻结孔平面布置图见图 6-44,剖面图见图 6-45。

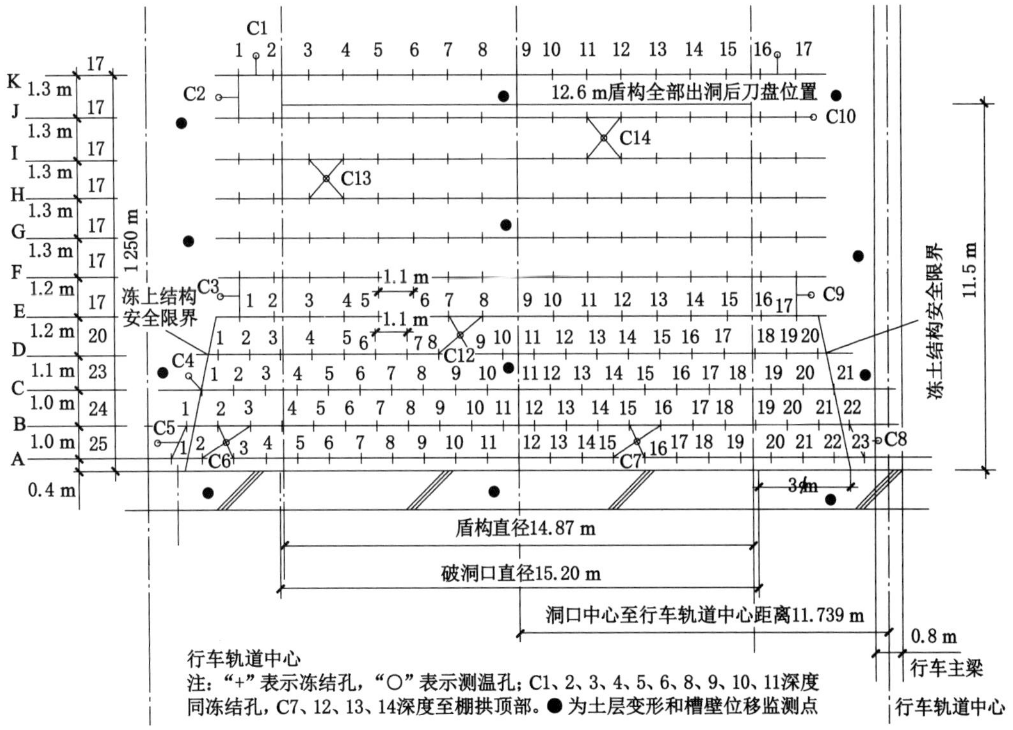


图 6-44 冻结孔平面布置图

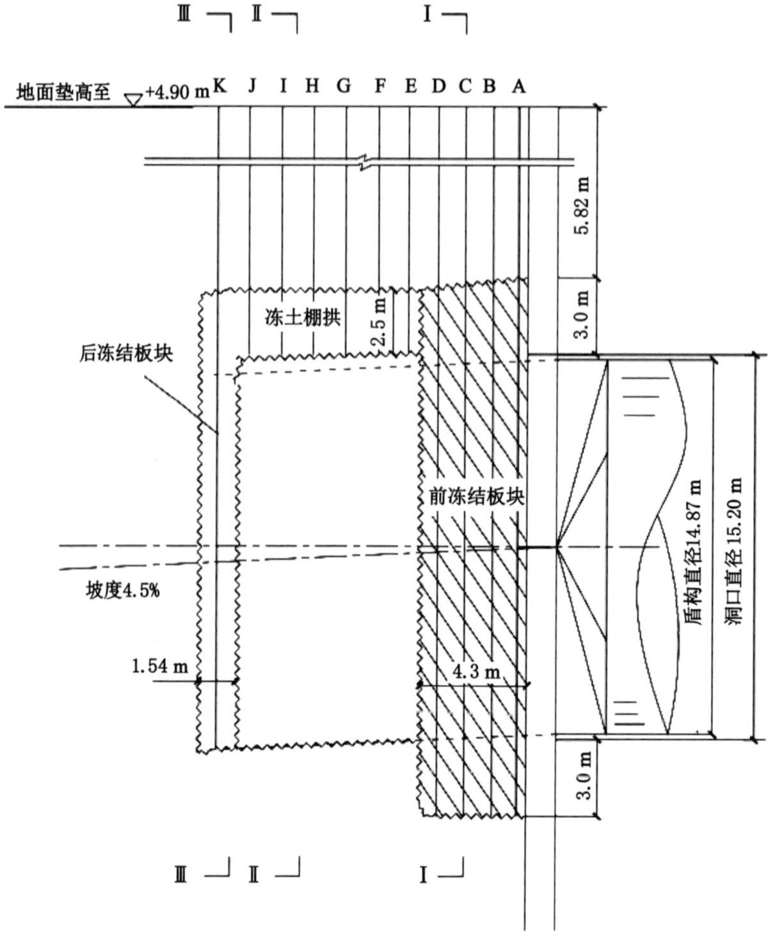


图 6-45　冻结孔剖面图

整个冻结区域共布置冻结孔 11 排，计 205 个，测温孔 14 个。

前冻结板块区内布置 A、B、C、D 4 排冻结孔，A 排 23 孔，B 排 22 孔，C 排 21 孔，D 排 20 孔。A、B 排孔深度 26.7 m，5.8～26.9 m 为局部冻结。由于向下坡度，C、D 排深度增至 27.0 m，5.8～27.0 m 为局部冻结。见图 6-46。

棚拱区冻结管布置从 E 排至 J 排共 6 排，J 排冻结孔深度从长 9 m 弧线变化到 24.5 m，局部冻结深度由 5.8～8.5 m 变化到从 5.8～24.1 m。见图 6-47。

K 排冻结管为外冻结板块冻结管深度 24.2 m，局部冻结从 5.8～24.2 m。

从 E 排至 K 排，7 排冻结管每排 17 孔，计 119 个冻结孔。由于采用大口径冻结管，冻结管的排距从里向外逐渐增大，由 1.0 m 变化到 1.3 m。排内的孔距由 1.0 m 变化到 1.1 m。见图 6-48。

冻结参数见表 6-16。

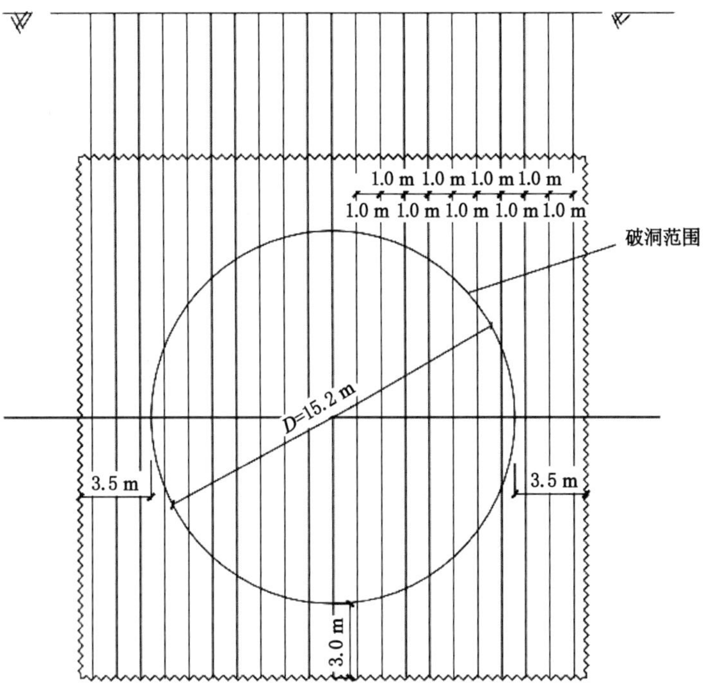


图 6-46 前冻结板块Ⅰ-Ⅰ剖面图(冻结管 A～D 排)

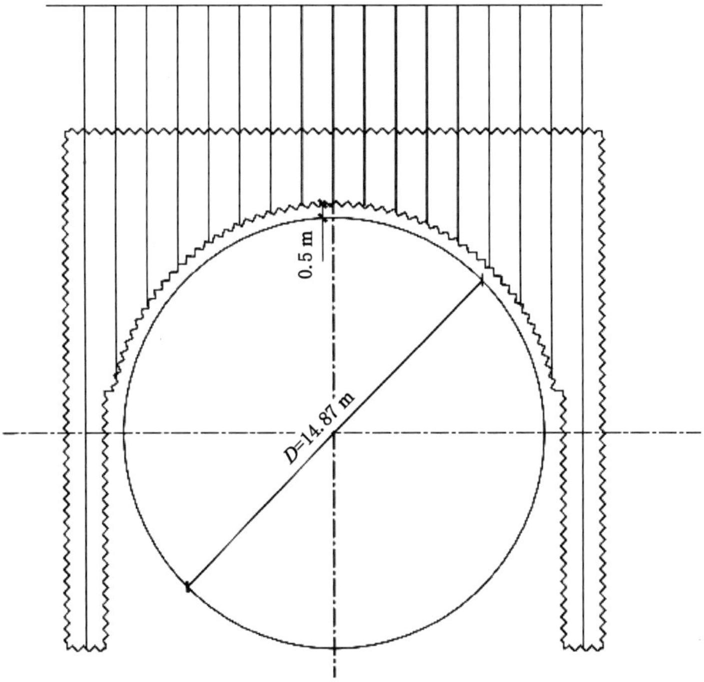


图 6-47 冻结棚拱Ⅱ-Ⅱ剖面图(冻结管 E～J 排)

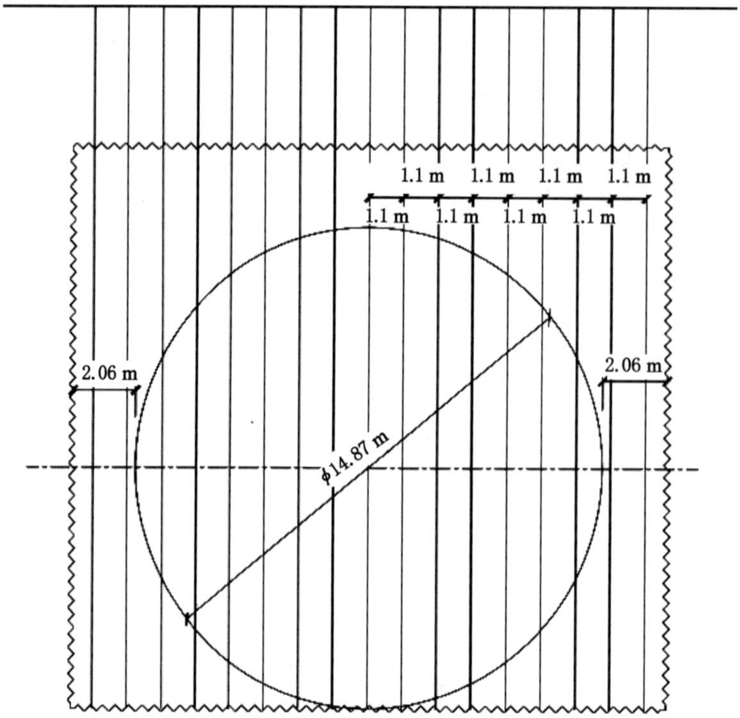


图 6-48　冻结板块Ⅲ-Ⅲ剖面图(冻结管 K 排)

**表 6-16　冻结参数一览表**

| 序号 | 参数名称 | 单位 | 数量 | 备注 |
|---|---|---|---|---|
| 1 | 冻结深度 | m | 26.9 | |
| 2 | 冻土墙设计厚度 | m | 4.3 | |
| 3 | 冻土墙平均温度 | ℃ | −10 | |
| 4 | 积极冻结时间 | d | 45 | 从开冻至可以盾构出洞 |
| 5 | 全部冻结时间 | d | 55 | 从开冻至冻结结束 |
| 6 | 冻结孔数 | 个 | 205 | |
| 7 | 冻结孔开孔间距(A～D 排孔) | m | 1.0/1.0 | 排距 1.0 m、1.1 m,孔距 1.0 m |
| 8 | 拱棚冻结孔开孔间距(E～J 排) | m | 1.2/1.1 | 排距 1.2 m,孔距 1.1 m |
| 9 | 冻结孔与槽壁间距 | m | 0.4 | |
| 10 | 冻结孔平均偏斜率 | % | 0.5 | |
| 11 | 设计最低盐水温度 | ℃ | −32～−25 | 冻结 7 d 盐水温度达到−20 ℃以下 |
| 12 | 单孔盐水流量 | $m^3/h$ | 5 | |
| 13 | 主要冻结管规格 | mm | $\phi$127×4.5 | 20# 低碳钢无缝钢管 |
| 14 | 测温孔 | 个 | 14 | $\phi$80 mm×3 mm |
| 15 | 冻结总制冷量 | kcal/h | $4.6\times10^5$ | 工况条件 |
| 16 | 最大用电量 | kW | 700 | |
| 17 | 用水量 | $m^3/h$ | 50 | 新水补充 |

（四）施工情况

采用 XY-2 型钻机钻进施工冻结孔，冻结管采用外管箍焊接。冷冻站放在端头井附近，通过测温孔监测，确定冻结帷幕交圈、冻结壁与槽壁完全胶结，并达到设计强度、厚度后，探孔观测无水，且探孔内温度在－3 ℃以下，经过验收合格后破槽。采用风镐将开口处的混凝土连下墙按洞口断面尺寸凿除。开凿时先将地下墙表层钢筋剥除，将地下墙沿厚度方向凿除 0.9 m 保留 0.3 m，盾构机顶进安装密封环后，将靠近槽壁的一排冻结管拔除并注水泥、黄砂，依次拔除后一排冻结孔并灌注水泥、黄砂。

（五）结语

盾构机顺利出洞，根据实测温度数据，冻结壁平均发展速度为 31.3 mm/d，地表变形满足设计要求。本案例洞门采用冻结板块＋门型棚拱综合冻结方案，方案包括两个冻土板块。其一是位于洞口前的冻结板块，保证安全出洞，它具有冻结过程吸收变形和调整减小冻胀力的机制。其二是后冻结板块，位于盾构机完全出洞后的刀盘前，用于保证封堵洞口施工盾构机停滞时前方土体稳定。两个冻结板块之间为冻结棚拱，其作用是保证盾构机进入正常推进前建立压力泥浆系统，进入正常工况，从而减少盾构机出洞风险。类似相关工程可根据洞门埋深、不同地层条件、止水和抗压要求以及进、出洞不同工况来选择冻结方案。

## 四、甘肃引洮供水一期工程总干渠 7# 隧洞 TBM 脱困施工案例

（一）工程概况

甘肃引洮供水一期工程总干渠 7# 隧洞工程施工采用 TBM（隧洞掘进机）施工，掘进过程中被卡，对总干渠 7# 隧洞中部剩余洞段中 TBM 卡机工作面（桩号 57＋835.00）～58＋055.00，总长 220.00 m 主洞段采用全线“冻结法”开挖掘进并一次支护施工，同时对卡机 TBM 采用“冻结法”实施解困。在水利工程中首次实施了地下工程的人工冻结法施工。

（二）地质条件

围岩由上第三系临夏组疏松砂岩及上第三系临夏组泥质粉细砂岩、砂质泥岩构成，局部夹泥钙质胶结的砂岩、含砾砂岩。围岩成岩差，结构疏松，强度低，属极软岩，弱透水，水理性差，遇水极易软化、崩解，饱水具流变特征，工程地质性质极差，判定围岩属极不稳定的Ⅴ类围岩。

（三）冻结设计

根据施工特点和施工先后顺序，将整个冻结范围分成四个施工区域：竖井施工的区域Ⅰ、主洞开口部分施工的区域Ⅱ、主洞剩余部分施工的区域Ⅲ和 TBM 解困施工的区域Ⅳ。施工区域分区示意图见图 6-49，地面冻结系统组成示意图见图 6-50。

施工的总体方案为：

1. 施工区域Ⅰ的施工

首先从地面施工竖直冻结孔，在竖井开挖空间的周围形成封闭的冻结帷幕，在冻结帷幕

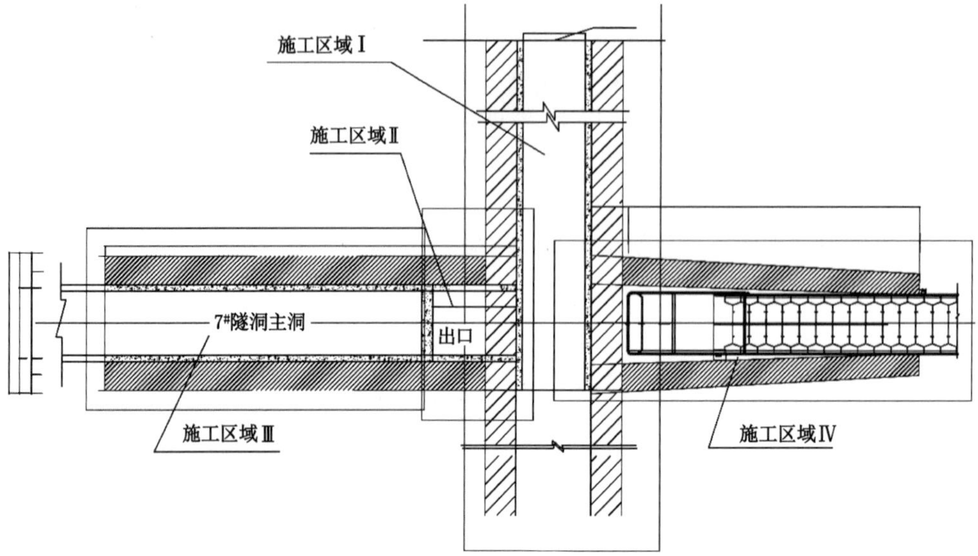


图 6-49　施工区域分区示意图

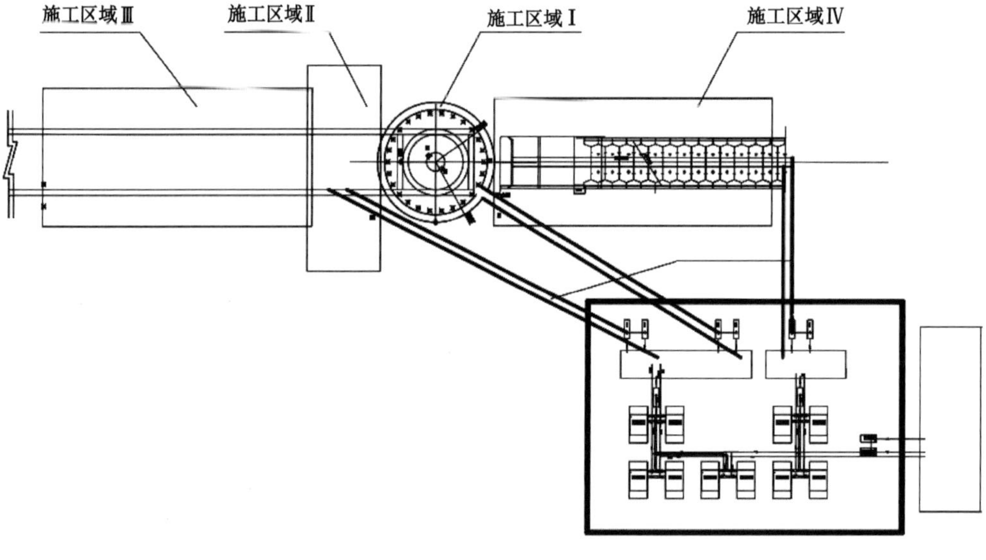


图 6-50　地面冻结系统组成示意图

的保护下进行竖井的开挖和结构构筑施工，形成竖向的施工通道。

1#竖井内径为 6 m，井壁支撑结构 0～150 m 范围内厚 450 mm，150～250 m 范围内厚 600 mm，钢筋混凝土(结构配筋)，标号 C40，竖井开挖深度为 250 m。1#竖井冻结设计参数见表 6-17。1#竖井冻结孔布置见图 6-51。

**表 6-17 1# 竖井冻结设计参数表**

| 序号 | 项目名称 | 单位 | 竖井 | 备注 |
|---|---|---|---|---|
| 1 | 最大地压 | MPa | 3.25 | |
| 2 | 掘砌荒半径 | m | 3.6 | |
| 3 | 冻结壁平均温度 | ℃ | −10.0 | |
| 4 | 冻土抗压强度 | MPa | 5.5 | |
| 5 | 设计确定冻结壁厚 | m | 3 | |
| 6 | 冻结深度 | m | 280 | |
| 7 | 盐水温度 | ℃ | −28 | |
| 8 | 冻结圈径 | m | 10.6 | |
| 9 | 冻结孔数 | 个 | 26 | |
| 10 | 冻结孔的间距 | m | 1.3 | |
| 11 | 测温孔 | 个 | 2 | 250 m |
| 12 | 水文孔 | 个 | 2 | 深孔 235 m,浅孔 180 m |
| 13 | 冻结管尺寸 | mm | 133 | |

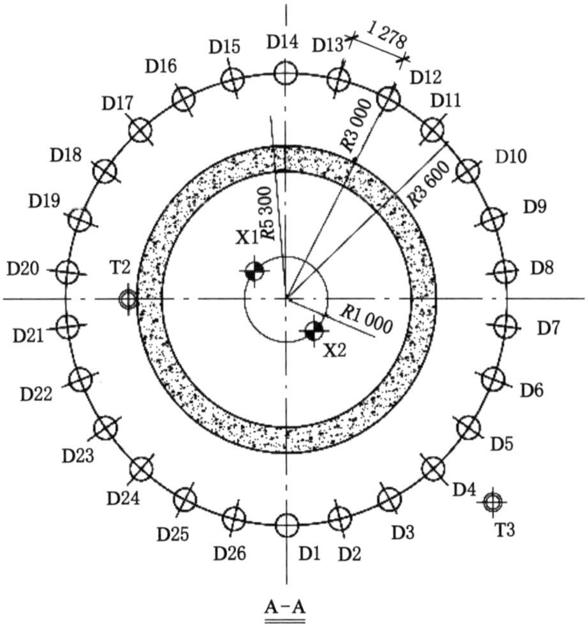


(a) 平面布孔图

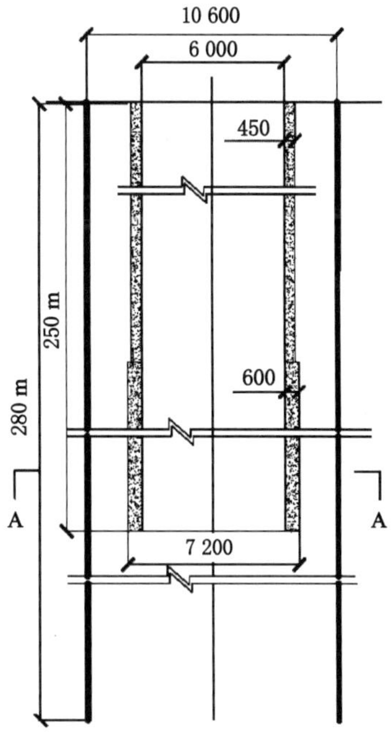


(b) 剖面布孔图

图 6-51 1# 竖井冻结孔布置图

2. 施工区域Ⅱ的施工

1# 竖井施工到底后，沿主洞设计位置，向井筒外(主洞方向)掘进长度为 10 m 的施工空间。考虑到形成的空间和后续的主洞施工的连接，形成的施工空间的开口尺寸同主洞尺寸，即直径为 5.95 m 的圆形空间，考虑一次衬砌的厚度为 300 mm，即开挖荒径为 6.6 m。

同时，为了施工区域Ⅲ布置冻结孔的便利性，方便水平冻结孔的施工，将 10 m 环形空间的前端直径扩大 1 m，即开挖前端荒径为 7.6 m，形成锥形的施工空间。

施工区域Ⅱ冻结设计参数见表 6-18。

**表 6-18　施工区域Ⅱ冻结设计参数表**

| 序号 | 项目名称 | 单位 | 竖井 | 备注 |
|---|---|---|---|---|
| 1 | 掘砌荒径 | m | 6.6～7.6 | |
| 2 | 设计确定冻结壁厚 | m | 3 | |
| 3 | 冻结深度 | m | 246～247 | |
| 4 | 盐水温度 | ℃ | −28 | |
| 5 | 冻结孔的排距 | m | 2.4～2.6 | |
| 6 | 冻结孔数 | 个 | 27 | |
| 7 | 冻结孔的间距 | m | 2.5 | |
| 8 | 冻结管尺寸 | mm | ϕ133 | |

施工区域Ⅱ冻结孔布置见图 6-52。

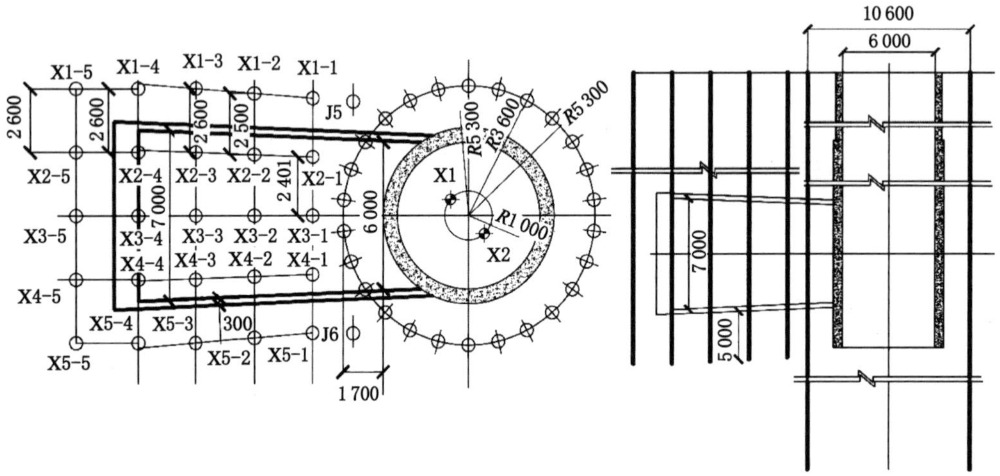


(a) 平面布孔图　　(b) 剖面布孔图

图 6-52　施工区域Ⅱ冻结孔布置图

3. 施工区域Ⅲ的施工

施工区域Ⅱ完成后，开挖浇筑封堵墙，进行施工区域Ⅲ的施工。施工区域Ⅲ的开挖长度为 28.5 m，其空间尺寸同施工区域Ⅱ，即形成直径为 5.95 m 的圆形空间，考虑一次衬砌的厚度为 300 mm，即开挖荒径为 6.6m。

施工区域Ⅲ冻结设计参数见表 6-19。

**表 6-19　施工区域Ⅲ冻结设计参数**

| 序号 | 项目名称 | 单位 | 数值 | 备注 |
|---|---|---|---|---|
| 1 | 内圈孔冻结孔数量 | 个 | 20 | |
| 2 | 内圈冻结孔的终孔间距 | m | 1.97 | |
| 3 | 内圈孔深度 | m | 32.66 | |
| 4 | 内圈孔的总长度 | m | 653 | |
| 5 | 外圈孔冻结孔数量 | 个 | 17 | |
| 6 | 外圈冻结孔的终孔间距 | m | 1.95 | |
| 7 | 外圈孔深度 | m | 15.2 | |
| 8 | 外圈孔的总长度 | m | 258 | |
| 9 | 冻结管尺寸 | mm | $\phi 89$ | |
| 10 | 冻结管的总长度 | m | 911 | |

施工区域Ⅲ冻结孔的布置见图 6-53。

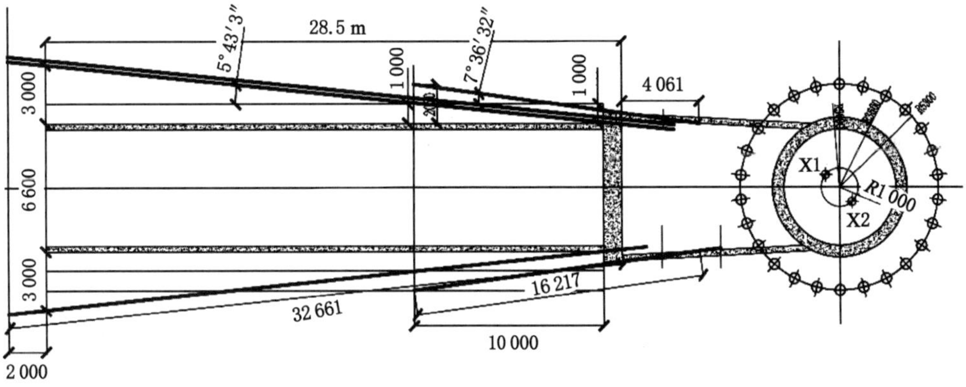


图 6-53　施工区域Ⅲ冻结孔布置图

4. 施工区域Ⅳ的施工

在施工区域Ⅱ的开挖施工完成浇筑封堵墙后，在进行施工区域Ⅲ的施工的同时，进行施工区域Ⅳ(TBM 脱困)的冻结施工。施工区域Ⅳ的冻结长度为 28 m，在盾构机周围开挖厚度为 1 m 的环形空间，即形成直径为 7.75 m 的圆形空间。

施工区域Ⅳ冻结设计参数见表 6-20。

**表 6-20 施工区域Ⅳ冻结设计参数**

| 序号 | 项目名称 | 单位 | 数值 | 备注 |
|---|---|---|---|---|
| 1 | 地面竖直冻结孔数量 | 个 | 28 | |
| 2 | 地面竖直冻结孔深度 | m | 244 | |
| 3 | J1～J4 加强孔深度 | m | 280 | |
| 4 | 地面竖直冻结孔尺寸 | mm | $\phi$133 | |
| 5 | 地面竖直冻结孔总长度 | m | 6 976 | |
| 6 | 水平冻结孔数量 | 个 | 10 | |
| 7 | 水平冻结孔深度 | m | 28.6 | |
| 8 | 水平冻结孔尺寸 | mm | $\phi$89 | |
| 9 | 水平冻结孔总长度 | m | 286 | |

在距离 TBM 外径 2.5 m 处开孔，布置向内收敛形的冻结孔，冻结孔的深度（水平长度）为 28.6 m，冻结孔的布置形式见图 6-54、图 6-55、图 6-56。

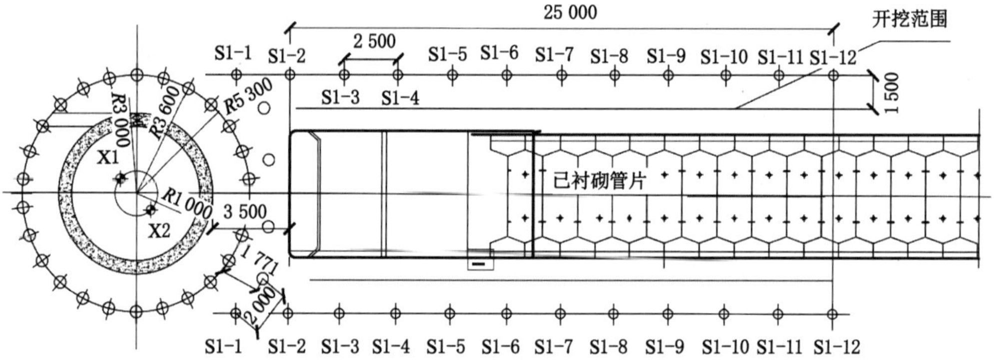


图 6-54 施工区域Ⅳ冻结孔平面布置图

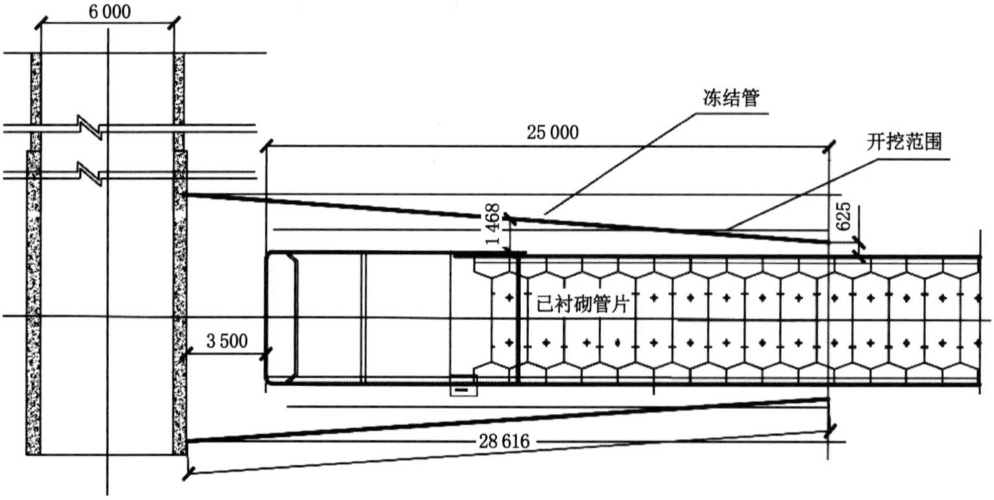


图 6-55 施工区域Ⅳ冻结孔剖面布置图

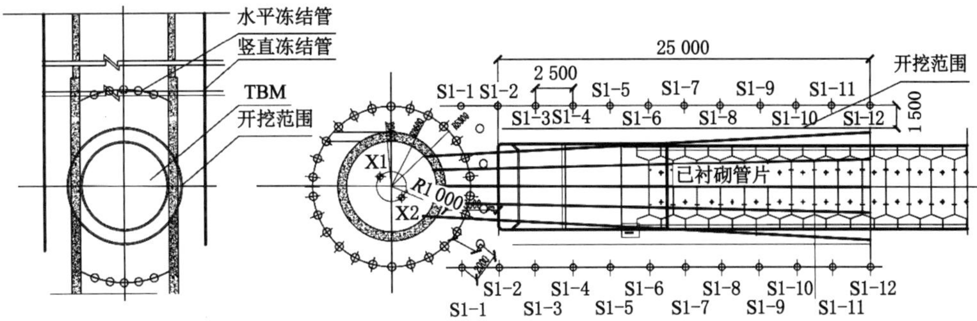


(a) 横剖面冻结孔布置图　　(b) 平面冻结孔布置图

图 6-56　施工区域Ⅳ冻结孔平面及横剖面布置图

（四）冻结施工

本工程冻结开始时间不相同，在不同时间的维护冻结和积极冻结需要的盐水温度也不同。为了在冻结工程中提供不同温度的低温盐水，在冻结站内设置两个独立的盐水箱和盐水循环动力泵，分别提供竖井的维护冻结阶段的高温盐水和积极冻结阶段的低温盐水。所有的冷冻机组的制冷循环串联连接，可以根据不同时刻的冻结系统的需冷量，调整冷冻机组的开机组合。

低温盐水通过盐水干管输送到冻结区域，并通过高压胶皮软管进入冻结管的供液管内，并通过盐水回液干管输送回盐水箱，构成盐水循环系统。

（五）冻结监测

(1) 冻结孔施工监测。
(2) 冻结制冷系统运转指标监测。
(3) 冻结器工作状况监测。
(4) 冻结壁内冻胀力监测。
(5) 冻结壁温度场监测。
(7) 井帮温度监测。

（六）结语

该工程面临诸多难点：TBM 埋深 200 多米，地面垂直孔和水平孔共同形成冻结帷幕；大埋深条件下水平施工难度大、扩大硐室内设置高低压换热盐水循环；施工工艺复杂。利用冻结法成功使 TBM 脱困、并完成剩余洞段的隧道施工。

## 五、润扬大桥南锚碇基础冻结排桩法施工案例

（一）工程概况

润扬长江公路大桥，简称润扬大桥，是江苏省“四纵四横四联”公路主骨架和南北跨长江通道的重要组成部分，北汊桥采用主跨 406 m 的钢箱梁斜拉桥，南汊桥为主跨 1 490 m 的钢箱

梁悬索桥。润扬长江公路大桥的南锚锭为重力式嵌岩锚，锚锭基础尺寸为70.5 m×52.5 m×29 m(长×宽×深)，为特大型嵌岩明挖深基坑工程。

（二）地质条件

1. 工程地质

南锚碇位于镇江岸农田内，距江边大堤540 m，距达标大堤270 m。锚区地面高程3.0 m(黄海高程系统)，第四系覆盖层主要以软塑淤泥质亚黏土、亚黏土与粉砂互层为主，底层为3～5 m粉细砂，厚27.80～29.40 m。基岩为二长风化花岗岩，层面总体上较为平缓，标高在－26.40～－24.80 m，但全风化层和强风化层分布不均匀。基坑西侧岩石呈碎裂结构，裂隙发育。

2. 水文地质

南锚碇场区地下水位为1.8～2.2 m，区域赋存第四系孔隙微承压及基岩裂隙微承压两大含水层组，渗透系数分别为2.0 m/d和0.006～0.4 m/d，与长江水系有不同程度的水力联系。

（三）冻结排桩设计

南锚碇冻结排桩围护体系是以含水地层冻结形成的冻结帷幕为基坑的封水结构，以排桩及内支撑系统为抵抗水土压力的承力结构，解决了基坑围护结构的嵌岩及封水问题。

1. 支护体系

排桩与钢筋混凝土支撑、立柱桩组合构成基坑的支护体系，承担基坑开挖后坑外水土压力和坑外四周地面的施工荷载，以及冻土隔水帷幕传给支护体系的水平荷载。

(1) 排桩。

沿基础四周布置140根直径1.5 m的钻孔灌注桩，桩中心距在横桥向为1.70 m，在纵桥向为1.725 m，桩长35 m，嵌岩6 m。桩中心连线组成的矩形尺寸为69 m×51 m。排桩平面布置见图6-57。

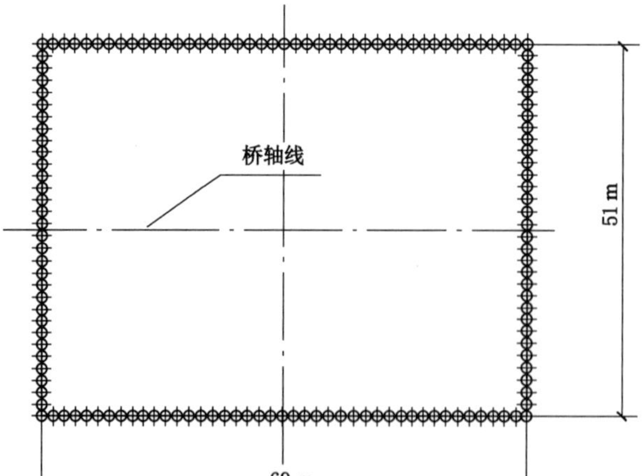


图6-57　排桩平面布置图

(2) 压顶梁。

压顶梁为桩顶联结的钢筋混凝土结构,顶标高为+3.0 m,将排桩联结为整体。压顶梁宽 2.10 m,高 1.50 m,压顶梁顶面标高 3.00 m,底面标高 1.50 m;混凝土设计强度等级为 C30。

(3) 支撑。

基坑的平面支撑为钢筋混凝土结构。平面支撑由圈梁、对撑、角撑组成。根据每层受力不同,支撑的断面也不同,沿基坑深度方向设 7 道支撑,在施工图设计阶段第 7 道支撑视情况而定。如果基底与设想的出入较大,不能挖到预期的−26 m 高程,则第 7 道支撑可以不施工。实际施工采用了第 7 道支撑。支撑平面布置见图 6-58;基坑支护立面见图 6-59。

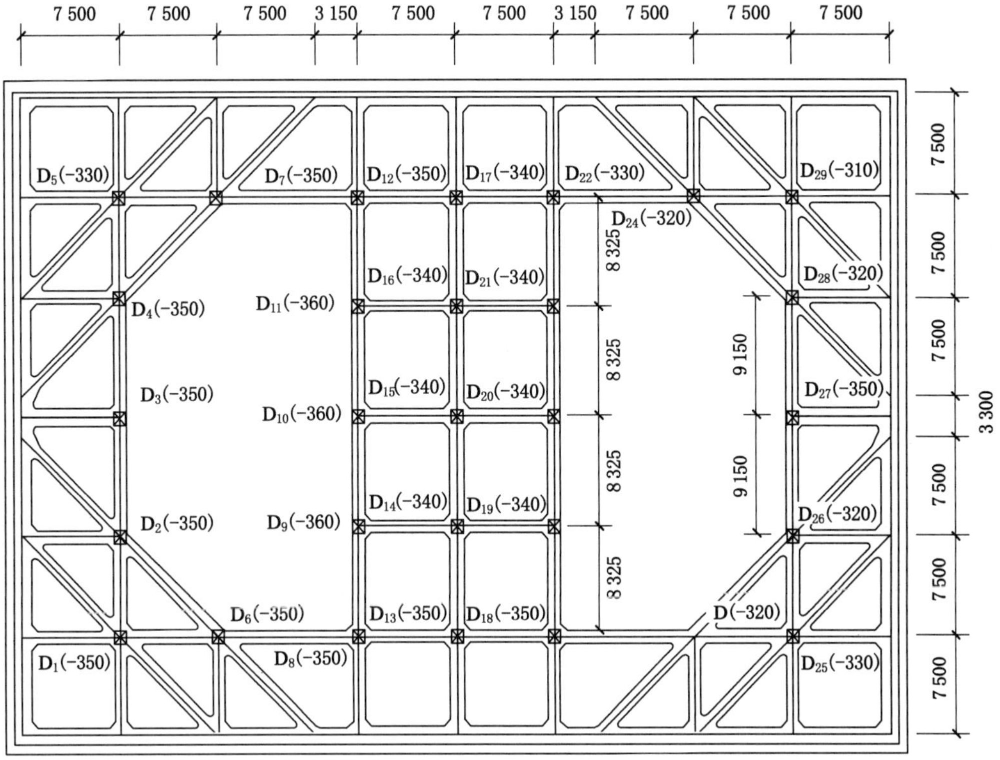


图 6-58 支撑、立柱桩平面布置图

(4) 立柱桩。

基坑内部,平面支撑的结点处设钢格构立柱桩 29 根,以承担钢筋混凝土支撑传来的垂直荷载,保证整个支护体系的稳定。立柱桩在第 7 道支撑(−22 m)以下为钻孔灌注桩,嵌入微风化岩层的深度不少于 1 m。以上其余部分为钢格构立柱。立柱桩平面布置见图 6-58。

2. 隔水帷幕

(1) 冻结封水。

采用单排冻结孔形成冻结壁进行封水,冻结孔间距在基坑长边为 1.725 m,在基坑短边

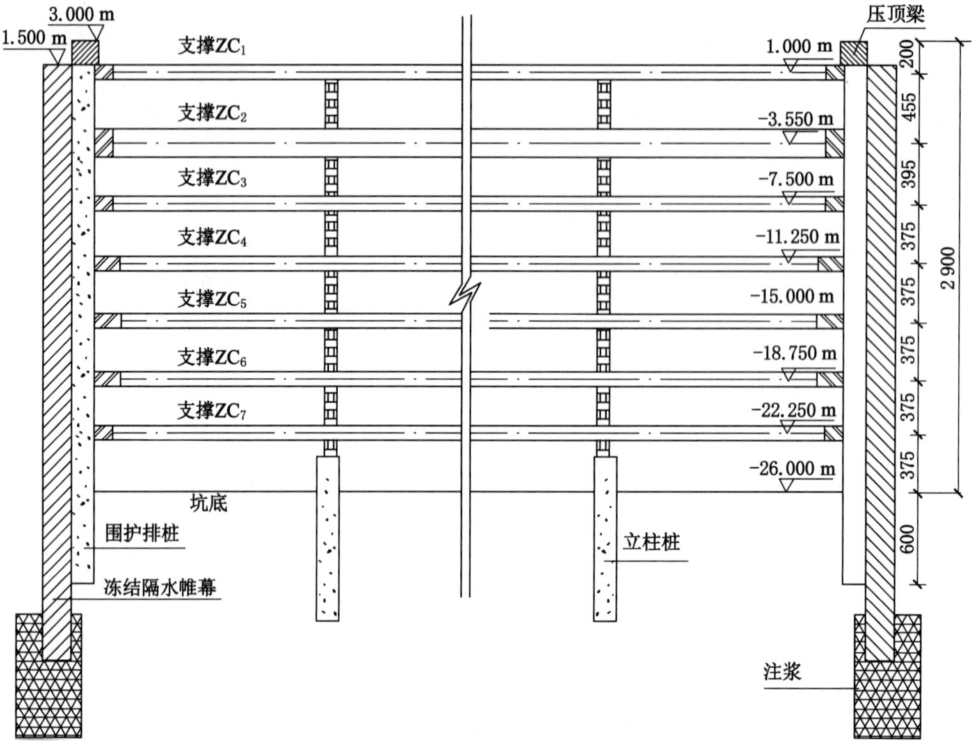


图 6-59　基坑支护立面图

为 1.700 m，与排桩之间采用插花布置，冻结孔与排桩中心间距 1.4 m，同时在矩形基坑的四个拐角设置一个冻结孔，冻结孔总数为 144 个。

(2) 冻结深度。

根据锚区范围内的岩层分布、埋深以及含水情况，冻结帷幕深度为 40 m，下标高确定为 −37.00 m，并在冻结壁底部采取地面预注浆措施，确保冻结壁不被渗流水融化，并加大地下水绕流路径。

(3) 冻结壁厚度。

设计冻结壁的有效厚度为 1.30 m。

(4) 注浆帷幕设计。

在冻结孔外侧布置注浆孔，对基岩破碎带及裂隙实施地面预注浆，达到封水目的。注浆上限为 −35.0 m，注浆孔终孔深度为 −43.0 m，采用下行式注浆，每级段高 4 m。注浆帷幕设计要求有效厚度不小于 3.5 m，注浆压力按照受注点静水压力的 1.5～4 倍选取，即 0.6～1.8 MPa。

(5) 卸压孔的布置。

为了减少冻土壁对排桩产生的水平方向的冻胀压力，在冻土壁的外侧设置了 $\phi$250 mm 的卸压孔，深度 25 m。隔水帷幕平面布置见图 6-60。

(6) 主要技术参数。

主要技术参数见表 6-21。

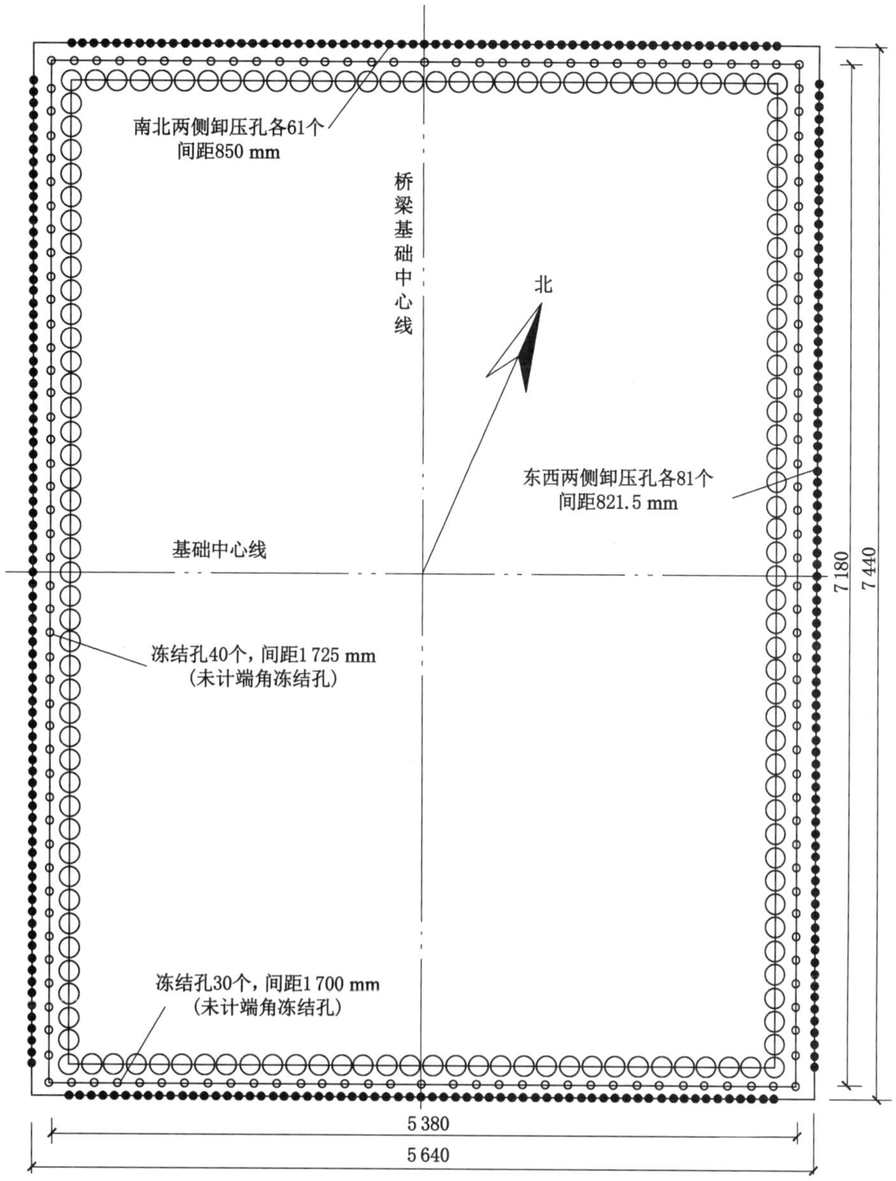


图 6-60 隔水帷幕平面布置图

**表 6-21 主要技术参数**

| 序号 | 名称 | | 单位 | 数值 |
|---|---|---|---|---|
| 1 | 冻结孔深度 | | m | 40.0 |
| 2 | 冻结孔数量 | 矩形长边 | 个 | 82 |
| 3 | | 矩形短边 | 个 | 62 |
| 4 | 冻结孔间距 | 矩形长边 | m | 1.725 |
| 5 | | 矩形短边 | m | 1.700 |

**表 6-21(续)**

| 序号 | 名称 | | 单位 | 数值 |
|---|---|---|---|---|
| 6 | 冻结孔中心布置尺寸 | | m×m | 71.8×53.8 |
| 7 | 排桩中心布置尺寸 | | m×m | 69×51 |
| 8 | 卸压孔（深度/个数） | 矩形长边 | m/个 | 25/162 |
| 9 | | 矩形短边 | m/个 | 25/122 |
| 10 | 设计冻结壁厚度 | | m | 1.3 |
| 11 | 设计冻结壁平均温度 | | ℃ | −7.0 |
| 12 | 积极冻结期 | | d | 55 |
| 13 | 最大需冷量 | | kcal/h | $9.93\times10^5$ |
| 14 | 设计盐水温度 | | ℃ | −28～−25 |
| 15 | 设计冷凝温度 | | ℃ | 30 |
| 16 | 观测井(深度/个数) | | m/个 | 46/4(坑内)、26/2(坑外) |

### （四）施工工艺

1. 预注浆施工

(1) 注浆工艺。

根据锚碇场区地质水文条件，施工采用下行式注浆方案。施工顺序为：钻机就位→固管段钻进施工→下钢套管、固管→第 1 段高取芯→清孔→压水试验→浆液配制→注浆→养护→第 2 段高取芯、注浆。

(2) 注浆参数。

注浆扩散半径为 2.5～4 m。

注浆材料为 P·O32.5 级普硅水泥+40°Be 水玻璃。

水泥浆液配合比(水灰比)为 2∶1、1.5∶1、1.25∶1、1∶1、0.8∶1、0.7∶1、0.6∶1，共 7 种，根据注浆钻孔时的吸水量确定浆液浓度，如吸水量小，说明可注性差，选择稀浆高压注浆，反之亦然。

2. 排桩施工

采用跳钻成孔施工工艺，根据设计净距 20 cm(22.5 cm)要求，施工重点控制成孔质量，主要是垂直度(1/200)和孔径(扩孔系数 1.05)控制。

3. 冻结施工

(1) 冻结孔、卸压孔施工。

按照设计孔位精确放样，严格控制钻孔偏斜率，第四系覆盖层偏斜率≤0.3%，基岩层≤0.5%。成孔后采用灯光或陀螺仪进行测斜并绘制钻孔偏斜平面图。

(2) 冻结管安装与试压。

冻结管采用 $\phi$127 mm×6 mm 低碳无缝钢管，内供液管采用 $\phi$50 mm×5 mm 聚乙烯塑料管。冻结管下放到位后，进行压力试验，初压力 1.0～1.5 MPa，观察 30 min，降压≤0.05 MPa，再延长 15 min 后压力不下降为合格。

(3) 积极冻结期。

积极冻结期是指冻结器开始循环低温盐水、土层降温、冻结交圈、冻结壁达到设计厚度和平均温度的时间。① 盐水温度$-29\sim-28$ ℃;② 进回水温差不大于0.5 ℃;③ 孔流量5 $m^3/h$。

(4) 维护冻结。确定冻结帷幕形成并达到设计要求后,即进入维护冻结阶段。其主要目的是维持冻结帷幕的厚度,控制冻结帷幕厚度不再继续增长或减少,保证其在基坑开挖及回填阶段能够有效封水。维护冻结期间,通过对冻结帷幕温度的监控确定盐水温度、流量等参数。

4. 基坑开挖

(1) 基坑开挖及支护。

基坑深度达29 m,土方量近10万 $m^3$。水平支撑为钢筋混凝土结构,共7层;土方开挖分8层进行,支撑采用"逆作法",开挖1层浇筑1道支撑。由于冻土存在蠕变效应,排桩暴露时间愈短愈好,尽可能减少支护结构的变形。对此,施工中采取以下措施:① 桩暴露时间不大于48 h;② 每层开挖及支撑施工分3个区,即1个对撑、2个角撑,施工时先对撑后角撑,开挖、支撑施工形成流水作业;③ 泥质亚黏土地层采用真空深井降水效果不佳,第3、4层辅以浅层轻型井点降水改善基坑作业环境,加快施工速度;④ 加大施工投入,尤其增加土方开挖及提升设备。

(2) 基坑封底及混凝土回填。

基础设计封底厚2.0 m,混凝土量6 700 $m^3$。为减少基底涌水等施工风险,同时缩短基岩的暴露时间,封底混凝土分8个区域进行浇筑,即一个区域开挖到设计标高后,快速清底并设置排水设施,然后立模浇筑混凝土。混凝土浇筑采取分层分块施工,层厚1.5~2.0 m。

### (五) 结语

润扬大桥南锚碇基础采用"排桩冻结法"进行特大深基坑施工,排桩作为结构支撑体系,冻结帷幕具有良好隔水性能,两种技术结合解决了基础围护结构嵌岩问题和隔水问题,施工可操作性强,可实现部分工序之间交叉作业,工期可控,质量可靠。

## 六、港珠澳大桥珠海连接线拱北隧道口岸暗挖段冻结工程施工案例

### (一) 工程概况

该工程是该桥珠海连接线关键性控制工程。隧道起于拱北湾大桥,止于广东公安边防总队第五支队茂盛围军事管理区。隧道施工包括海域明挖段、口岸暗挖段、陆域明挖段三部分,其中口岸暗挖段采用"管幕+冻结法"施工,下穿拱北海关,见图6-61。拱北隧道口岸段施工位于拱北口岸限定区域,地层条件较差、地理位置特殊、政治意义重大,施工技术和安全风险较大。

### (二) 地质条件

(1) 拱北隧道处于滨海冲积平原地带,穿越部分军事区,残积层以上自上而下为:第一层为淤泥及淤泥质土,厚度为5.0~7.0 m(拱北口岸及两侧军事区上部淤泥质土基本已挖

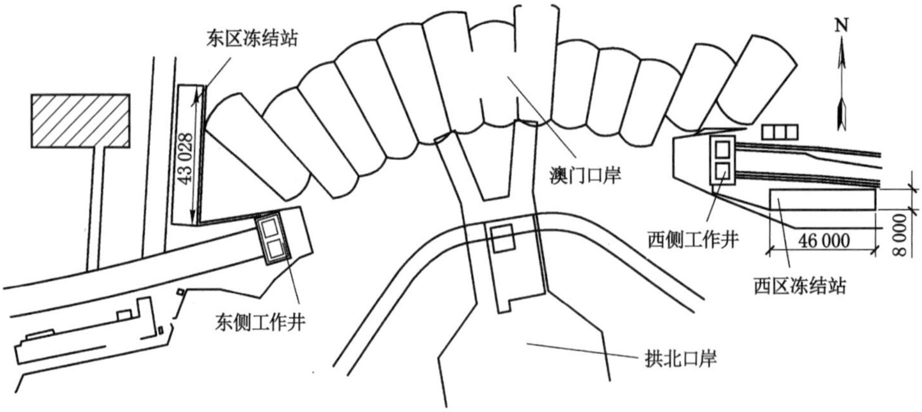


图 6-61　口岸暗挖段平面位置示意图

除回填,最大填高约 9 m);第二层为局部地段呈透镜体状发育的砾砂层,第三层为可塑状粉质黏土,厚度不均,一般为 1.6～6.0 m;第四层为厚 3.0～7.0 m 的海相沉积的淤泥质土,夹较多砂局部富集,呈透镜体状发育;第五层为稍～中密状为主的粗、砾砂,局部夹中砂,厚度不均,一般为 2.4～6.5 m,局部夹透镜体状发育的可塑状黏性土;第六层为流塑状的淤泥质土,含砂及贝壳碎屑;之下主要为全-更新统的砂类土,土体工程地质条件相对较好。隧体开挖土体主要为第一至第五层土体,零星进入第六层。

(2) 隧区内地表水主要是海水,其中砂类土特别是相对松散的粗粒类砂土为强透水层,其次如淤泥或淤泥质土、一般性黏性土、残积土为相对弱透水层。

(三) 冻结设计

"管幕＋冻结法"即先在土体内使用顶管法施作一圈曲线顶管,管幕平均长度每根 257.9 m,位于曲率半径为 890.00～902.25 m 的缓和曲线和圆曲线上,$\phi$1 620 mm 管幕共 36 根,每根管幕由 60 余根节管组成,每根管节长 4 m。然后在顶管内布置冻结系统,把顶管之间及周围土体冻结成冻土,最终形成止水帷幕,在一个宽 18 m、高 22 m 的椭圆形钢筒＋冻土围成的封闭圈内进行隧道暗挖。

(1) 冻结圈主要以止水为目的,帷幕本身无强度要求,冻土帷幕设计最小厚度 2 m,最大厚度不超过 2.6 m。

(2) 冻结帷幕最外侧设计温度不高于－5 ℃,其他部位设计冻结壁平均温度为－10 ℃。

(3) 设计积极冻结时间为 45 d。要求冻结孔单孔流量不小于 10 $m^3$/h;积极冻结 7 d 盐水温度降至－20 ℃以下。

(4) 主要技术参数详见表 6-22。

**表 6-22　主要技术参数表**

| 序号 | 名称 | 单位 | 数值 | 备注 |
|---|---|---|---|---|
| 1 | 冻土墙设计厚度 | m | 2～2.6 | |
| 2 | 冻土墙平均温度 | ℃ | ≤－10 | |

表 6-22(续)

| 序号 | 名称 | 单位 | 数值 | 备注 |
|---|---|---|---|---|
| 3 | 冻土帷幕交圈时间 | d | 40～45 | |
| 4 | 积极冻结时间 | d | 45 | |
| 5 | 设计最低盐水温度 | ℃ | －30～－28 | 冻结 7 d,盐水温度达－20 ℃以下 |
| 6 | 维护冻结盐水温度 | ℃ | ≤－28 | |
| 7 | 单孔盐水流量 | $m^3/h$ | ≥10 | |
| 8 | 冻结孔 | 个 | 72 | 设计每个顶管内布置 2 个(圆、异形)冻结管,以现场实际布置为准 |
| 9 | 冻结管规格 | mm | $\phi$133×4.5 | 低碳钢无缝钢管,丝扣加焊接连接 |
| 10 | 测温孔 | 个 | 704 | |
| 11 | 测温管长度 | m | 1 642 | |
| 12 | 圆形冻结管长度 | m | 9 284 | $\phi$133 mm |
| 14 | 备用冻结管长度 | m | 9 284 | $\phi$89 mm |
| 15 | 异形管总长度 | m | 10 638 | 角钢∟125 mm×125 mm×8 mm |
| 16 | 冻结总需冷量 | kW | 3 251.71 | 工况条件 |
| 17 | 制冷机 | 台 | 24 | 20 用 4 备 |
| 18 | 施工工期 | d | 815 | 冻结、开挖、结构 |

(5) 冻结帷幕设计见图 6-62、图 6-63。

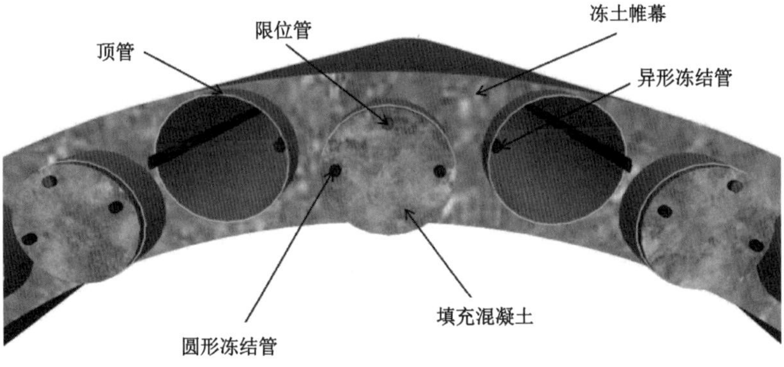


图 6-62　冻结管布置示意图

(6) 冻结管及监测点布置。

冻结管在顶管内设置,设计 36 根顶管,充填混凝土顶管 18 根(奇数管),空顶管 18 根(偶数管)。奇数管:内含 2 根 $\phi$133 mm 冻结管(9 284 m),2 根 $\phi$89 mm 备用冻结管(9 284 m)和 1 根 $\phi$159 mm 限位管(4 642 m)。偶数管:内含 2 根异形管(角钢∟125 mm×125 mm×8 mm,10 638 mm)和2 根 $\phi$133 的供液干管(4 642 m)组成。

测温点布置:测温孔设计在 22 个顶管内,每个顶管 32 个断面,总计 704 个测温孔;每个顶管内壁都有 32 个环向测温断面,设计合计探点 9 984 个,加上顶管外安装测点,探点数量

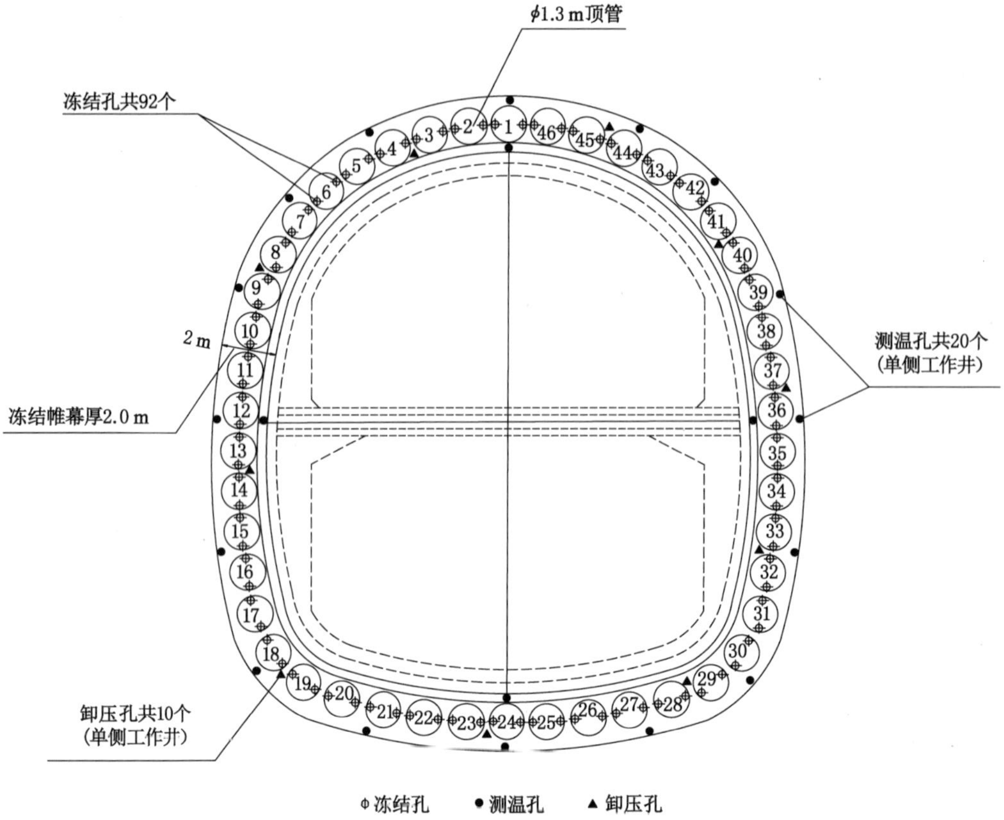


图 6-63 口岸暗工作井端面顶管和冻结帷幕示意图

共计 10 280 个。

(7) 制冷系统设计。

根据制冷量要求，分东、西 2 个冷冻站，每站 2 套系统(制冷系统和限位系统)。东区制冷设计圆形冻结管加异形冻结管总需冷量为 2 123.45 kW，东区冷冻站冷冻机选用 14 台 JYSLGF600Ⅲ 型制冷，含 5 台备用；JYSLGF300Ⅲ机组 1 台、1 台 TBS470.1J 和 TBS410.1J 机作为限位制冷。西区圆形冻结管制冷量为 1 128.26 kW，西区冷冻站冷冻机选用 6 台 JYSLGF600Ⅲ型，含 1 台备用；2 台 BES3221.1-L 机组作为限位制冷。

## (四) 冻结施工

### 1. 冻结管安装

(1) 奇数管安装。

冻结管及限位管和干管的安装都十分特殊，全部在顶管内进行，将冻结管按长度每段 6 m 两端安装法兰，直至 255 m 的长度全部拼装完成。奇数管纵向分 3 区，1 区和 3 区长度为 64 m，2 区长度约 128 m。分区目的是从 1、3 区开挖至 84 m(即满足停冻区域与待开挖区域 20 m 搭接区)，做完结构满足封水条件停止 1、3 区冻结，2 区可继续开挖。

(2) 偶数管安装。

由于顶管施工完成，异形冻结管采用角钢在顶管内壁进行直接焊接。按每 4 节异形管用橡胶软管连接成一组，形成 16 个独立组。空管内盐水干管安装电控三通阀控制 16 组盐水回路，每组与三通阀出来的三通鱼鳞接头用橡胶软管连接。

2. 测温系统安装

测温管的安装采取在顶管上安装孔口管、阀门、密封盒等，在密封及防喷装置的保护下装入测温管，测温管分成 2～3 段逐段接入，然后在测温管内部布置测温数据线。测温管每隔 1 节顶管布置 1 个，共计断面 32 个，每个断面孔数 22 个，测温管总长度 1 642 m，总测温点数 10 280 个。

3. 冻结控制施工

根据暗挖方案，为避免冻土体积过大，进行纵向分区和横向分台阶冻结施工，在横断面上将冻土帷幕分为 A 区，B1、B2、B3 区，C 区 5 个区域。在未开挖前，开启填混凝土顶管内的圆形冻结管中 1、2、3 区去回路，冻结 70 d 后，再开启异型管冻结 20 d，经过检测冻结帷幕厚度达到设计要求之后开始开挖，开挖断面分 5 台阶 10 步方式(前期采用 5 台阶 15 步方式，后期根据监测视情况调整为 5 台阶 10 步)，每台阶开挖循环为 80 cm 加工字钢支撑，紧跟施工初衬，二次衬砌距离初期支护面为 5 m，开挖导洞顺序为 1 至 10 步，每个导洞在上一个导洞完成 10 m 后施工。待二次衬砌完成后进行施工中板及三次衬砌。待东西各开挖 84 m 后，1、3 区二衬施工完成满足封水条件后停止 1、3 区冻结。在冻结过程中，当冻土帷幕厚度超过设计限值或地表冻胀监测超出允许范围时，启用限位管限制冻土帷幕的发展。

(五) 结语

本工程所处位置特殊，政治敏感度、社会影响大，对工程施工条件要求严格，并且口岸及相关单位性质特殊，协调难点大。施工地点近海边，地下水受海水潮汐影响产生流动而影响冻结发展。施工地点长年气温较高，对制冷效能有直接的影响。暗挖隧道顶部覆土厚度较浅，只有 4～5 m。冻结管布置特点是全部布置在钢管幕内部，奇数管帷幕内充填混凝土，传热效果好，一部分不充填混凝土，以空气为传热介质，传热效果差，冷量损失大。暗挖断面尺寸大，冻结施工时间长，冻结施工工艺复杂。施工过程不能影响拱北口岸正常通关功能，施工地表建筑物及周围地下管线众多，对施工控制变形条件要求高。提供资料显示地下水位为 3.22 m，略高于顶部冻结土层位置，但水位受潮汐影响较大，顶部冻结区受地下水流动影响不容易冻结，冻结体发展缓慢。该工程的顺利完成，为类似工程提供了参考。

## 七、上海市轨道交通 18 号线江浦路站大断面超浅埋地铁车站整体冻结暗挖工程案例

(一) 工程概况

1. 工程简介

上海市轨道交通 18 号线江浦路站沿江浦路南北走向，跨控江路路口设置，与已通车的 8 号线江浦路站“十”字换乘，为地下二层岛式站台车站，站台中心处顶板覆土约 2.476 m，底板埋深约 14.976 m。8 号线江浦路站为地下三层岛式站台车站，换乘段靠近 8 号线，由于

地面管线难以迁改，采用“MJS 围护加固＋开挖面全断面注浆＋管棚＋冻结法”进行加固，矿山暗挖法进行施工。工作井内衬厚 0.6 m，地下连续墙厚 1.0 m；暗挖段长度南端为 15.899 m，北端为 10.101 m；北侧结构截面尺寸均为 22.8 m（宽）×12.87 m（高）；南侧结构宽度 23.0 m，高度 12.45 m。本工程风险等级为一级。

车站冻结暗挖段总平面图见图 6-64，车站结构断面图见图 6-65。

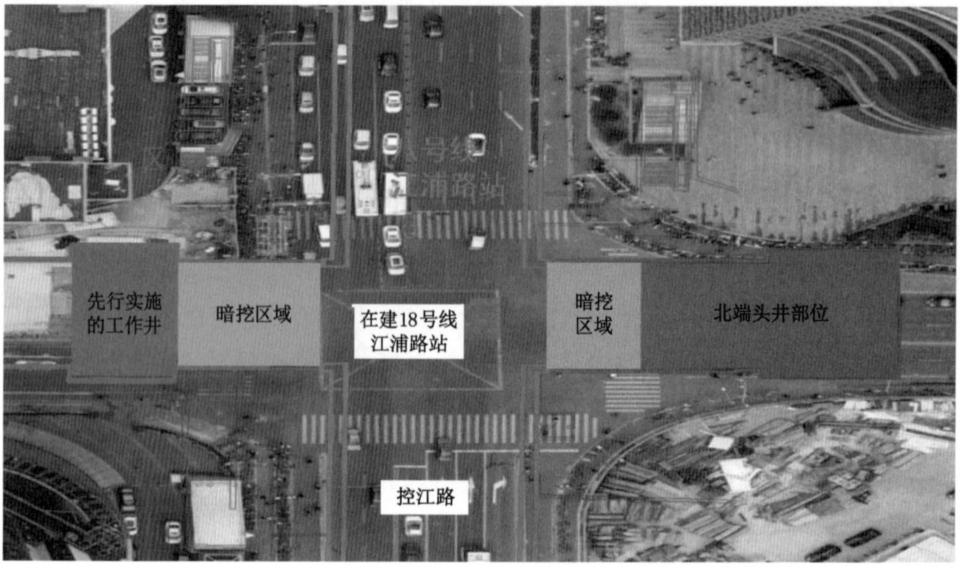


图 6-64　车站冻结暗挖段总平面图

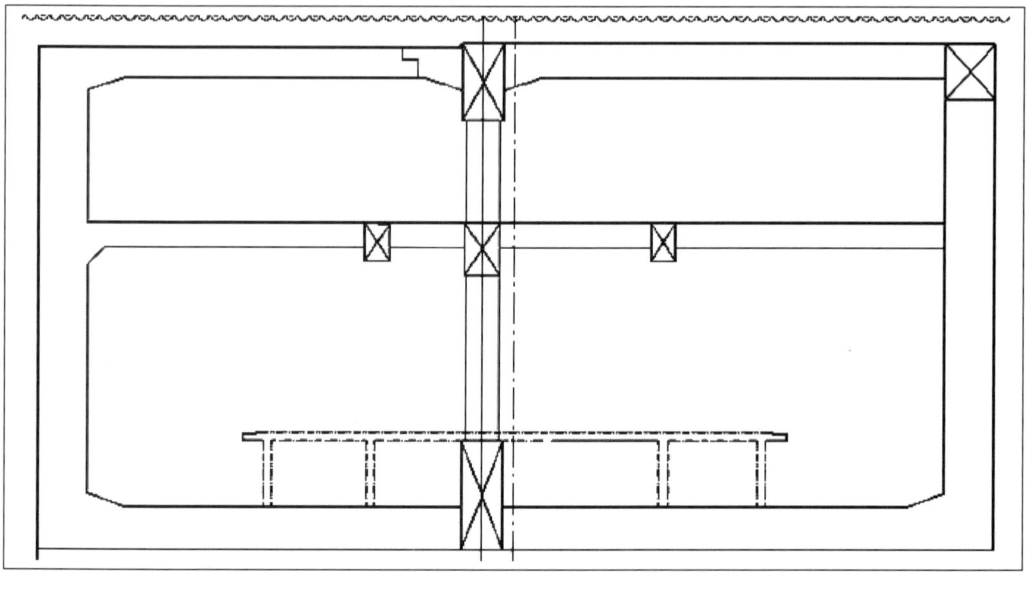

(a)

图 6-65　车站结构断面图

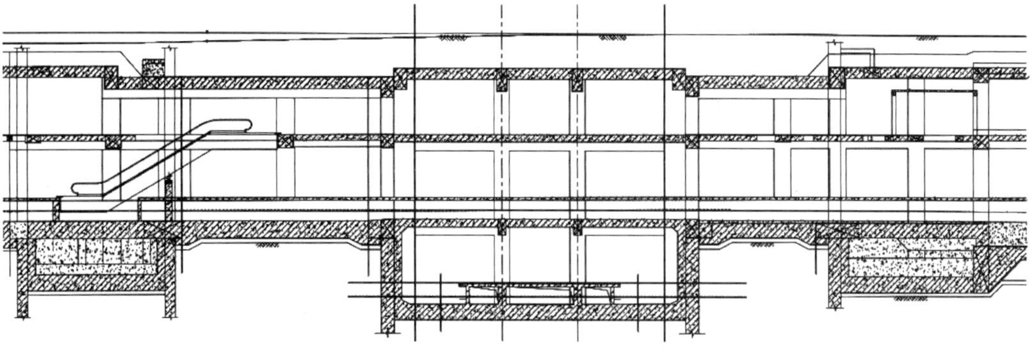

(b)

图 6-65(续)

2. 地面环境与地层条件

车站周边建(构)筑物及管线较多,站位东北侧地块现状为迈玛瑞大酒店;东南侧地块现状为信息技术大厦、东方星座及居民住宅等;西北侧地块现状是紫荆广场,为地面 8 层、地下 3 层的商业建筑物;西南侧地块现状是新华医院,其住院大楼(地面 14 层,地下 2 层)距车站主体 6.24 m,楼外景观电梯(施工阶段不拆除)距离车站主体仅 3.31 m。加固区域周围管线分布状况见表 6-23。

**表 6-23　加固区域周围管线分布状况表**

| 位置 | 序号 | 管线 | 管径或孔数 | 覆土厚度/m | 翻交阶段 |
|---|---|---|---|---|---|
| 控江路路口北侧 | 1 | 电力 | 1 组 | 0.50 | 一阶段 |
| | 2 | 电力 | 1 组 | 1.00 | 三阶段 |
| | 3 | 燃气 | $\phi$150 mm | 1.22 | |
| | 4 | 雨水 | $\phi$400 mm | 1.75 | |
| | 5 | 燃气 | $\phi$500 mm | 1.55 | 二、三阶段 |
| | 6 | 上水 | $\phi$300 mm | 0.94 | 一、三阶段 |
| | 7 | 电力 | 1 组 | 0.50 | 三阶段 |
| | 8 | 信息 | 28 孔(10 线) | 非开挖 | 一、三阶段 |
| 控江路路口南侧 | 1 | 上话 | 18 孔(15 线) | 0.95 | 一阶段 |
| | 2 | 电力 | 1 组 | 0.50 | 二阶段 |
| | 3 | 上水 | $\phi$500 mm | 0.85 | 二阶段 |
| | 4 | 信息 | 21 孔(15 线) | 0.32 | 二阶段 |
| | 5 | 上水 | $\phi$150 mm | 1.10 | 二阶段 |
| | 6 | 雨水 | $\phi$1 350 mm | 3.95 | |
| | 7 | 电力 | 1 组 | 1.50 | 二阶段 |
| | 8 | 燃气 | $\phi$300 mm | 1.70 | 二阶段 |
| | 9 | 电力 | 1 组 | 0.60 | 二阶段 |

表 6-23(续)

| 位置 | 序号 | 管线 | 管径或孔数 | 覆土厚度/m | 翻交阶段 |
|---|---|---|---|---|---|
| 控江路路口南侧 | 10 | 电力 | 1组 | 0.60 | 二阶段 |
| | 11 | 信息 | 28孔(10线) | 非开挖 | |
| | 12 | 上话 | 12孔(5线) | 0.98 | |
| | 13 | 电力 | 1组 | 1.10 | 二阶段 |

施工区域主要土层为:填土层、灰色淤泥质粉质黏土层、灰色淤泥质粉质黏土与砂质粉土互层、灰色淤泥质黏土层、灰色黏土层。结构地质条件见图 6-66。

①层为填土,厚度为 0.80～3.20 m。上部以碎石、砖块、混凝土块等建筑垃圾为主,夹少量黏性土,部分区域由混凝土地坪、混凝土块和大块石组成。下部主要由黏性土组成,夹少量杂填土,含植物根茎,土质不均匀。

③层为灰色淤泥质粉质黏土,层顶标高为 0.56～－0.15 m,厚度为 0.90～3.50 m,状态流塑,压缩性高等。场地遍布。

③J 层为灰色淤泥质粉质黏土与砂质粉土互层,层顶标高为 0.74～－3.65 m,厚度为 2.30～6.70 m,土质不均,压缩性高等。场地遍布。

④层为灰色淤泥质黏土,层顶标高为－4.55～－5.96 m,厚度为 8.80～11.90 m,状态流塑,压缩性高等。场地遍布。

⑤11 层为灰色黏土,层顶标高为－14.76～－16.45 m,厚度为 2.20～3.80 m,状态软塑,压缩性高等。场地遍布。

地勘资料显示加固区域属于上海地区滨海平原古河道沉积区,土体渗透系数最大的③J 层为灰色淤泥质粉质黏土与砂质粉土互层,渗透系数为 $5.36\times10^{-5}$ cm/s,属于非渗透性土层,加固区域周围无承压水地层。

3. 工程难点及对策

(1) 结构上部埋深浅,且管线、建筑众多,环境影响控制要求高。

南侧结构覆土 2.6 m,北侧结构覆土 3.08 m,燃气管底覆土 1.8 m,施工时偏斜不易控制,容易引起地层沉降。

对策:采用水平定向钻机、可视导向仪精确控制成孔偏斜。采用跟管钻进、跳孔施工、优质泥浆护壁、保压钻进等控制水土流失,一般不会造成地层上抬;若地层沉降,可在成孔后进行补偿注浆。施工前备好应急物资,施工时加强监测。

(2) 开挖断面大。

对策:调整工序,分区开挖,缩减后开挖断面,开挖时严格控制冻结壁变形。

(3) 冻胀对周边环境的影响。

对策:首先采用 MJS 工法对冻结暗挖段进行土体改良,改良后土体冻胀率成倍减小。再分区分期进行冻结暗挖,减少同时冻结的冻土体积,将冻胀量分次释放,同时采用卸压孔、缓冻孔及时释放冻胀压力,必要时采用加热孔迅速卸载以及控制冻结壁发展。

(4) 临时支护与现浇结构的接缝处理。

对策:从设计上优化,结构施工时可间隔拆除临时支护,减少一半接缝问题。其他临时

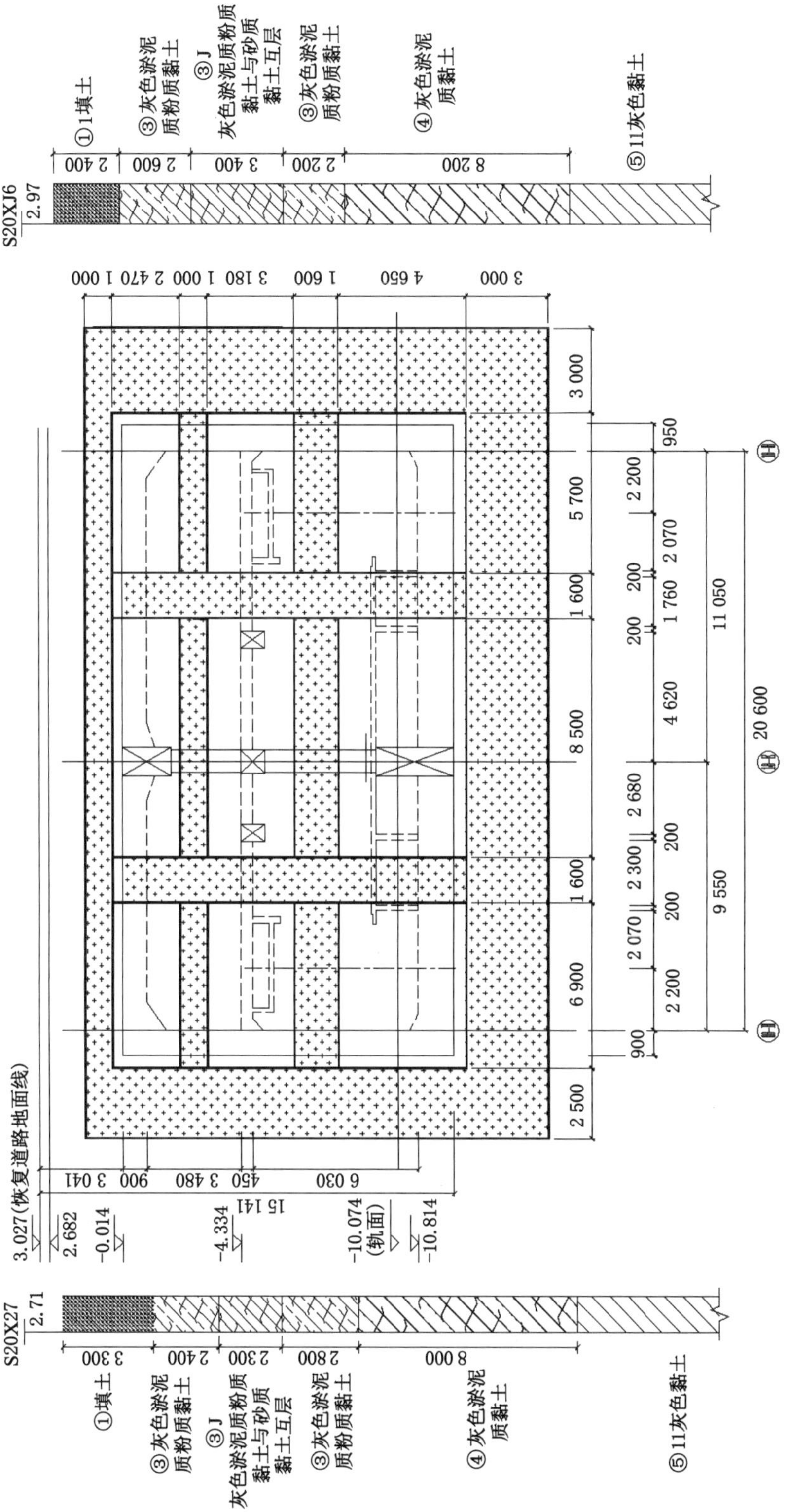


图6-66　加固区地质柱状图

支护结构位置除增加止水钢板外，采用二次浇筑方式进行接缝处理。

(5) 上层覆土较浅，水平 MJS 施工难度较大，对上部管线有不利影响。

对策：上排管棚先行施工，利用上排的管棚作为隔离保护措施，再进行下部的 MJS 加固，减少对管线的影响。

4. 总体方案

根据水文地质条件与特殊的环境工况，本工程拟采用"MJS 围护加固＋开挖面全断面注浆＋管棚＋冻结法"进行加固，矿山暗挖法施工方案，即对开挖体四周进行 MJS 加固，开挖区域进行分层注浆，并采用管棚冻结法加固地层，然后在冻土帷幕中采用矿山法进行通道开挖支护施工。加固示意图见图 6-67。

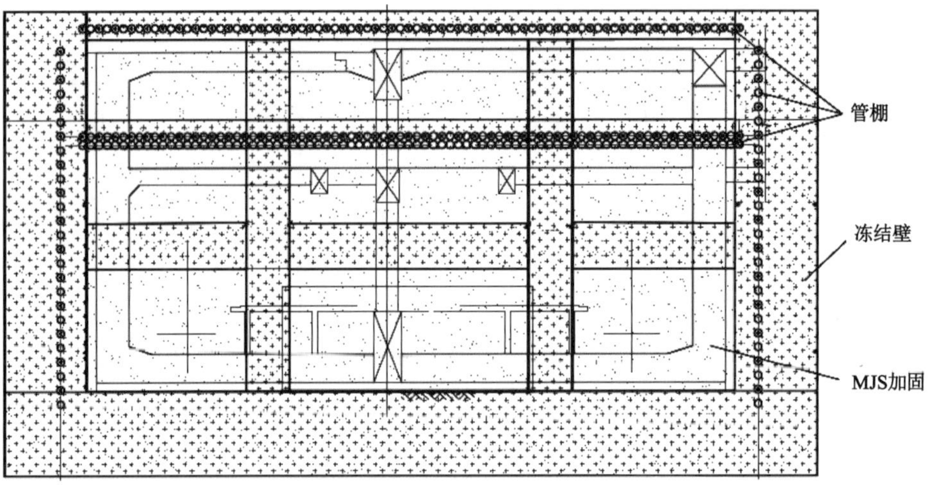


图 6-67　加固示意图

MJS 加固的主要作用为：① 减少冻结期间土体冻胀量，减少冻胀对地面管线的影响，减少结构施工完成后冻土体融沉量，防止后期产生过大融沉导致结构开裂漏水。② 保证开挖期间工作面稳定性。③ 减少负二层开挖期间顶部土体附加变形，增加上部土体稳定性。④ 作为冻结加固的补充，增加工程安全性。

管棚的作用：由于本工程地面覆土较浅，如上方也完全采用冻结加固冻胀量必然较大，施工后期融沉亦难以控制，为减少冻胀和后期融沉量，顶部采用管棚和冻结相结合，开挖期间开挖面顶部荷载由管棚承担，初衬型钢施工后由管棚将顶部荷载传递至初衬型钢支架，管棚和初衬型钢支架共同承担顶部荷载。侧面管棚的作用为增加两侧墙刚度，减少开挖期间侧墙变形，增加开挖期间安全系数。

冻结加固的作用：冻土主要承担开挖期间两侧墙位置、底部位置水土荷载，与顶部管棚形成完整的支护体系。底部及两侧墙位置的冻土为主要受力对象，顶部管棚间冻土使管棚间相互紧密结合，增加管棚横向稳定性，同时封闭上方水流。

本工程分为南、北两段工作区域，二者独立施工，受限于前置工作结束时间，计划先开展南段施工，单侧施工中采用先负二层后负一层的施工原则，以便尽早为后续单位进场作业提供环境，同时减少结构沉降。

## （二）冻结设计

### 1. 冻结壁设计

两侧墙及底板冻土强度的设计指标为：单轴抗压强度不小于 3.6 MPa，弯折抗拉强度不小于 1.8 MPa，抗剪强度不小于 1.5 MPa（−10 ℃）。

工程为矩形车站对接结构，因此冻结壁整体呈矩形布置，内侧根据开挖分区划分，设置“井”字形冻结壁。冻结壁厚度上部 1 m，西侧 2.5 m、东侧及下部 3.0 m，底部及侧墙平均温度不高于−10 ℃，顶部冻土平均温度不高于−8 ℃，厚度为 1 m、1.6 m。冻结区域划分为 9 个独立部分。冻结壁剖面图见图 6-68。

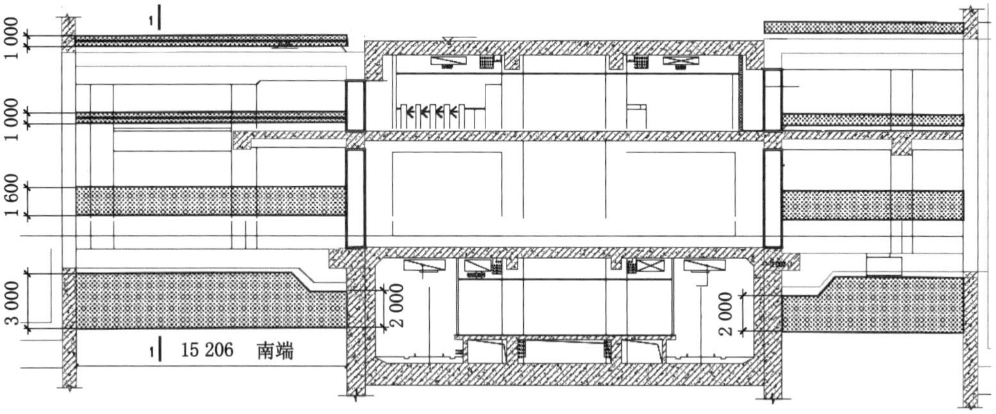


(a) 冻结壁纵剖面图

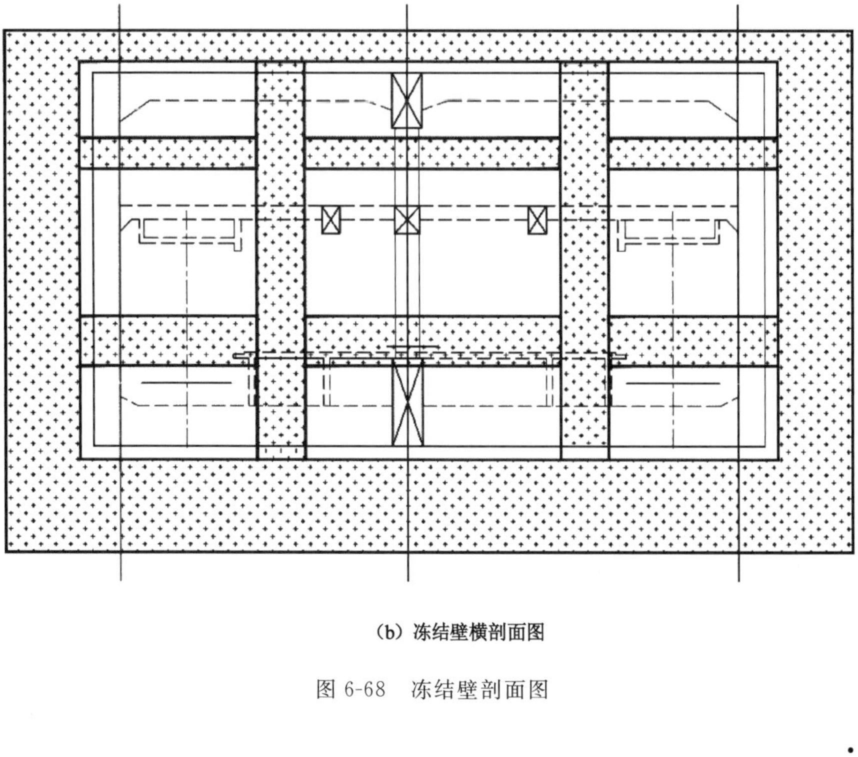

(b) 冻结壁横剖面图

图 6-68　冻结壁剖面图

2. 管棚与冻结孔布置设计

本工程管棚规格采用 $\phi$273 mm×10 mm 无缝钢管，横排和竖排管棚孔间距分别为 400 mm、450 mm。冻结孔采用两种布孔方式，一种为独立冻结孔，冻结孔规格采用 $\phi$89 mm×8 mm 冻结管，一种为管棚内下放冻结管，并在管棚管和冻结管之间用水泥砂浆充填，根据位置不同，管棚内冻结管 $\phi$89 mm×5 mm、管棚外冻结管 $\phi$89 mm×8 mm。具体布置为：顶部管棚为 $\phi$273 mm×10 mm@400 mm 无缝钢管，每根管棚中间下放 1 根冻结管（规格 $\phi$89 mm×5 mm）用于顶部冻结封水。中间两排管棚为 $\phi$273 mm×10 mm@400 mm 无缝钢管，上排每根管棚中间下放 1 根冻结管（规格 $\phi$57 mm×4 mm），用于顶部冻结封水，两侧墙位置分别设置 1 纵排管棚，每 2 根管棚中间设置 1 根冻结管，冻结管规格 $\phi$89 mm×5 mm。底部设 2 排冻结孔。此外，为了监测冻结壁发展状况以及控制内部冻胀压力，分别布置测温孔和卸压孔。

3. 冻结壁承载力

(1) 设计计算参数。

冻结壁水平底板冻结壁有效厚度为 3.0 m（局部喇叭口处厚度为 2.0 m），侧墙冻结壁厚度为 2.5 m，水平及竖向支撑冻结壁有效厚度为 1.6 m，设计冻结壁平均温度小于－10 ℃。冻结壁示意图见图 6-69。

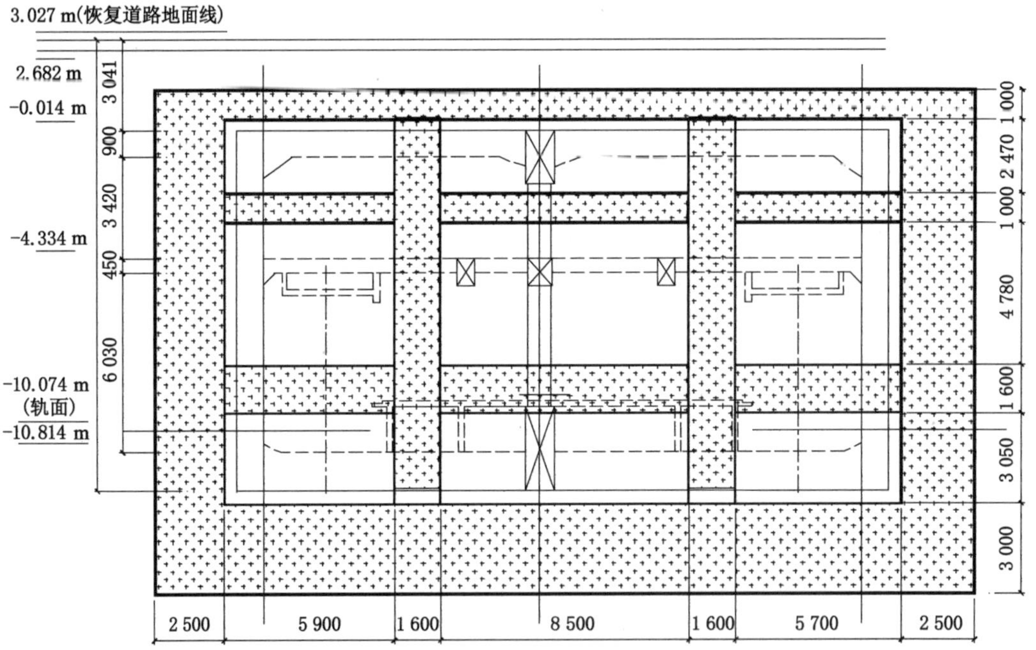


图 6-69　冻结壁示意图

设计取－10 ℃冻土的弹性模量和泊松比分别为 150 MPa 和 0.25，冻土强度指标为：抗压强度 3.6 MPa，抗折强度 1.8 MPa，抗剪强度 1.5 MPa。

冻结壁承载力验算采用许用应力法，根据《旁通道冻结技术规程》中的Ⅲ类冻结壁强度检验，安全系数取：抗压 2.0，抗折 3.0，抗剪 2.0。

(2) 计算模型。

根据工程开挖顺序的特点，按开挖工序分别进行计算。采用线弹性平面应变模型进行，模型见图 6-70、图 6-71。

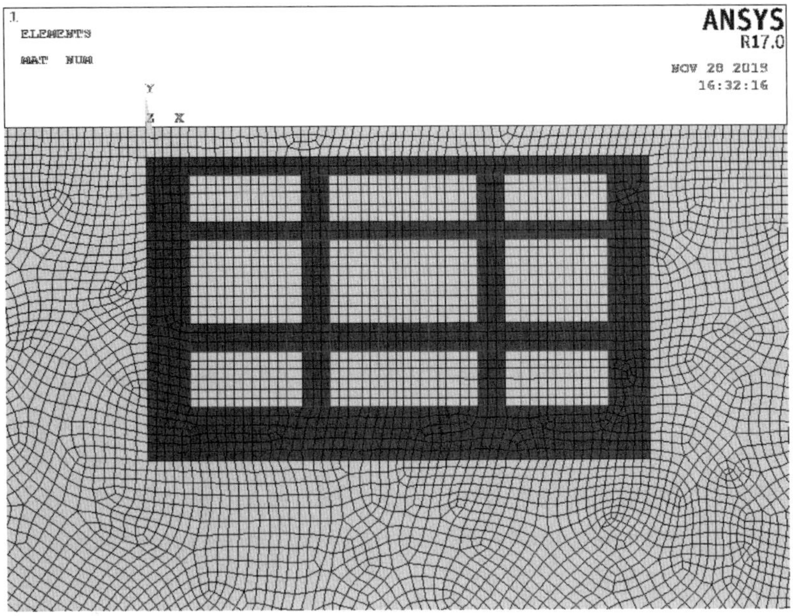


图 6-70　冻结壁单元计算模型

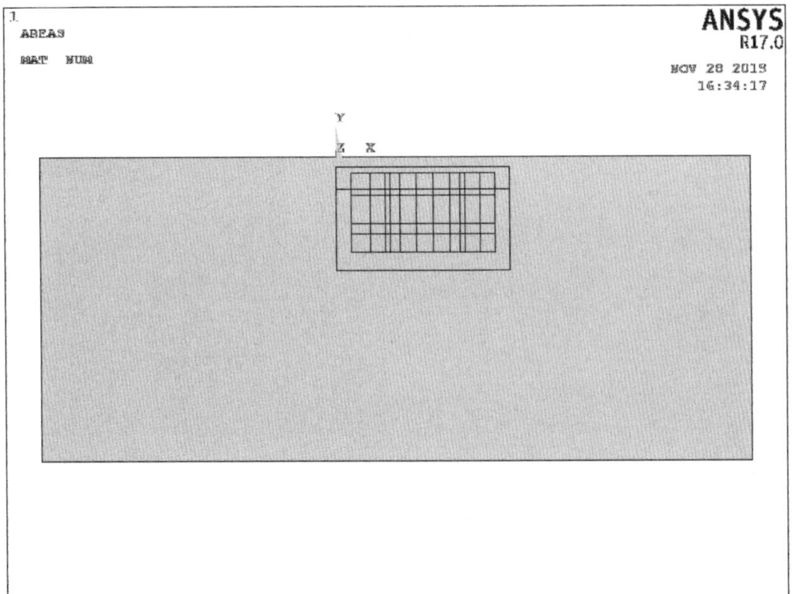


图 6-71　冻结壁计算模型

(3) 冻结壁计算荷载计算。

采用模拟开挖方式进行冻土计算,模型取宽 50 m、深 50 m,计算采用 solid45 单元,首先计算土体自重产生的原始地层压力,建立土层应力平衡后将计算原状土压力作为荷载施加于模型上。顶部荷载为超载 25 kPa。材料计算参数见表 6-24。

**表 6-24　材料计算参数表**

| 参数材料 | 重力密度/(kN/m³) | 弹性模量/MPa | 泊松比 |
|---|---|---|---|
| 冻土 | 20.0 | 150 | 0.2 |
| 型钢支撑 | 78.0 | 200 000 | 0.3 |
| 原状土(加固后) | 20.0 | 6 | 0.2 |

(4) 开挖分步工况。

根据施工组织情况,开挖时首先开挖负二层中间土层,然后开挖负二层两侧土体,浇筑负二层二衬结构后开挖负一层中间土体,最后开挖负一层两侧土体。根据开挖顺序,主要工况分为以下内容:

工况一:开挖负二层中间土体上台阶。

工况二:开挖负二层中间土体下台阶。

工况三:开挖负二层两侧土体上台阶。

工况四:开挖负二层两侧土体下台阶。

工况五:开挖负一层中间土体。

工况六:开挖负一层两侧土体。

(5) 计算结果。

工况一的计算结果云图,见图 6-72～图 6-75。计算结果见表 6-25。

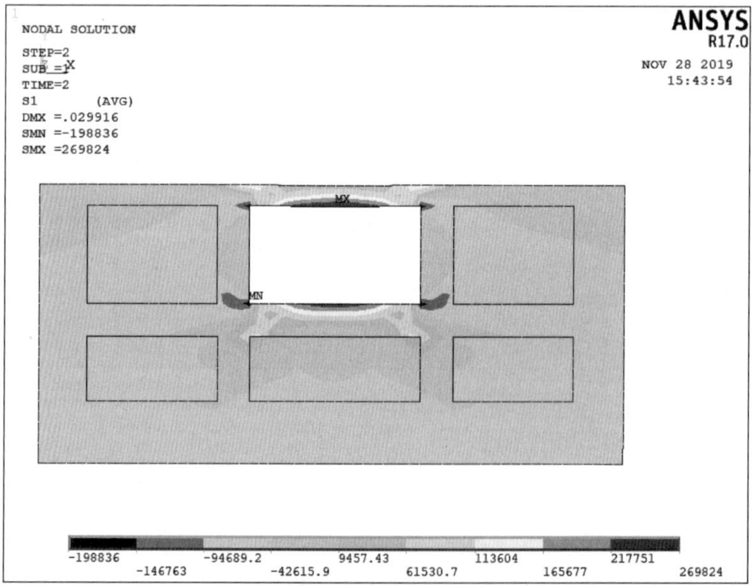


图 6-72　工况一冻土 $\sigma_1$ 应力分布

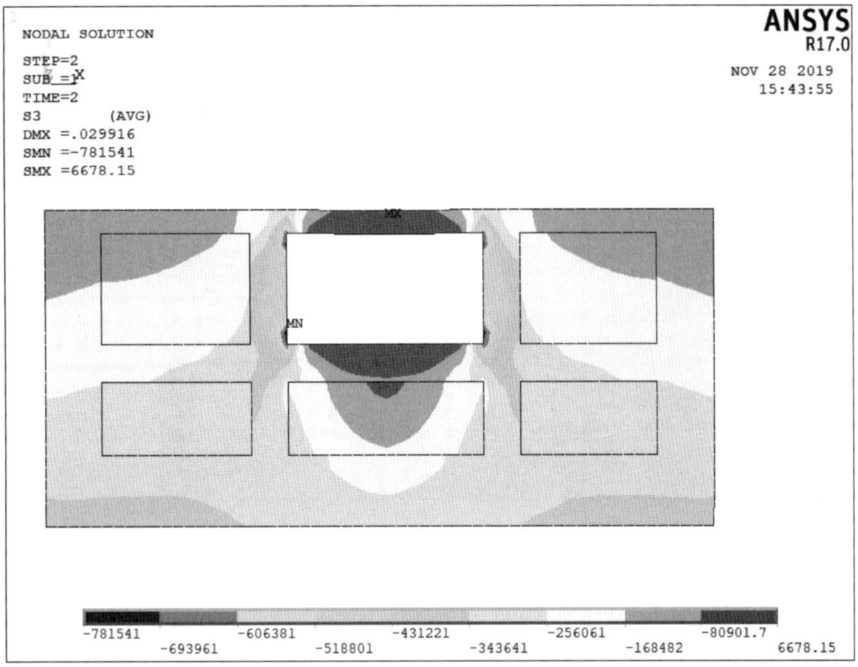


图 6-73　工况一冻土 $\sigma_3$ 应力分布

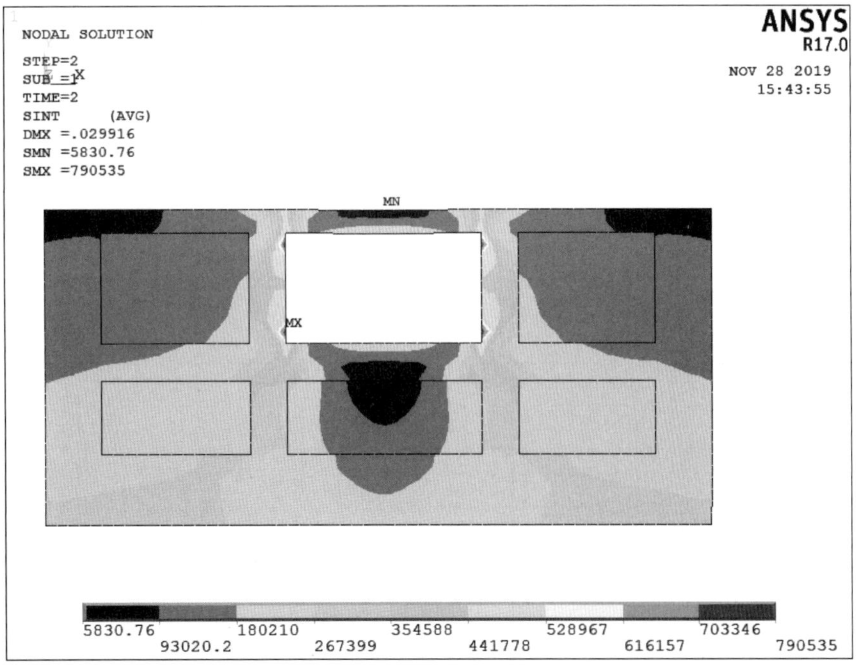


图 6-74　工况一冻土应力分布

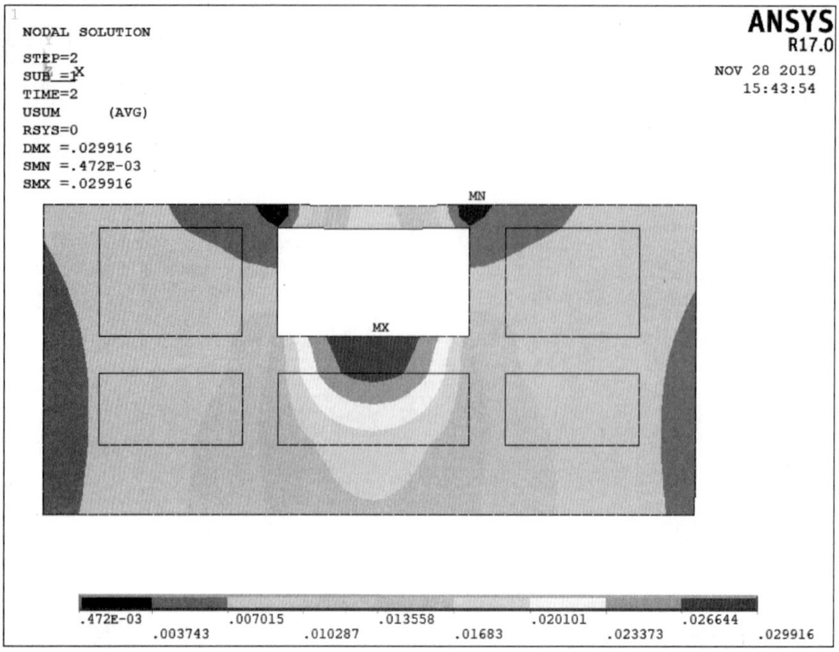


图 6-75　工况一土体位移分布

**表 6-25　计算结果**

| 开挖阶段 | 项目 | 压/弯拉应力/MPa | | 剪应力/MPa | 位移/mm |
|---|---|---|---|---|---|
| | | $\sigma_1$ | $\sigma_3$ | $\tau_{max}$ | $U_{max}$ |
| 负二层中间 | 计算值 | 0.29 | 1.08 | 0.55 | 45 |
| | 强度指标 | 1.8 | 3.6 | 1.5 | |
| | 安全系数 | 5.29 | 2.98 | 2.46 | |
| | 位置 | 冻土顶板中间位置 | 冻土侧墙和冻土底板交界处 | 冻土侧墙和冻土底板交界处 | 开挖面底板中间位置底鼓 |
| 负二层两侧 | 计算值 | 0.46(局部应力集中最大 1.11) | 1.53(局部应力集中最大 2.7) | 0.71(局部应力集中最大 1.25) | 33 |
| | 强度指标 | 1.8 | 3.6 | 1.5 | |
| | 安全系数 | 3.91 | 2.35 | 2.11 | |
| | 位置 | 冻土顶板初衬型钢连接处 | 冻土顶板初衬型钢连接处 | 冻土侧墙初衬型钢连接处 | 开挖面底板中间位置底鼓 |
| 负一层中间 | 计算值 | 0.26 | 1.72 | 0.24 | 17 |
| | 强度指标 | 1.8 | 3.6 | 1.5 | |
| | 安全系数 | 6.92 | 7.20 | 6.25 | |
| | 位置 | 冻土侧墙和负二层顶板交界处 | 冻土侧墙和负二层顶板交界处 | 冻土侧墙和负二层顶板交界处 | 开挖面顶板中间位置下沉 |

表 6-25(续)

| 开挖阶段 | 项目 | 压/弯拉应力/MPa | | 剪应力/MPa | 位移/mm |
|---|---|---|---|---|---|
| | | $\sigma_1$ | $\sigma_3$ | $\tau_{max}$ | $U_{max}$ |
| 负一层两侧 | 计算值 | 0.30(局部应力集中最大 0.47) | 1.72(局部应力集中最大 2.39) | 0.24(局部应力集中最大 0.9) | 17 |
| | 强度指标 | 1.8 | 3.6 | 1.5 | |
| | 安全系数 | 6.0 | 2.1 | 6.25 | |
| | 位置 | 冻土侧墙和负二层顶板交界处 | 冻土侧墙和负二层顶板交界处 | 冻土侧墙和负二层顶板交界处 | 开挖面顶板中间位置下沉 |

根据有限元计算，冻结壁厚度 2.5 m，底部厚 3.0 m，结合开挖范围内初衬型钢，在平均温度−10 ℃情况下，考虑不同工况开挖条件，冻结壁满足强度和刚度要求。

4. 管棚承载力

(1) 计算模型：按冻土和管棚建模，分别建立顶部单排管棚和负二层顶部双排管棚，计算跨度 4 m 情况下管棚内应力分布，管棚采用 shell181 壳单元，规格为 273 mm×10 mm，冻土采用 solid185 体单元。计算模型分别见图 6-76、图 6-77。

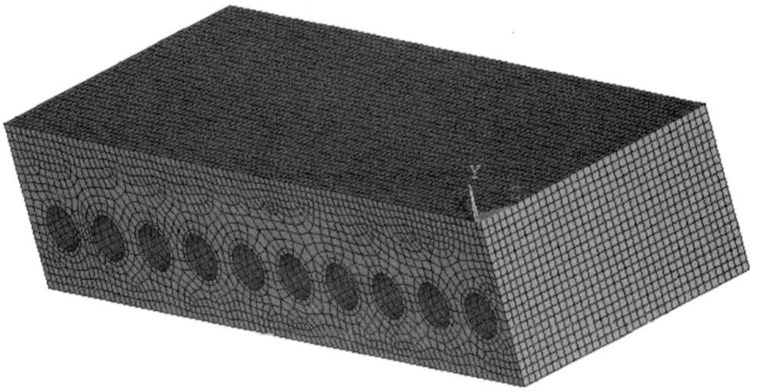

图 6-76　顶部管棚和冻土计算模型

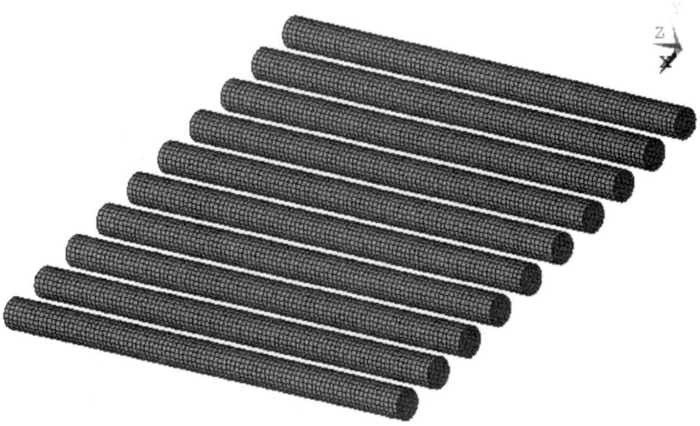

图 6-77　顶部管棚计算模型

(2) 荷载取值:根据前述计算内容,顶部第一排管棚上方荷载为 75 kPa,负二层顶部管棚荷载为 140 kPa。

(3) 假定冻土为均质线弹性物体,忽略管棚中间充填的砂浆。

(4) 计算跨度按两榀支架最大间距 1.5 m 计算(拆除初衬型钢中 HW300×300 型钢,保留 HW400×400 型钢时),开挖时要求空帮范围最大可两榀不进行支撑,考虑负二层开挖导致负一层开挖工作面土体松动影响,计算跨度选择为 4.0 m。

(5) 计算结果:计算结果云图见图 6-78~图 6-87、表 6-26。

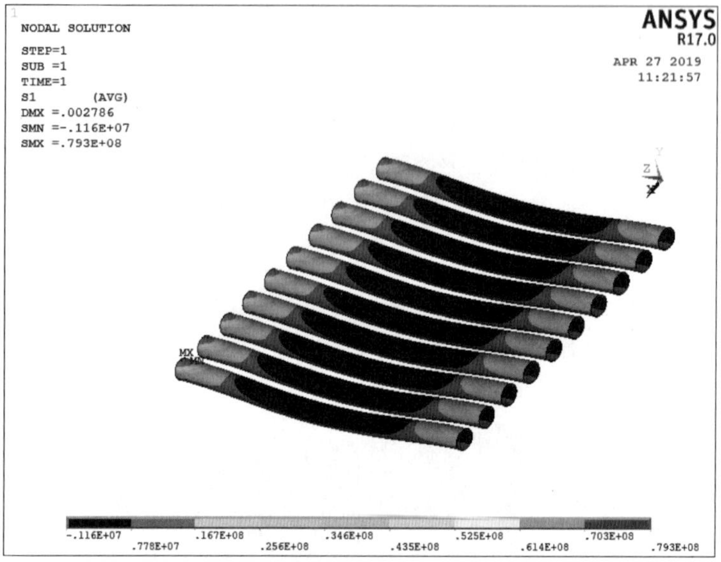


图 6-78　顶部管棚应力分布 $\sigma_1$

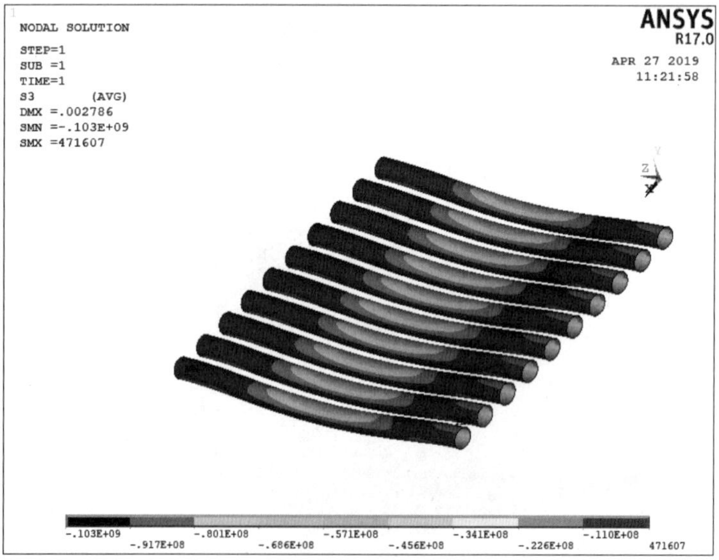


图 6-79　顶部管棚应力分布 $\sigma_3$

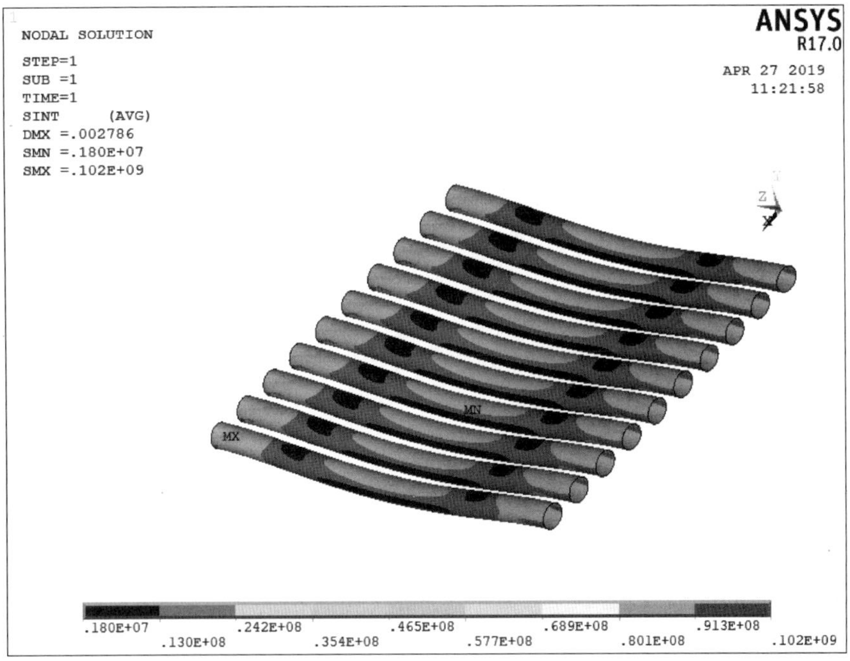


图 6-80　顶部管棚应力分布

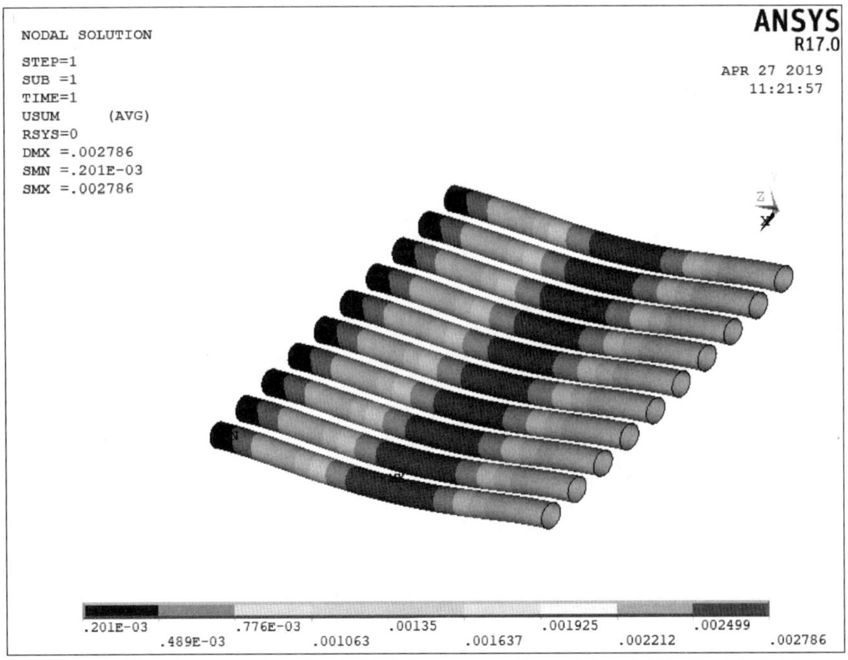


图 6-81　顶部管棚变形计算

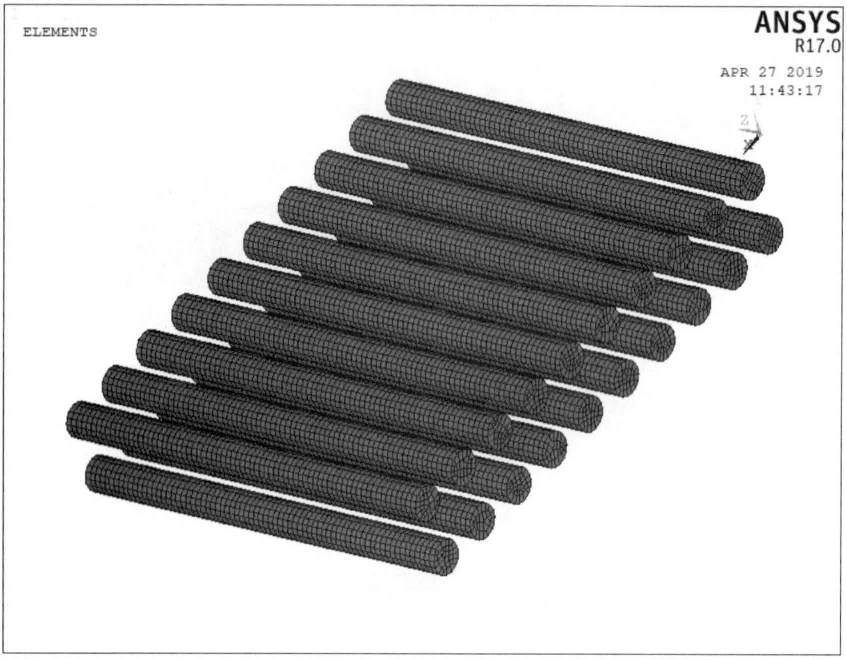


图 6 82　负二层上方管棚计算模型

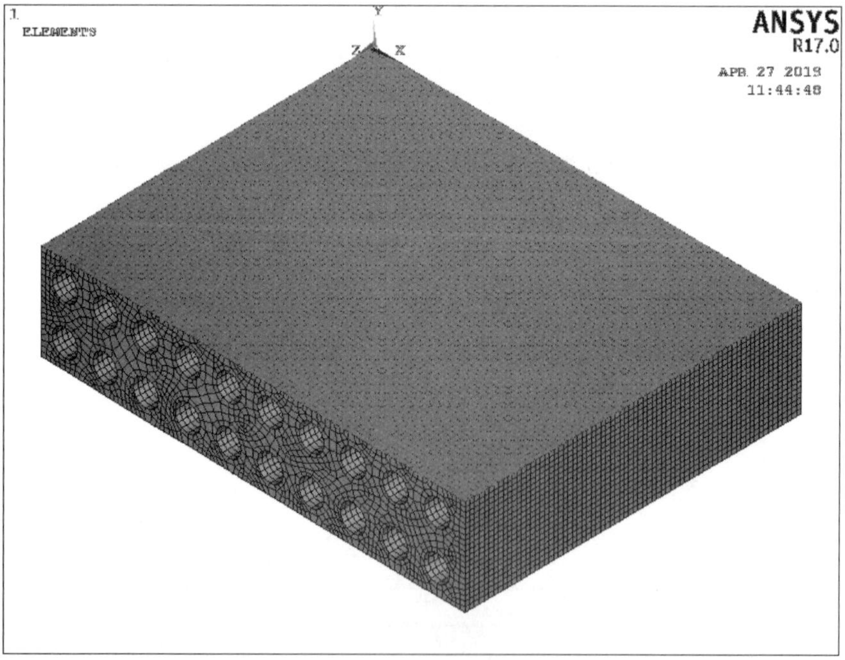


图 6-83　负二层上方管棚计算模型(含冻土)

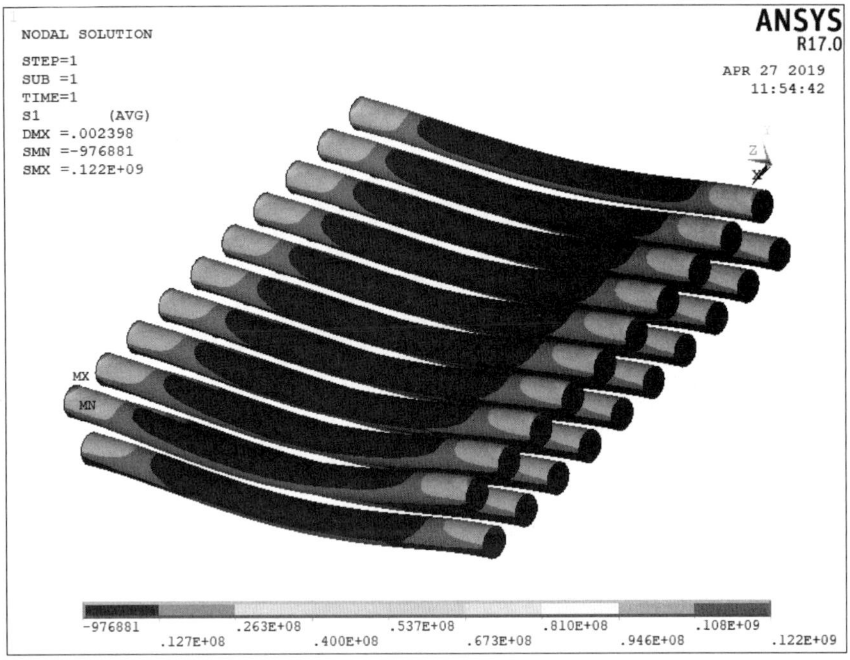


图 6-84 顶部管棚应力分布 $\sigma_1$

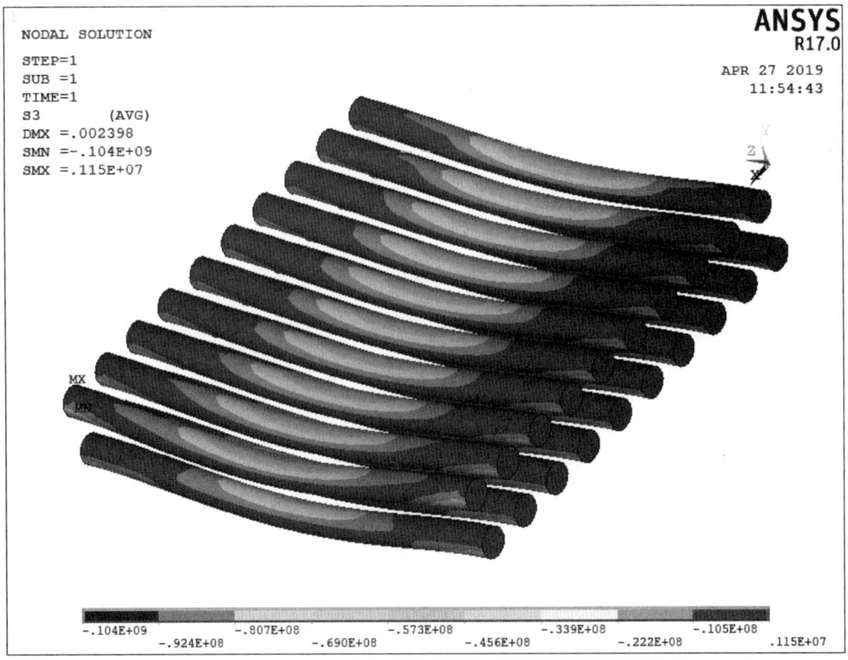


图 6-85 顶部管棚应力分布 $\sigma_3$

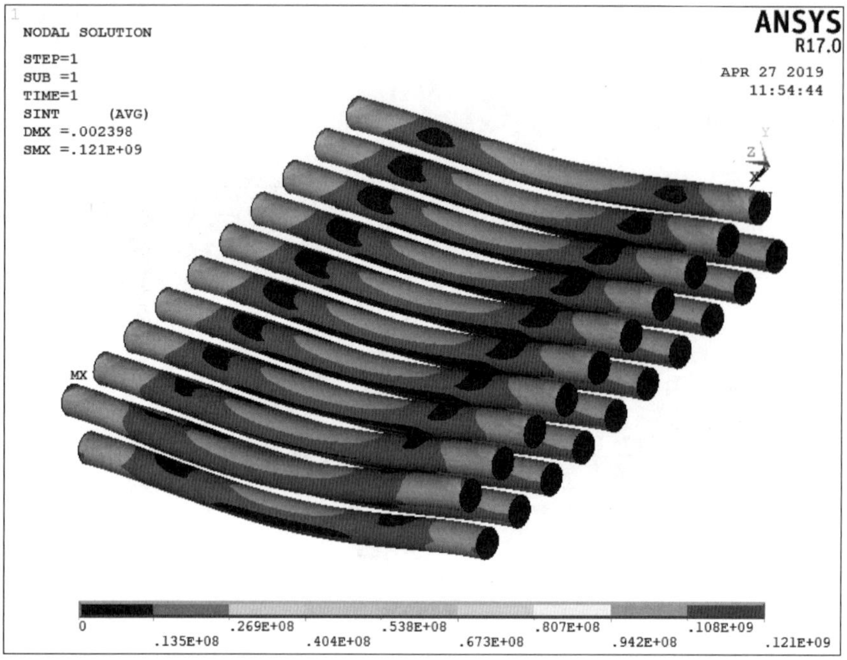


图 6 86　顶部管棚应力分布

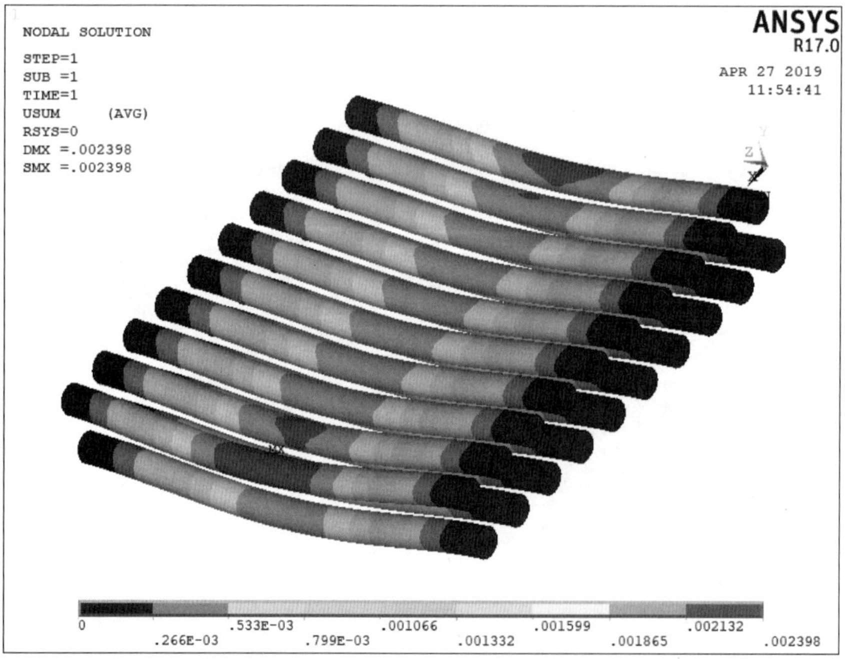


图 6-87　第二排管棚位移分布

表 6-26　管棚强度计算值与安全系数

| 项目 | | 拉应力 $\sigma_1$/MPa | 压应力 $\sigma_3$/MPa | 剪应力 $\tau_{max}$/MPa | 位移 $U_{max}$/mm |
|---|---|---|---|---|---|
| 顶棚 | 计算值 | 79.3 | 103 | 51 | 2.8 |
| | 强度指标 | 215 | 215 | 125 | |
| | 安全系数 | 2.7 | 2.1 | 2.5 | |
| 第二排管棚 | 计算值 | 122 | 104 | 61 | 2.4 |
| | 强度指标 | 215 | 215 | 125 | |
| | 安全系数 | 1.8 | 2.1 | 2.0 | |

根据结果，管棚支护结构满足施工安全要求。

5. 主要冻结参数设计

主要冻结技术参数见表 6-27。

表 6-27　主要冻结参数一览表

| 序号 | 名称 | 单位 | 南端头 | 北端头 | 备注 |
|---|---|---|---|---|---|
| 1 | 冻结壁设计厚度 | m | 1～3 | 1～3 | |
| 2 | 冻结壁平均温度 | ℃ | －10 | －10 | |
| 3 | 冻结壁交圈时间 | d | 20～23 | 20～23 | |
| 4 | 积极冻结时间 | d | ≥40 | ≥40 | 分区冻结，单段积极冻结时间<br>维护冻结时间见进度计划图<br>根据冻结壁发展速度确定开挖时间 |
| 5 | 冻结孔个数 | 个 | 420(125＋295) | 262(135＋127) | |
| 6 | 管棚孔个数 | 个 | 256 | 210 | |
| 7 | 最低盐水温度 | ℃ | －30～－28 | －30～－28 | |
| 8 | 单孔盐水流量 | $m^3$/h | 5～7 | 5～7 | |
| 9 | 管棚管规格 | mm | $\phi$273×10 | $\phi$273×10 | |
| 10 | 冻结管规格 | mm | $\phi$89×8、$\phi$89×5 | $\phi$89×8、$\phi$89×5 | 低碳钢无缝钢管 |
| 11 | 管棚管长度 | m | 4 420 | 2 351.25 | |
| 12 | 冻结管总长度 | m | 7 367.5(2 187.5＋5 180) | 2 919.3(1 420.8＋14 98.5) | |
| 13 | 测温孔 | 个/m | 35/357 | 37/269 | |
| 14 | 卸压孔 | 个/m | 30/192 | 30/126 | |
| 15 | 注浆孔 | 个/m | 140/238 | 84/126 | $\phi$45 mm×3 mm 低碳无缝钢管 |

（三）冻结施工

1. 制冷系统设计

（1）冻结站设置。

本工程实际是由两座相互独立的冻结工程组成的，由于现场场地位于市中心区，因此场地狭小。根据规划，计划设置冷冻站一座，位于路口东南侧场地内，靠近北端头加固区域，南端头加固区域冷量由 6 根透孔自北端头输送至南端头区域。二者的制冷系统互相独立，确保冻结效果。

（2）南端头井。

① 冻结需冷量。

南端头井设计需冷量 $3.87\times10^5$ kcal/h，根据最新孔深重新计算。由于 MJS 水化热影响，上海地区高温、高湿度工况，冷冻机无法达到设计条件，再加上盐水管路冷量损失，冻结时最大冻结需冷量可达到 $4.06\times10^5$ kcal/h。

② 冷冻机选型。

配备工况制冷量 $8.6\times10^4$ kcal/h 的 YSLG16FZ 型冷冻机机组 7 台，其中 1 台作为备用冷冻机，冷冻机每台冷冻机组电机功率为 125 kW。

按照冷冻机组及冷却塔产品说明书，需清水补给量约为 15 $m^3$/h，具体用量根据施工季节确定。

按照冷冻机组要求，每台冷冻机组清水循环量 100 $m^3$/h，清水循环总量 1 000 $m^3$/h。为机组清水循环的均匀性，清水系统分为 4 个单独系统，每个系统 2 台套冷冻机组并联，单系统清水循环量 200 $m^3$/h。清水干管选择 $\phi$133 mm×4 mm 焊管，选择 ISW150-250 型号清水泵 5 台（2 台备用），单台循环量 200 $m^3$/h，扬程 14 m，功率 18.5 kW。结合当地气候环境，搭配 DBL-3 型冷却塔 10 台，单台冷却水循环量 50 $m^3$/h。

③ 盐水系统设计。

盐水相对密度取 1.260～1.265。

冻结器采用串联连接，根据招标文件初步规划，南端头井设置 28 组，单组盐水流量取平均值为 6 $m^3$/h，南端头盐水总流量 168 $m^3$/h，盐水泵选用 200S63A 型盐水泵 2 台，其中 1 台备用。

（3）北端头井。

① 冻结需冷量。

北端车站积极冻结时最大冻结需冷量为 $2.633\times10^5$ kcal/h，根据最新孔深重新计算。由于 MJS 水化热影响，上海地区高温、高湿度工况，冷冻机无法达到设计条件，再加上盐水管路冷量损失，冻结时最大冻结需冷量可达到 $3.5\times10^5$ kcal/h。

② 北端冻结制冷设备选型。

冷冻机组选用 6 台 YSLGF300 型，运行 5 台，备用 1 台。单台冷冻机制冷量为 $8.5\times10^4$ kcal/h，电机功率 110 kW。

盐水循环泵选用 3 台 IS150-125-400 型，运行 2 台，备用 1 台，流量 200 $m^3$/h，扬程 50 m，电机功率 45 kW。

冷却水循环泵选用 4 台 IS150-125-250 型，运行 3 台，备用 1 台，流量 200 $m^3/h$，扬程 20 m，电机功率 18.5 kW。

冷却塔选用 10 台 DLT-80 型，运行 10 台，电机功率 1.5 kW。

③ 各种管路选型。

盐水干管、冷却水管均选用 $\phi$219 mm×5 mm 无缝钢管，集配液管均选用 $\phi$159 mm×5 mm 无缝钢管，集、配液管与羊角连接选用 2 in 高压胶管。

冻结管、测温管、卸压管采用 $\phi$89 mm×8 mm、$\phi$89 mm×5 mm、$\phi$57 mm×4 mm 等低碳钢无缝钢管，丝扣加焊接，单根长度 1～2 m。

供液管选用 $\phi$45 mm×4 mm、$\phi$25 mm×3 mm 聚乙烯塑料管。

④ 其他。

盐水箱 1 个，容积 4.5 $m^3$；冷却水箱 2 个，容积 24 $m^3$。

冷冻机油：选用 N46 冷冻机油。

制冷剂：选用 R22 制冷剂。

冷媒剂：用氯化钙溶液作为冷冻循环盐水，盐水相对密度为 1.26～1.27。

2. 施工准备

(1) 四通一平。

道路及场地：施工场地设备吊装及渣土运输有专用通道，可满足道路畅通要求，施工场地周边有空地，地面用水泥硬化，能满足设备吊装及材料堆放基本要求。

通信：现场造孔平台区工作井需搭设完成，并安装摄像头，引到地面办公区，对施工作业进行实时监控。

电：施工场地用电从甲方提供的供电接口通过电缆接入端头井配电箱，单组打钻设备功率 100 kW，打钻期间两台设备同时作业，因此现场需满足 200 kW 以上供电要求。

水：铺设 1 趟 2 in 镀锌自来水管路至施工工作面，总长度约 200 m，用于钻孔开孔及搅拌泥浆供水。施工现场铺设 1 趟 1.5 in 镀锌焊接钢管管路至地面作为排污管，总长度约 100 m，排污处安装流量 40 $m^3/h$ 型号 AB2.4s 潜水泵 1 台，用于施工场地排污。

(2) 设备和材料吊装运输。

采用 25 t 轮胎式汽车起重机进行设备和材料的垂直运输，进行吊装作业时必须配备专业指挥。从工作井底部进行吊运作业时，需在工作井下部和地面各配备 1 个吊车指挥和 2 个挂钩操作工。

(3) 钻孔施工升降平台。

在工作井内搭设钻孔升降平台 3 套，搭设的平面大小为 9 m×9 m，每套钻孔升降需 8 根 300H 型钢为立柱(见图 6-88)。平台通过 I20 工字钢横梁植筋固定在工作井结构上，植筋符合相关规范要求，保持梅根立柱稳定且要垂直。横梁与立柱之间工字钢采用 300 mm×300 mm×10 mm 连接钢板，每个连接点 8 根 M20×120 mm 螺栓，以保证升立柱的稳定性。

升降平台由 I20 工字钢封边，I20 工字钢做内部格栅并满铺木板，临边用脚手架管设 1.2 m 高防护栏，并加挂安全网。升降平台通过专用钢夹板与立柱连接，顶部框架下方焊接 8 块 300 mm×200 mm×20 mm 钢板钩鼻子，每个钩鼻子吊挂 3 t 手拉葫芦一个，挂在立柱顶部，用于升降平台的升降；升降平台上设 8 个钢板钩鼻子。升降平台顶部中间架 I20 工字钢横梁，安装钢制钩鼻一个，其下方吊挂 1 t 手拉葫芦一个，用于吊装平台上的材料和设备。

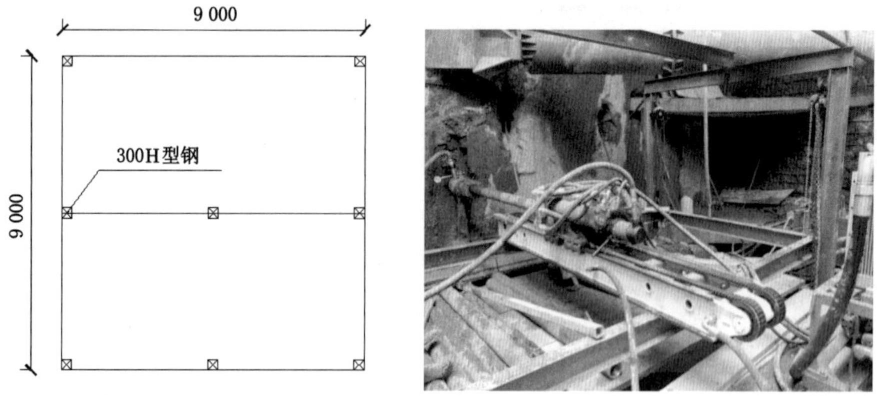


图 6-88　钻孔升降平台平面示意图

搭设完成后需在平台中间框架处加设 30H 型钢的斜撑，加固升降平台。

(4) 根据设计施工图确定测量控制轴线网，确定上下行线的中心点、中线及腰线，并标记在施工区域。

3. 管棚和冻结孔钻孔施工

(1) 测量放样。

根据设计施工图确定测量控制轴线网，计算并复核中心点的放样资料，正确无误后进行实地测设放样，确定上下行线中心点、轴线及腰线。根据放样的中心点、轴线及腰线，确定孔位，将孔位全部放样标注，并对孔位进行复核，开孔误差不大于 100 mm。

(2) 孔口管埋设及孔口密封装置安装。

根据设计孔位图放样各孔位置。首先注意内衬结构内主筋干涉时，调整孔位，用开孔器(配金刚石钻头取芯)按设计角度开孔，其中，管棚孔开孔直径 325 mm，当开到深度 300 mm 时停止钻进，安装孔口管，孔口管外径 325 mm，二次开孔孔径为 285 mm，开掉外层钢筋为止；冻结孔开孔孔径为 120 mm，孔口管外径 121 mm，二次开孔孔径为 108 mm，开掉外层钢筋为止。

孔口管的安装方法为：首先将孔口处凿平，安好 4 个膨胀螺丝，而后在孔口管的鱼鳞扣上缠好麻丝或棉丝等密封物，将孔口管砸进去，用膨胀螺丝连接钢板与孔口管焊接牢固。将孔口管固定牢固后，装上 DN325 球阀，再将球阀打开，用水钻从球阀内开孔，一直将内衬及维护结构开穿。这时，如地层内的水砂流量大，应及时关好球阀。

孔口管安装角度均为钻孔角度。施工中当第一个孔开通后，如果没有涌水涌砂，可继续开孔施工；若涌水涌砂较厉害，应当进行注水泥浆(或双液浆)止水及地层补浆。

(3) 钻机钻进。

该工程覆土浅，上部管线及周边构筑物多，钻孔过程中，应采取相应措施，避免地层水土流失以及对管线、地面周围构筑物的危害。

针对工程特点，采用保压钻进技术，利用在闭式循环系统的保压作用下改变流体流速和流动方向实现固(砂石)液(泥浆)分离的可调泥浆保压装置，钻孔过程中既不造成水土流失又不影响钻孔在泥浆保护的情况下正常推进。泥浆流动示意图见图 6-89。

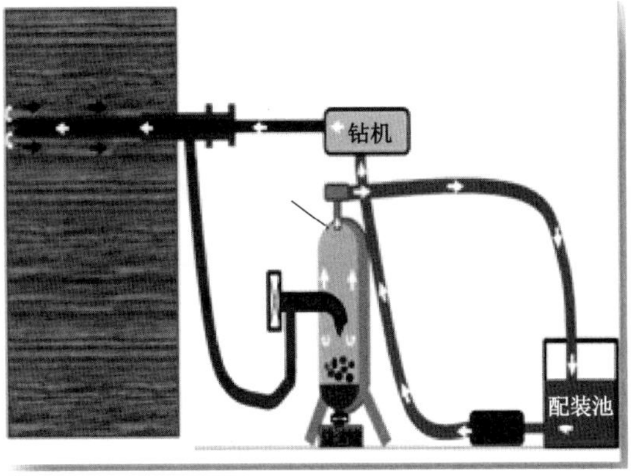


图 6-89 泥浆流动示意图

管棚、冻结管、测温管及卸压管分别选用 $\phi$273 mm×10 mm、$\phi$89 mm×8 mm($\phi$57 mm×8 mm)的低碳无缝钢管，材质符合《输送流体用无缝钢管》(GB/T 8163)的相关规定。

管棚单根管材长度以 1～1.5 m 为宜，冻结管、测温管及卸压管单根管材长度以 2～3 m 为宜，采用内接箍加对焊连接，见图 6-90。管材焊接时前要用平尺校核，保证连接同心且平顺，利用千分尺对同心度进行校核。管材焊接连接后，要冷却 5 min 以上，防止热焊口进入土层后骤冷脆裂。

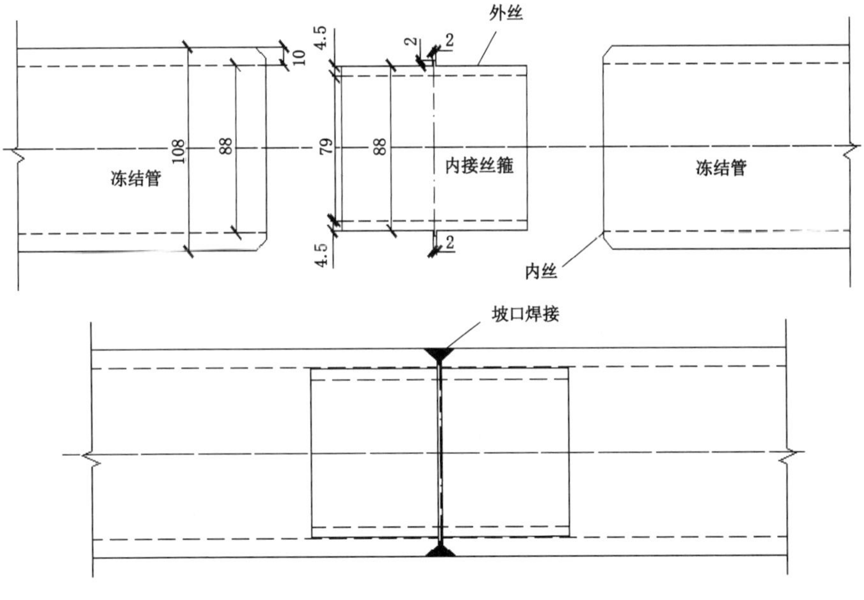


图 6-90 内接箍焊接示意图

考虑钻孔要部分孔穿透 8 号线车站地墙 15 cm，钻孔顶部要破混凝土与磨钢筋，针对此项特殊的钻孔工艺需要进行钻具组合的搭配。

顶部管棚在 MJS 加固前进行钻孔，采用跟管钻进法，采用 $\phi$278 mm 金刚石取芯钻头(见图 6-91)＋单向阀＋$\phi$273 mm 无缝钢管跟管钻进，嵌入 8 号线地连墙结构中。考虑顶部部分管棚须下放冻结管，为保证端部冻结效果，钻孔完成后取出单向阀。

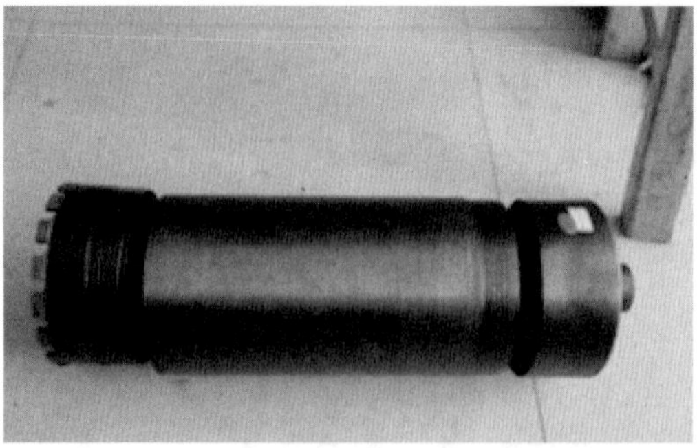

图 6-91　金刚石取芯钻头

MJS 加固后进行钻孔，采用金刚石钻头 $\phi$108 mm＋地质钻杆。成孔后下放 $\phi$89 mm×8 mm 冻结管，并进行终孔偏斜及试压检测。

成孔检测合格后，通过孔口管三通对地层进行注浆，补充钻孔过程中的地层损失，同时对冻结管周边土层进行适度注浆改良，注浆量主要通过注浆压力控制，控制注浆压力不大于静水压。

4. 管棚和冻结管充填

管棚孔内采用 M10 水泥砂浆充填。管棚充填水泥砂浆，关键是确保水泥砂浆的流动性与密实性。采用自流平水泥砂浆，采用泵送的充填工艺将水泥砂浆自管底依次充填到管口。自流平水泥砂浆在充填灌注的过程中依靠自身重力作用自由流淌，同时具有足够的黏聚力防止离析泌水，拌合物均匀密实，硬化后具有良好的力学与耐久性。水泥砂浆的配合比设计见表 6-28。

**表 6-28　水泥砂浆的配合比设计**

| 指标 | 水泥砂浆/$m^3$ | 水泥/kg | 河砂/kg | 水/kg | 稠度/mm |
|---|---|---|---|---|---|
| 规格 | 1 | 270 | 1 450 | 310～330 | 70～90 |

采用 P・C32.5 级水泥，采用黄河特细砂，细度模数为 1.1，含泥量＜1%。

要确保充填间隙可以密实，要充分利用水泥砂浆的自流平性及采用合理的充填工艺。在闷板上下位置进行开孔，孔径 20 mm。下孔下 6 in 钢管直到孔底，采用丝扣连接，充填过程中通过充填量计算充填距离，孔内空气通过排气孔排出，根据充填量检测充填的密实度。管棚孔充填示意图见图 6-92。

5. 开挖支护施工

(1) 开挖支护方案。

根据结构和冻结壁设计特点，以分层分区分部分台阶开挖为重要控制原则，分成两层 6 个区开挖，见图 6-93。

设计单侧开挖流程：负二层中硐下部开挖和支护—负二层中硐上部开挖和支护—负二层左、右硐下部开挖和支护—负二层左、右硐上部开挖和支护—负二层部分支架拆除—负二层分段整体结构浇筑—负一层中硐开挖和支护—负一层左、右硐开挖和支护—负一层部分支架拆除—负一层分段整体结构浇筑。开挖支护总体流程见图 6-94。

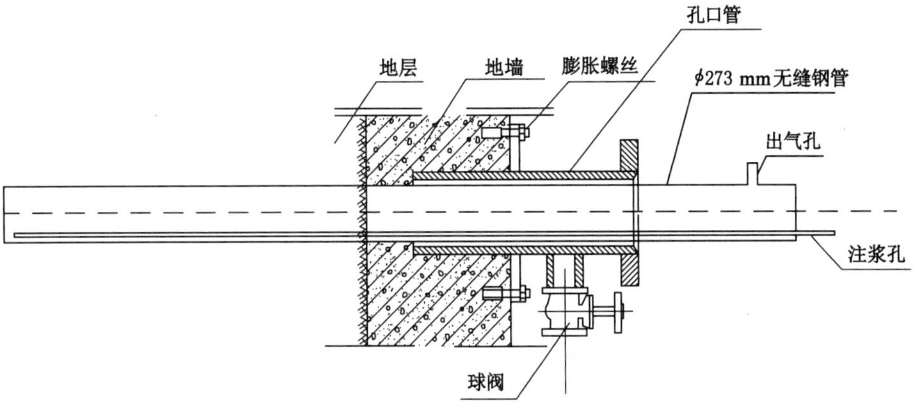


(a) 管棚孔充填示意图

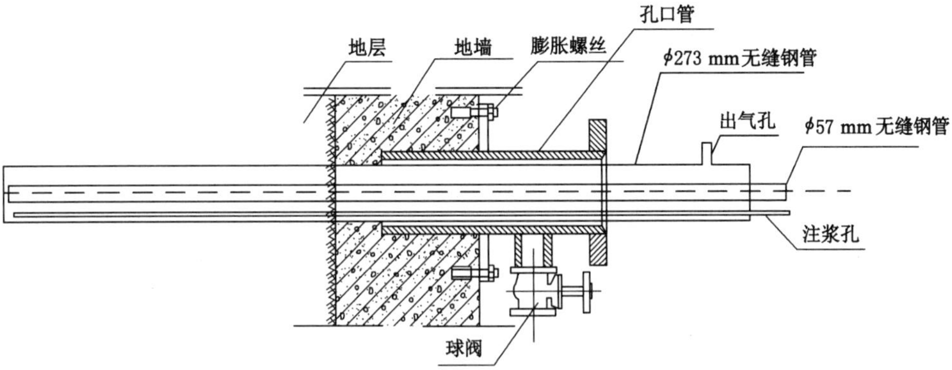


(b) 管棚孔充填示意图

图 6-92 管棚孔充填示意图

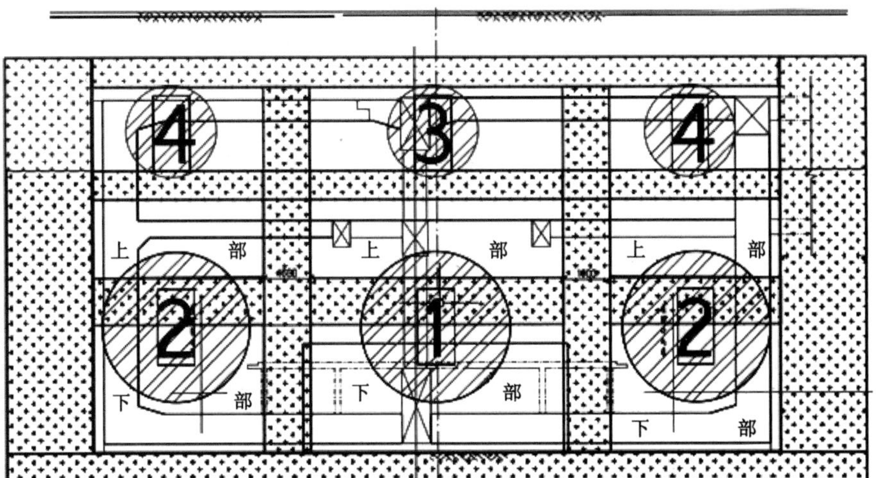


图 6-93 开挖分区示意图

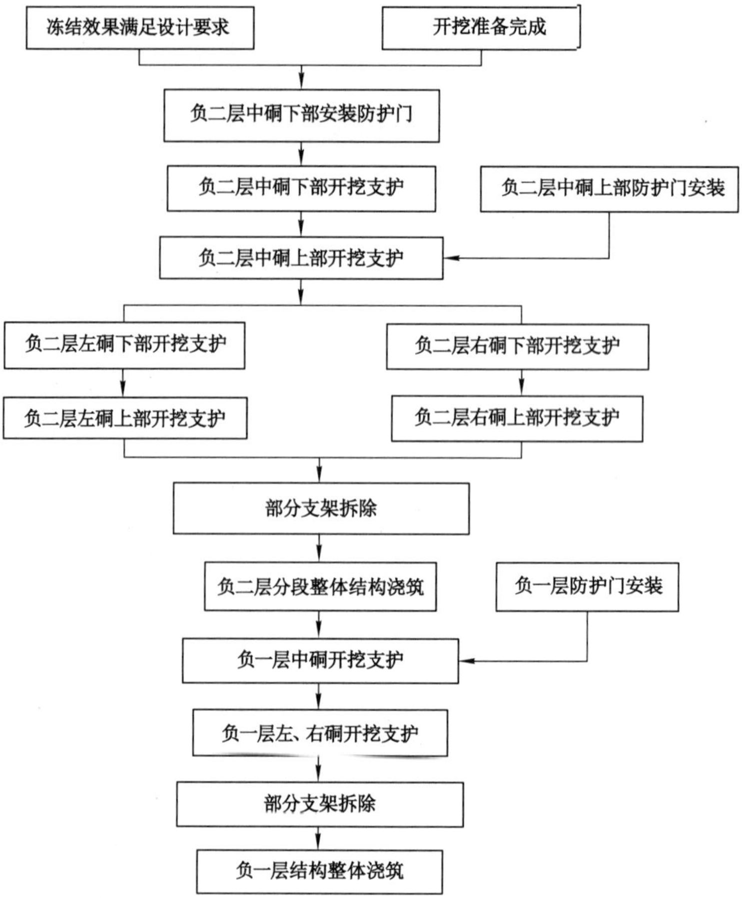


图 6-94　开挖支护总体流程图

初期支护内支撑采用 HW350×350 和 HW400×400 型钢，负二层整体开挖支护完成后，为减小内支撑对结构防水的影响，分成两段，10 m 为第一段进行部分支撑拆除，保留 HW400×400 型钢支撑，负一层支架拆除方式与负二层相同。支架托换示意图见图 6-95。

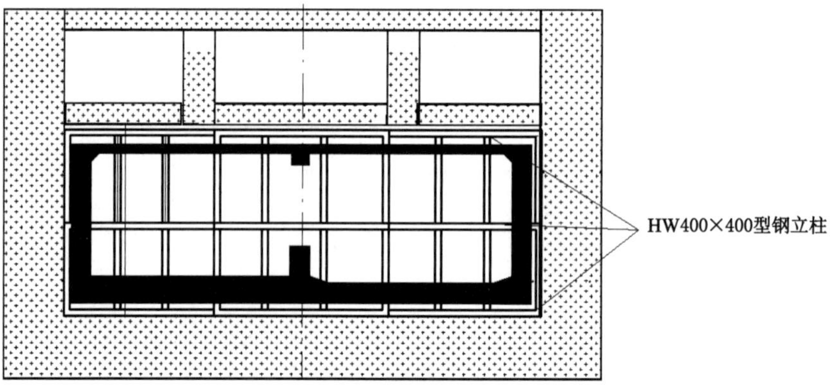


图 6-95　支架托换示意图

型钢支架采用 $\phi$16 mm@500 mm 钢筋连接，并挂 $\phi$8 mm(100 mm×100 mm)钢筋网，然后喷射 C25 混凝土支护形式。侧墙和顶板初期支护形式示意图见图 6-96。

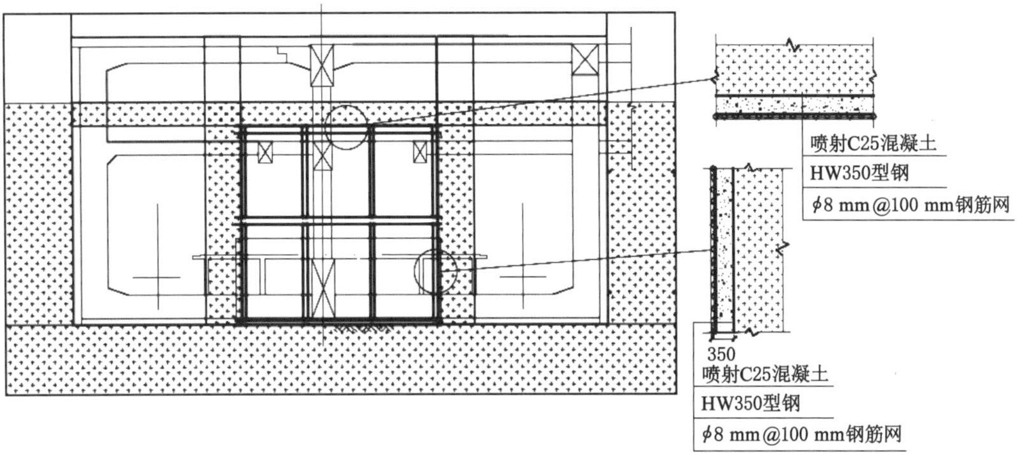


图 6-96 侧墙和顶板初期支护形式示意图

(2) 开挖步骤。

① 根据图 6-94 所示开挖顺序，先进行负二层中硐下部开挖。分段采用机械全断面开挖，每段长度 2 m，随挖随支，支架之间用 $\phi$16 mm@500 mm 钢筋连接；每挖出 2 榀，侧墙挂网喷 C25 混凝土；每挖出 2 m，下台阶全部挖完后进行上台阶开挖，见图 6-97。

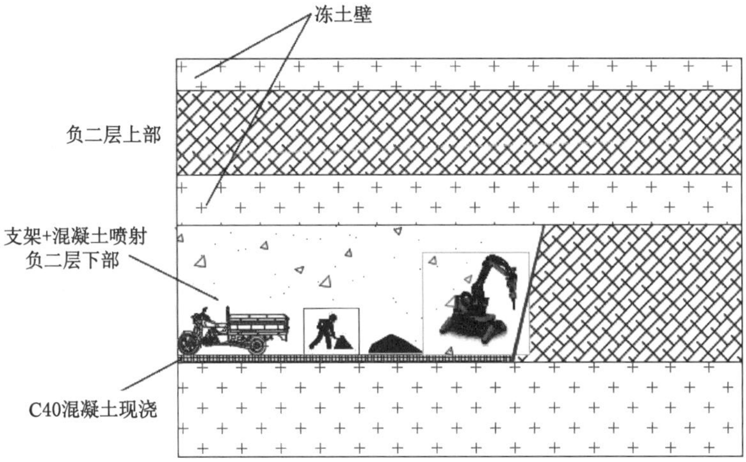


图 6-97 负二层下部开挖示意图

② 负二层中硐下部开挖的同时，上部安装防护门，中硐下部开挖支护完成后，进行上部开挖支护。采用人工分台阶开挖，上、下台阶前后错开 1～2 m；随挖随支，每榀支架和下部支架通过螺栓连接，封闭成环；支架之间用 $\phi$16 mm@500 mm 钢筋连接，每挖出 2 榀，侧墙和顶部挂网喷 C25 混凝土，直到开挖至 8 号线车站负二层围护墙。

③ 负二层中硐上部开挖时，进行负二层左、右硐防护门安装。中硐开挖支护完成后，进行左、右硐开挖，开挖顺序、支护方式与中硐相同，即下部分段机械全断面开挖，上部分台阶人工开挖，上部支撑和下部支撑及时连接，封闭成环。

④ 负二层整体开挖支护完成后，进行部分支架托换和拆除，遵循先托换后拆除的原则。支架拆除分段进行，南端分成 2 段，10 m 为第一段，北端一次性开挖，保留 HW400×400 型钢支撑；支撑拆除完成后，进行该段结构浇筑，依次进行下一段支架托换、拆除和结构浇筑施工，见图 6-98。

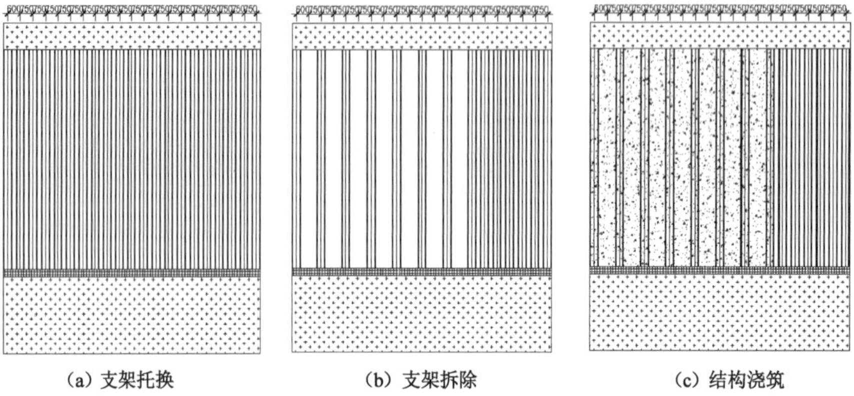


图 6-98　负二层分段支架托换、拆除和浇筑

洞口段拆除首榀临时支撑钢架前，进行监控量测，取得拆除前的初始数据。在整个拆除过程，对顶部下沉、支架收敛及地表沉降进行不间断观测，以保证车站的安全。

⑤ 负二层分段整体浇筑完成后，进行负一层中硐开挖支护，中硐开挖支护完成后进行负一层左、右硐开挖，开挖顺序、方式和支护形式同负二层上部开挖相同。即分台阶人工开挖，随挖随之，支架之间用 $\phi$16 mm@500 mm 钢筋连接，每挖出 2 榀，侧墙和顶部挂网喷 C25 混凝土，直到开挖至 8 号线车站负二层围护墙，见图 6-99。

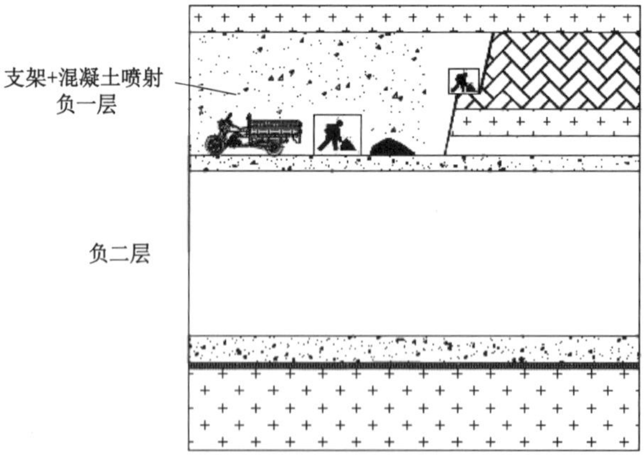


图 6-99　负一层开挖示意图

⑥ 负一层整体开挖支护完成后，进行部分拆除，支架拆除分段进行；支架拆除完成后，进行该段结构浇筑，依次进行下一段拆除和结构浇筑施工。

总体步骤见图 6-100。

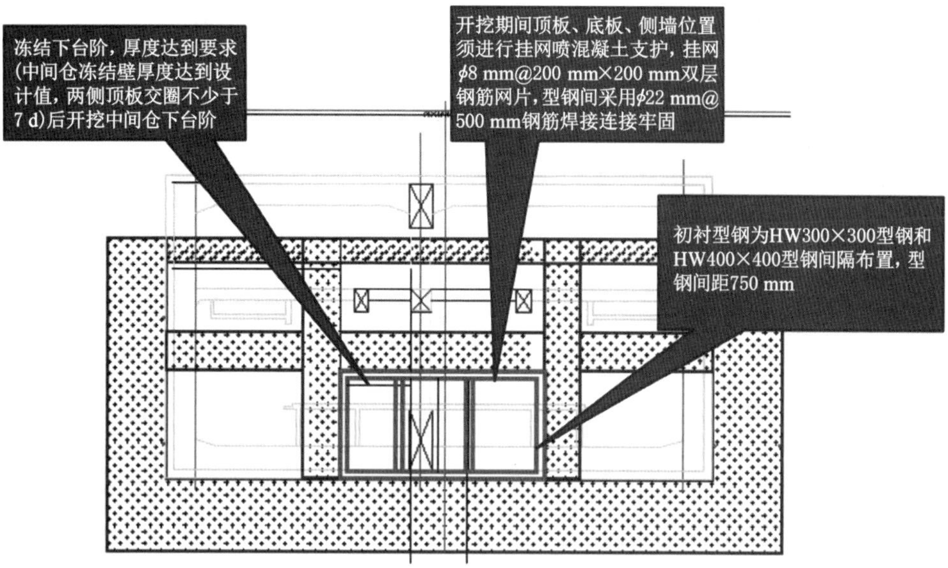


(a) 负二层中间下台阶开挖

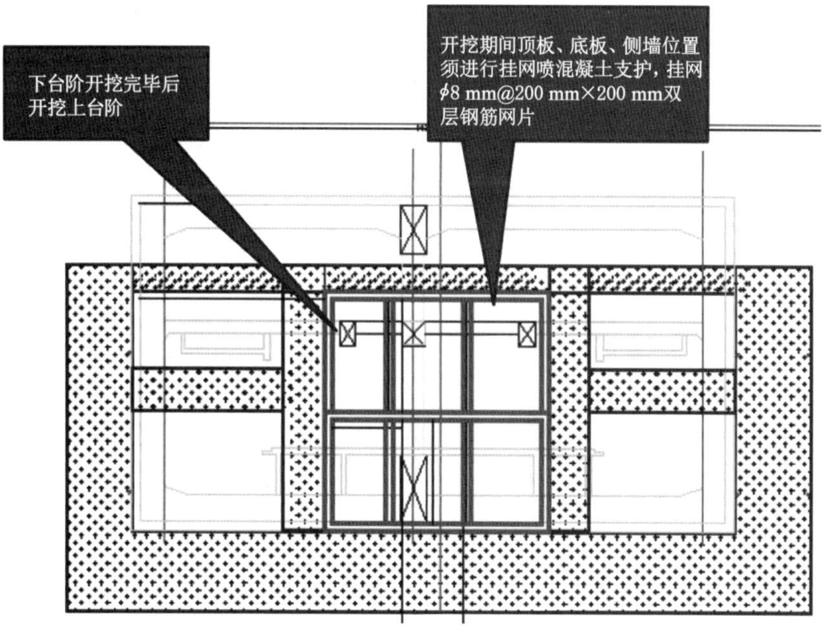


(b) 负二层上台阶开挖

图 6-100　结构完成后割除型钢支架及孔洞修补

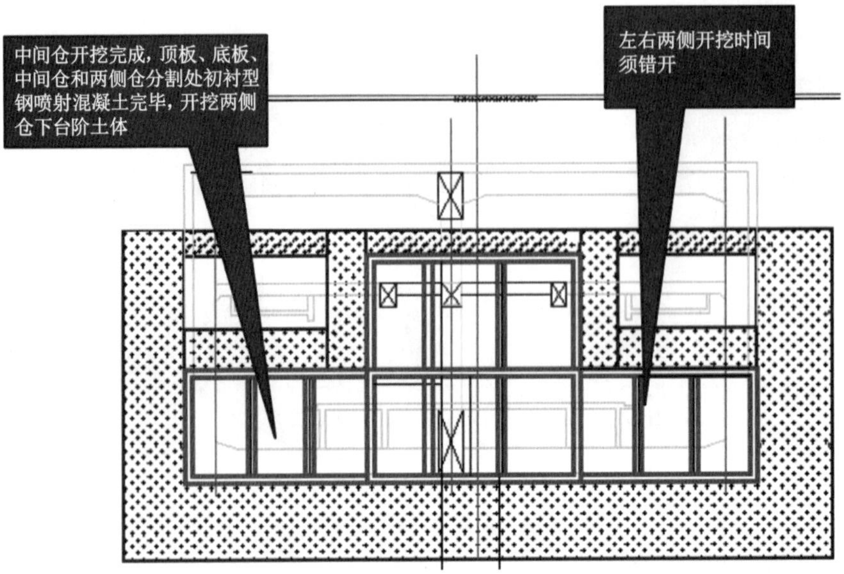


(c) 负二层两侧下台阶开挖

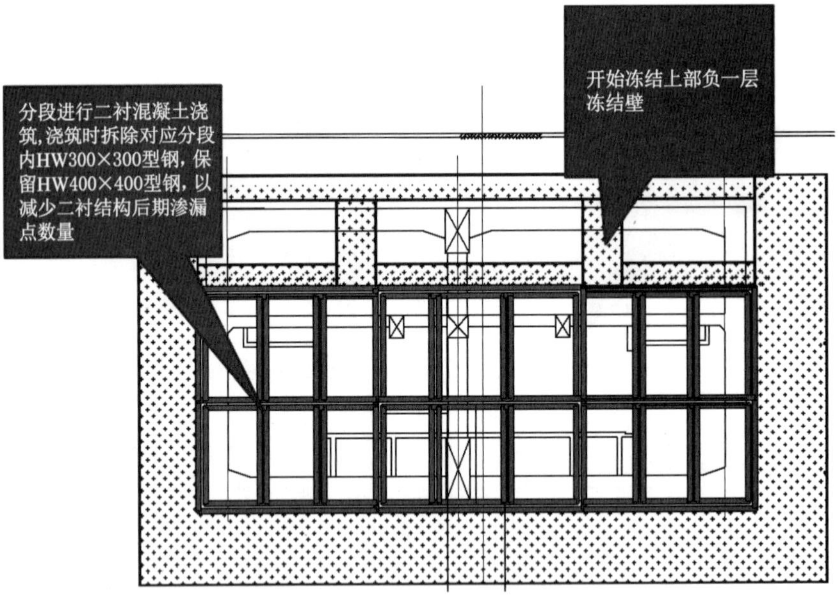


(d) 负二层两侧上台阶开挖

图 6-100(续)

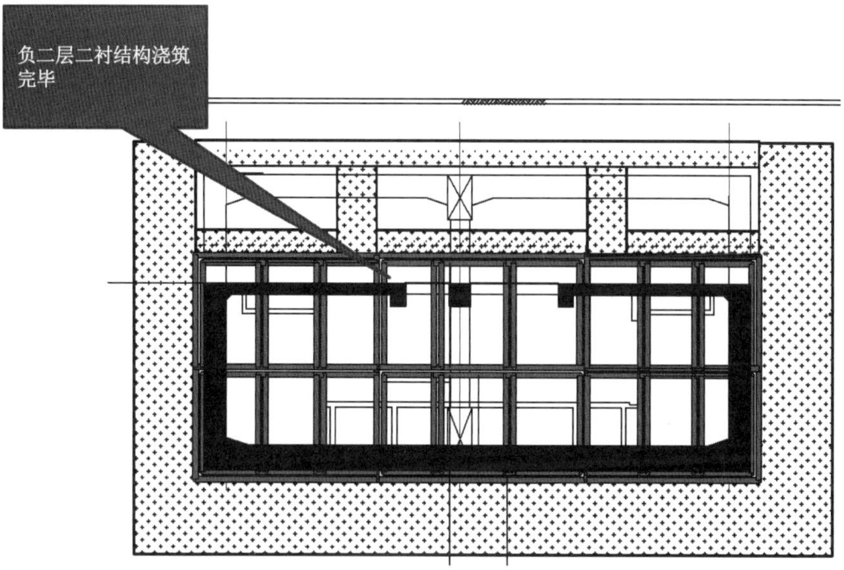


(e) 负二层结构整体浇筑

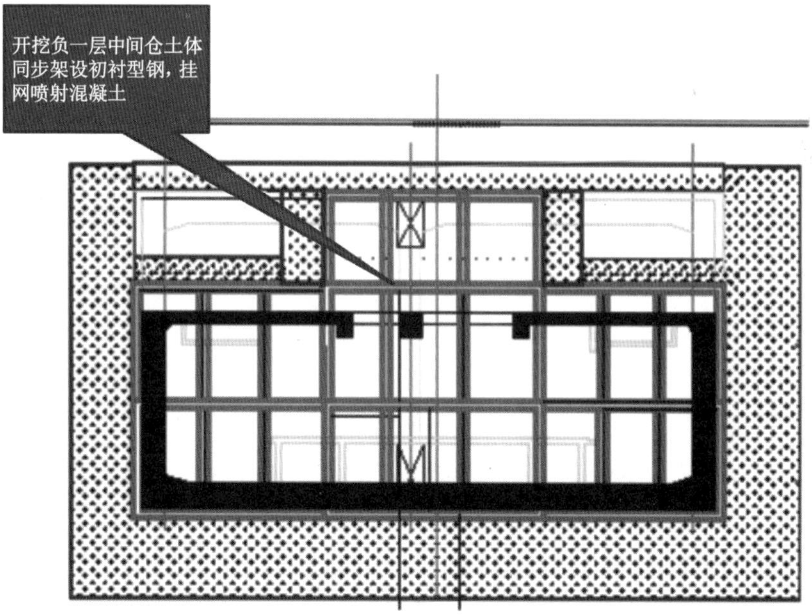


(f) 负一层中间开挖

图 6-100(续)

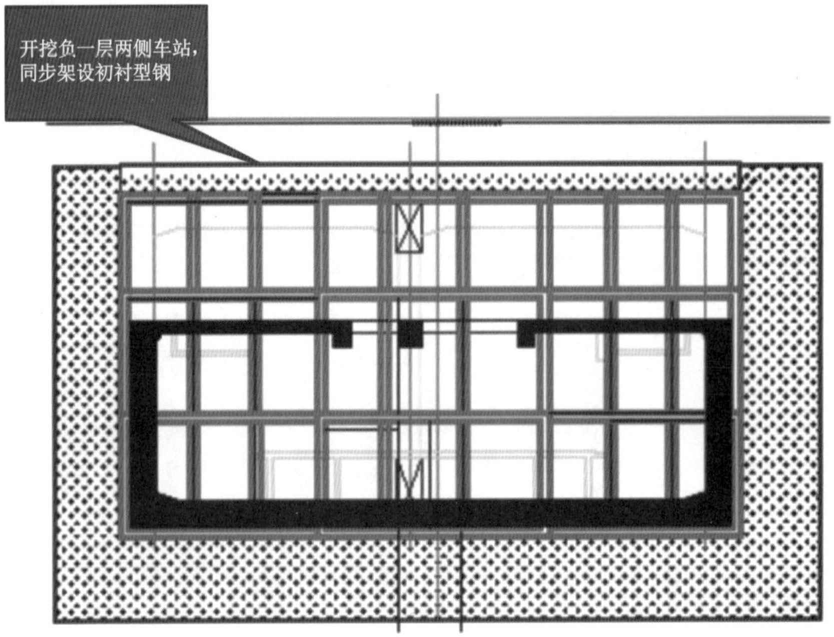


(g) 负一层两侧开挖

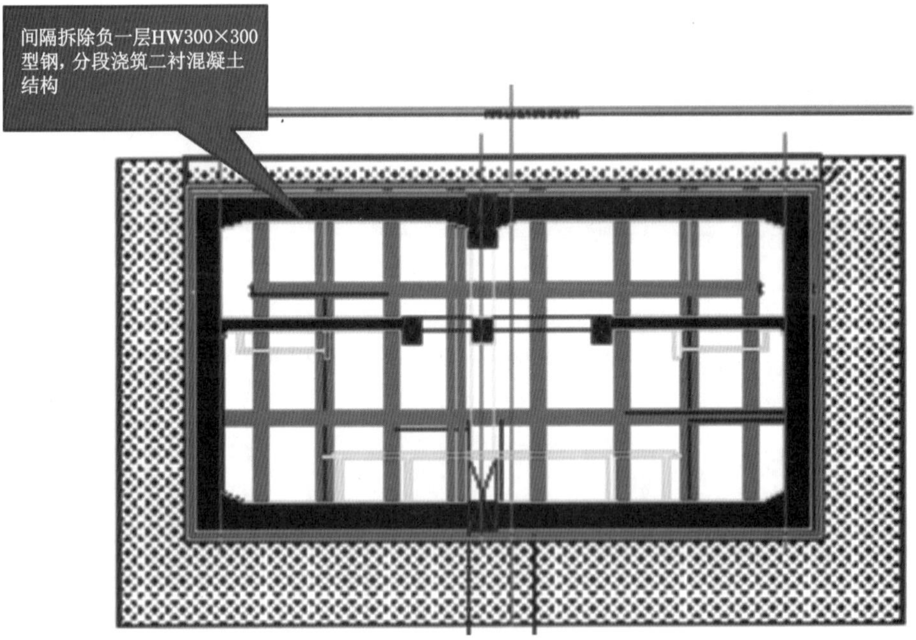


(h) 负一层结构整体浇筑

图 6-100(续)

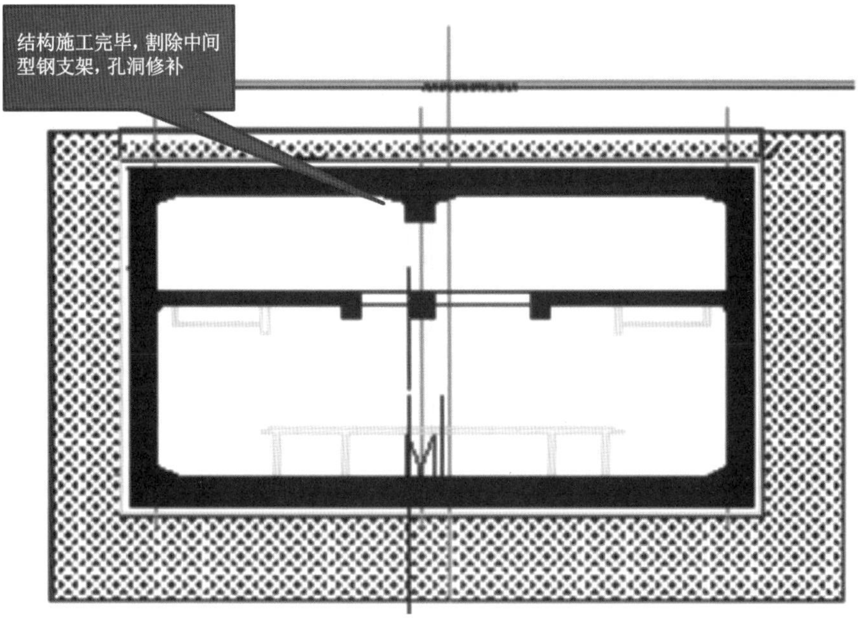


(i) 结构完成，割除型钢支架，孔洞修补

图 6-100(续)

(3) 洞门凿除和切除。

加固土体强度达到设计要求及准备工作就绪后，即可开凿防护门区域内洞门。

防护门内地连墙风镐凿除，具体步骤如下：

① 洞门分层凿除，先采用人工高压风镐凿除连续墙上部分外侧保护层混凝土至露出钢筋，再切除连续墙钢筋，连续墙钢筋切除需平齐洞门轮廓线，同时凿除上部分混凝土，留内层钢筋。

② 内层钢筋割除。

③ 施工过程应及时将凿除出来的混凝土块清理到工作井，及时吊出，不得随意丢弃堆积在影响其他施工的地方。

防护门外地连墙切除，采用绳锯切割，每块厚度为 800 mm，尺寸见图 6-101，单块质量约为 11.50～19.75 t。

6. 结构施工

(1) 施工方案。

主体结构施工顺序遵循“纵向分段，竖向分层，从下至上的原则”。根据内支撑托换和拆除的顺序，纵向由外向内分段进行，南侧分两段进行浇筑，北侧整体浇筑，竖向从车站底板开始，自下而上施工。

主体结构施工流程见图 6-102。

(2) 施工方式。

① 底板浇筑。

底板分成 2 段整体浇筑，第一段长度 10 m，每段支架拆除后，进行外包防水层和钢筋绑

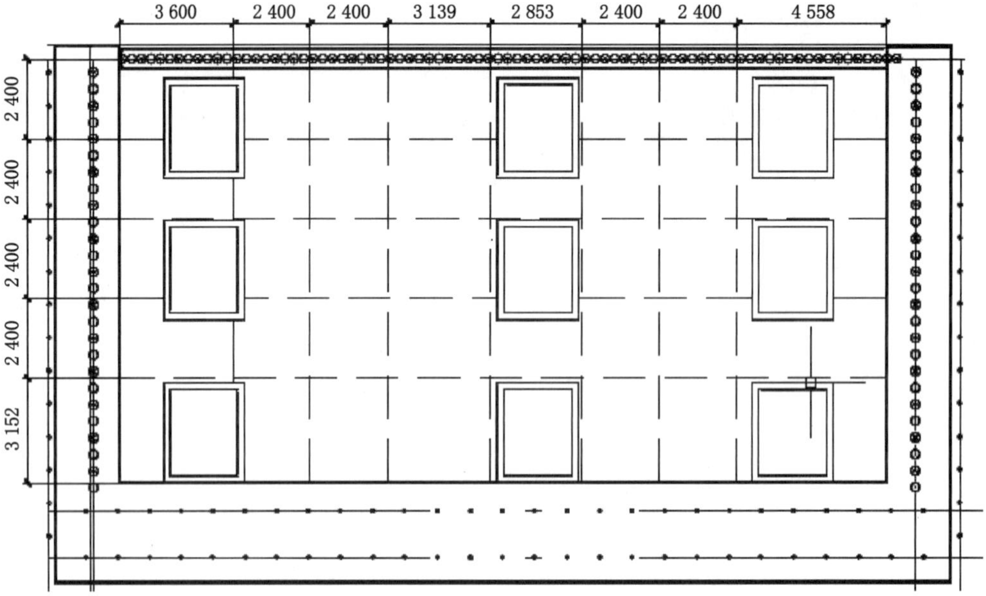


图 6-101　防护门外地连墙切除平面示意图

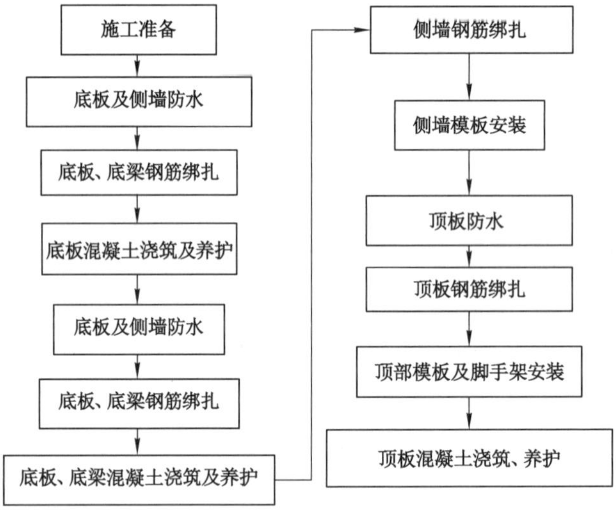


图 6-102　主体结构施工流程

扎，底板采用 C40P10 模筑混凝土，浇筑至底板以上侧墙 300 mm，浇筑尺寸见图 6-103。

采用一次浇筑、自然流淌斜面分层的浇筑方式，一次将混凝土浇筑至顶，让混凝土自然流淌，形成一定的斜面。施工时注意保证斜面下一层混凝土与上一层之间的间隔时间不大于 1.5 h，严格控制在混凝土初凝时间以内。混凝土的振捣需从下端开始，逐渐上移。混凝土浇筑成形后在初凝前用铁滚筒滚压、长刮尺控制标高及平整度，最后用木抹子收面，以防止产生收缩裂缝。混凝土应分散布料，不得在一点集中放料，防止用振捣棒驱赶混凝土，禁止振捣棒在拌合物中平拖。混凝土振捣时，振捣棒均匀插入混凝土中，不得漏振、过振。振

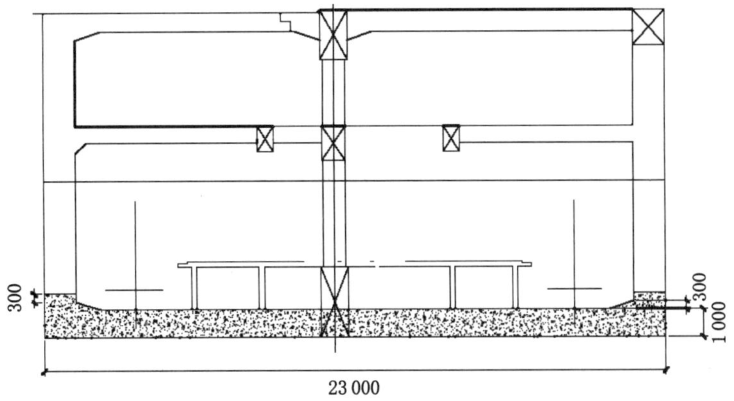


图 6-103 底板结构浇筑断面图

捣时匀速提升振捣棒，以混凝土不再沉落、不出现气泡、表面呈现浮浆为度。

② 侧墙浇筑。

a. 负二层侧墙。

侧墙分成 2 段整体浇筑，第一段长度为 10 m，每段支架托换和拆除后，进行外包防水层和钢筋绑扎，采用 C40P10 模筑混凝土，浇筑高度为 4 030 mm，浇筑尺寸见图 6-104。

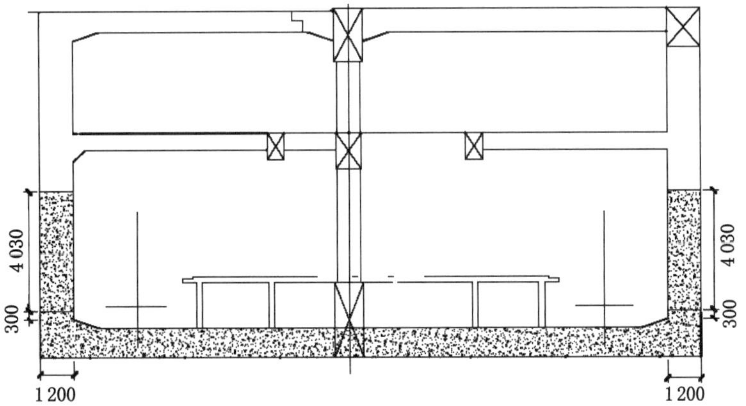


图 6-104 负二层侧墙混凝土浇筑断面图

根据设计侧墙尺寸，混凝土浇筑采用全面分层施工方案，即把墙从高度方向分成若干层，对称分层浇筑混凝土。每段高度 2 m 位置布置尺寸 200 mm×200 mm 灌浆、振捣孔，每段 3 个，见图 6-105。混凝土施工时注意两侧高度一致，高差不要大于 0.5 m。根据模板支撑情况，侧墙浇筑时间应大于 6 h，浇筑速度不大于 1.5 m/h，防止模板由于混凝土侧压力而发生变形。浇筑时严格控制两侧对称泵料确保模板支撑结构对称受力，防止发生偏位。

b. 负一层侧墙。

侧墙分段整体浇筑，每段支架托换和拆除后，进行外包防水层和钢筋绑扎，采用 C40P10 模筑混凝土，浇筑高度为 2 100 mm，厚度为 1 200 mm，每段浇筑从侧墙高度 2.1 m 位置直接进行灌浆、振捣，见图 6-106。

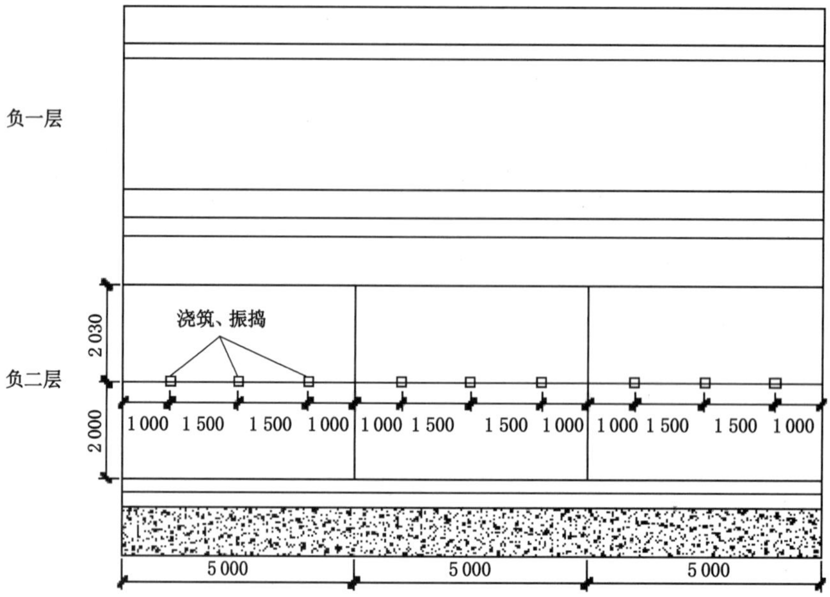


图 6-105　负二层侧墙分层浇筑示意图

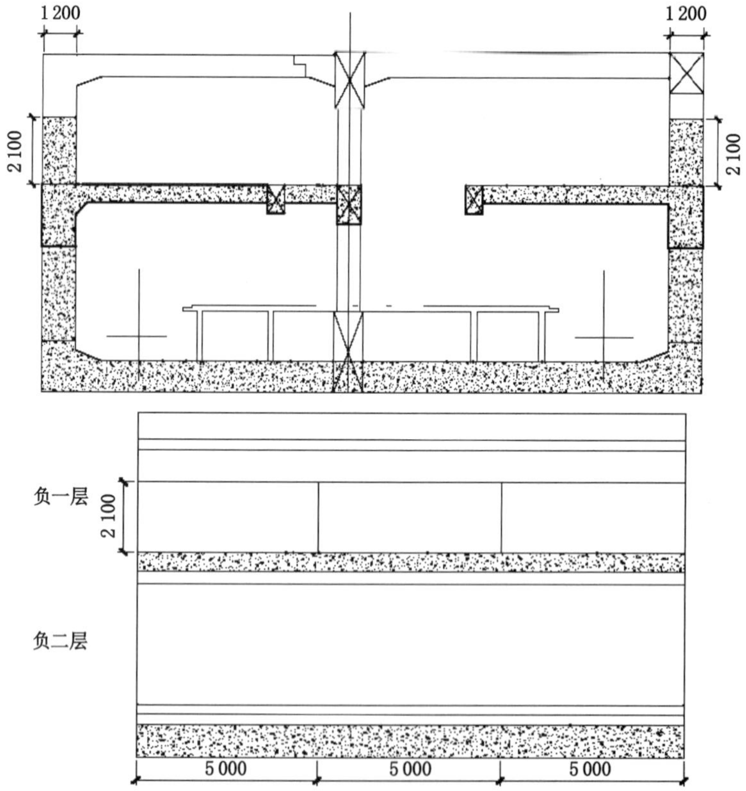


图 6-106　负一层侧墙分层浇筑示意图

③ 顶板浇筑。

a. 负二层顶板。

顶板混凝土分段进行浇筑，采用自密实混凝土浇筑，浇筑尺寸见图 6-107。

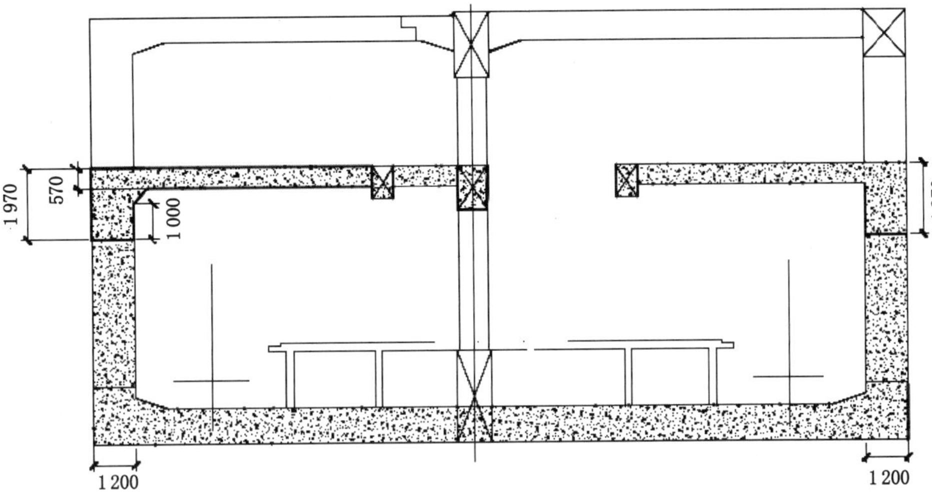


图 6-107　负二层顶部结构浇筑断面图

每段顶板侧墙位置安装 2 个 200 mm×200 mm 浇筑振捣孔，顶板底部安装 3 个灌浆孔，孔的尺寸为 $\phi$200 mm，孔间距 1 250 mm，顶部安装 $\phi$100 mm 排气孔，见图 6-108。

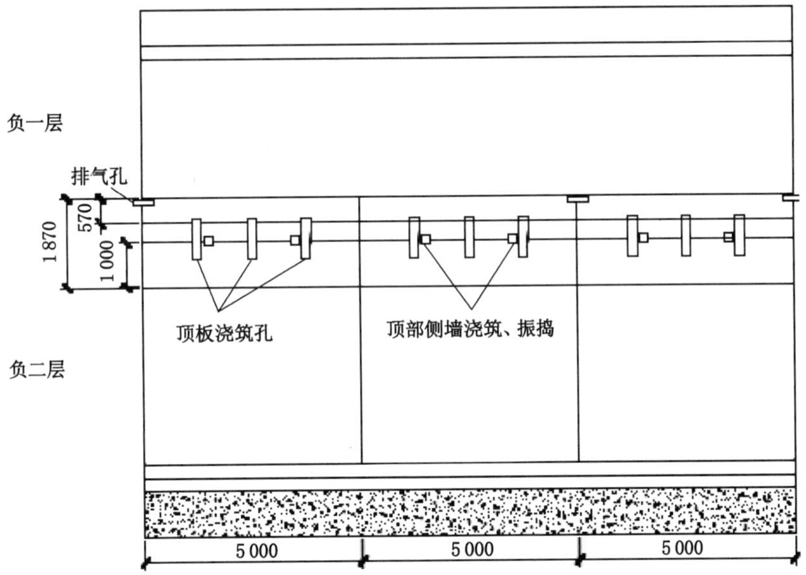


图 6-108　负二层顶板浇筑孔和排气孔位置示意图

b. 负一层顶板。

顶板混凝土分段进行浇筑，采用自密实混凝土浇筑，浇筑方式与负二层顶板相同，见图 6-109。

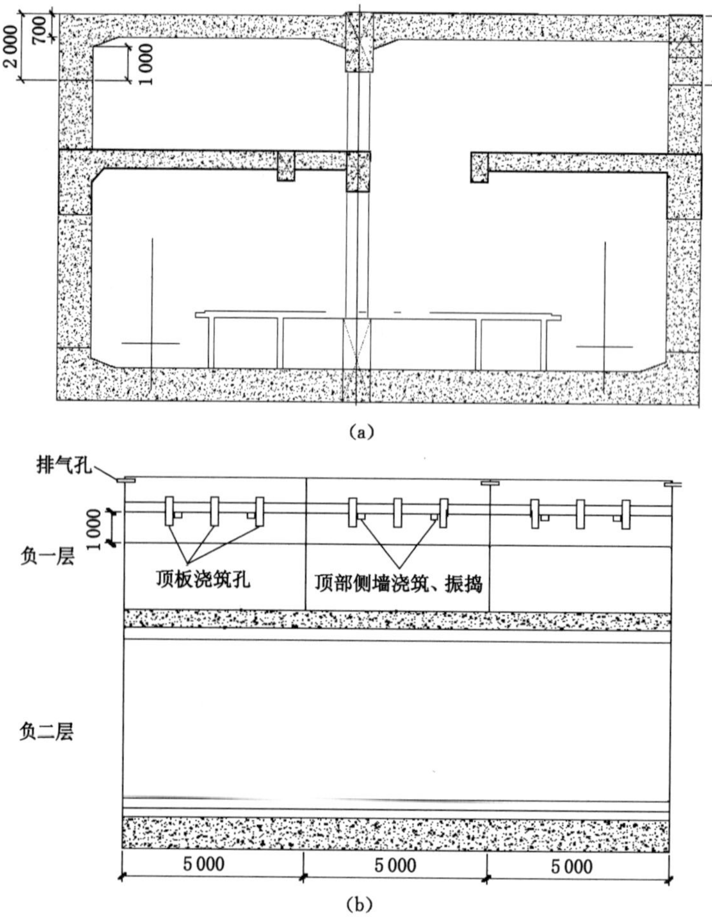


图 6-109　负一层顶板浇筑示意图

(3) 防水施工。

结构外包防水层采用全外包自粘高分子复合卷材柔性防水,底板、侧墙及顶板防水层形成全外包防水层。

7. 充填及融沉注浆

(1) 注浆原则。

冻结法施工中由于土体出现冻融循环,冻融过程会对土体的颗粒结构、有效应力分布产生影响,同时土体融化过程中产生的超静水压力受到存留冻土影响会出现孔压消散缓慢的状况,这些都导致土体会在整个融化过程中发生压缩变形,也就是出现融沉现象。为了应对化冻过程中的融沉现象,需要采用注浆方式改良土体,控制变形。

充填注浆是指利用预留注浆管充填结构边缘与冻土之间的孔隙,防止因孔隙存在造成冻结壁变形。

沉注浆则是指根据冻结壁化冻过程对于出现化冻的区域及时进行土体改良,采用适当的注浆工艺、注浆材料及注浆工序,注浆过程中应遵照多点、少量、多次、均匀的循序渐进原则,并根据结构变形和解冻温度场的监测,适时调整注浆量和注浆时间间隔,确保沉降稳定。

注浆过程中填写的各项注浆记录表与质量抽检报告作为注浆加固质量验收依据。

(2) 注浆管预埋。

充填注浆孔利用初期支护预埋注浆孔，南端头注浆孔布置断面图见图 6-110，南端头井单个断面布置 20 个注浆孔，共计 7 个断面，140 个注浆孔，北端头井单个断面布置 84 个注浆孔，共计 4 个断面，126 个注浆孔。

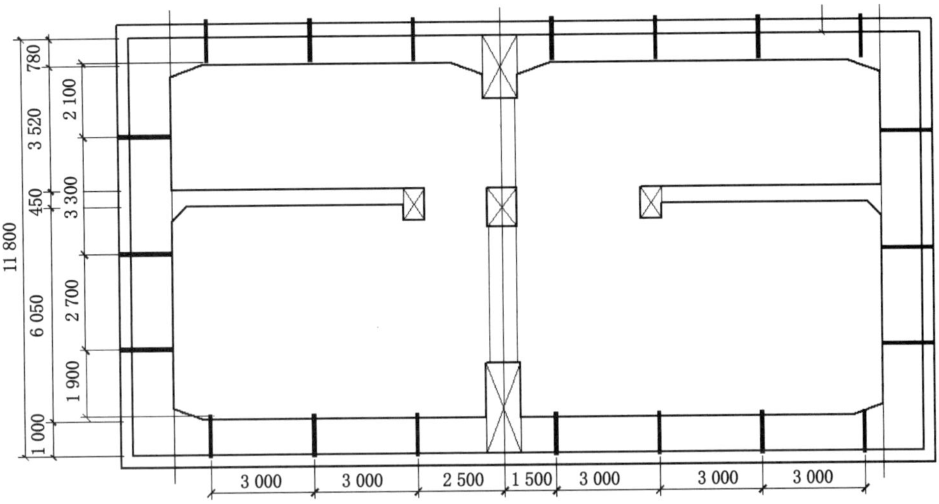


图 6-110　南端头注浆孔布置断面图

① 预埋 $\phi$48 mm×3 mm 的无缝管作为注浆管。

② 预埋管外端靠近冻土，预留 10 mm 间隙，内侧以刚好穿出初期支护为宜。

③ 注浆管外端套丝，连接内对丝，预埋时用带丝闷板闷死，注浆时，将闷板拆除，安装阀门。

④ 注浆管预埋时，要准确定位，确定好预埋位置和角度，焊接固定在型钢上，固定牢固。

(3) 充填注浆。

① 注浆部位。充填注浆主要填充初期支护和冻土帷幕之间的空隙。

② 注浆时机。根据结构施工顺序，负二层结构整体浇筑完成后，初衬砌混凝土强度达到设计强度 60%以上，开始充填注浆。待负一层整体浇筑完成后，开始负一层充填注浆。

③ 注浆材料。充填注浆采用单液浆，单液浆材料由 P・O42.5 级普通硅酸盐水泥、水、外掺剂组成。水灰比 1∶1，每立方单液浆中水泥掺量为 759 kg。

④ 注浆压力。充填注入单液水泥浆，注浆压力不大于静水压力。

⑤ 注浆流量。注浆流量宜控制在 15 L/min 左右。

⑥ 注浆量。充填注浆量以填满为准，从下部孔开始注浆，待上一层孔返浆时，开始从上一层孔注浆，直到全部充满为止。

⑦ 注浆顺序。注浆方式为自下而上。先打开所有阀门，注底层注浆孔，待上一层注浆孔返浓浆时，停止本层注浆，进行上一层的注浆，以此类推。

⑧ 注浆结束。

单孔标准：注浆压力逐渐上升，流量逐渐减少，当注浆压力达到 0.5 MPa，稳定 3 min 即可结束注浆。

全段结束：下部孔注浆时，上部孔开始溢浆，下部孔停止注浆，上部孔注浆压力达到 0.5 MPa，稳定 3 min 即可结束注浆。

(4) 融沉注浆。

① 注浆时机。停止冷冻后立即开始融沉注浆。参照《旁通道冻结法融沉注浆加固建设指导意见》，预计持续时间为 1～3 个月，具体根据变形及温度场监测确定注浆结束时间。

② 注浆工艺。

a. 冻结壁外壁注浆工艺。注浆之前先用钻机进行开孔，每次开孔的深度要比上一次钻进的深度至少多 20 cm，直至向里钻进深度达到 2.5 m 为止，然后在预留注浆孔内插入 $\phi$32 mm 注浆花管，插入深度以刚好穿透冻结壁为宜，孔口装上防返浆装置，分层注浆。注浆过程中不拔管，下次注浆时花管内拔，见图 6-111。

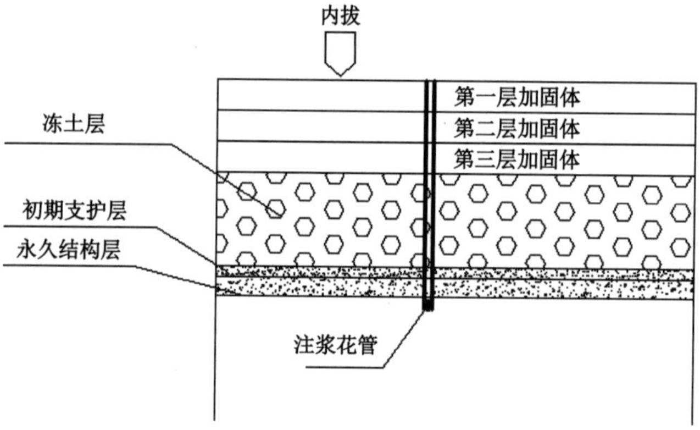


图 6-111 冻结壁外侧注浆效果示意图

b. 冻结壁内侧注浆工艺。在预留注浆孔内插入 $\phi$32 mm 注浆花管，插入深度以刚好穿过结构层为宜，孔口装上防返浆装置，分层注浆。注浆过程中不拔管，下次注浆时花管外插，见图 6-112。

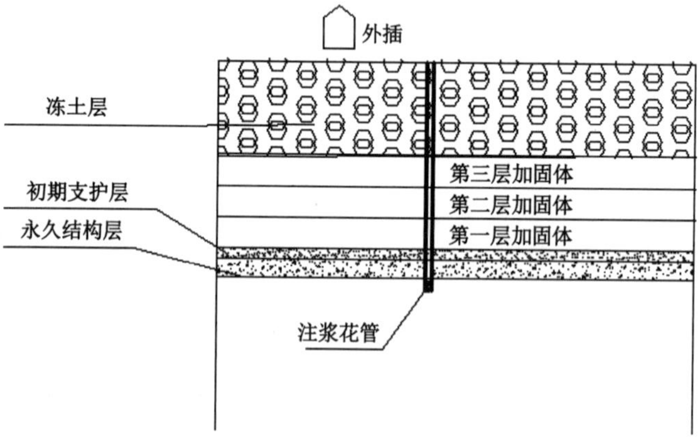


图 6-112 冻结壁内侧注浆效果示意图

c. 注浆孔清洗。在每孔注浆结束后，注入一定量的水玻璃浆液，注入量以略大于预留注浆管体积为宜，以便复注。

d. 注浆流程。注浆流程见图 6-113。

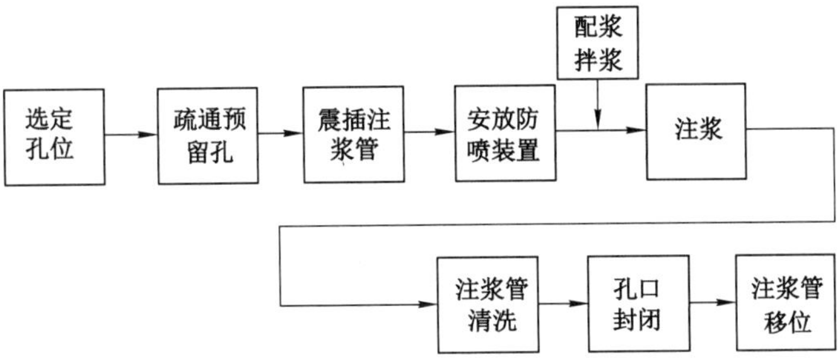


图 6-113　注浆流程图

③ 注浆材料。融沉注浆采用 C-S 双液浆，双液浆水泥强度等级为 P·C42.5 级，水玻璃为 35～42°Bé，可根据地层条件适当调整，将配好的水泥浆液和水玻璃浆液按照 1∶1 混合注入。参考配比见表 6-29、表 6-30。

**表 6-29　1 000 L 双浆液参考配比表**

| 甲液/kg | | 乙液/kg | |
|---|---|---|---|
| 水 | 水泥(P·C42.5) | 水玻璃(42°Bé) | 水 |
| 310 | 390 | 235 | 335 |
| 甲液和乙液按照体积比 1∶1 混合注入 | | | |

**表 6-30　1 000 L 单浆液参考配比表**

| 水/kg | 水泥(P·C42.5)/kg |
|---|---|
| 620 | 780 |

④ 注浆压力。融沉注入双液浆，注浆压力为 0.3～0.5 MPa，不高于结构设计要求允许值。

⑤ 注浆流量。注浆流量控制在 20 L/min 左右。

⑥ 注浆量。根据不同地质条件和注浆要求确定总注浆量 $Q$，一般可按下式计算：

$$Q = V\eta\alpha(1+\beta)$$

式中　$V$——加固体总体积，$m^3$；

$\eta$——空隙率；

$\alpha$——浆液充填系数，充填注浆时 $\alpha \leqslant 1$，压密注浆时 $\alpha \geqslant 1$；

$\beta$——浆液损耗系数，可取 0.1～0.3。

在注浆施工中，由于所确定空隙率与土层实际空隙率有一定的误差，实际注浆量可根据钻孔过程中钻进速度和注浆过程中注浆压力进行相应调整；根据不同土层和注浆材料，浆液充填系数 $\alpha$ 有所不同，一般充填注浆时取 0.9 左右，压密注浆时为 1.2～2。注浆总量约为冻土体积的 15%。

⑦ 注浆方式。注浆方式为间隔注浆，每个孔的注浆压力和注浆量达到规范的要求即停

止注浆，换下一个注浆孔进行注浆。在第二遍注浆过程中，要把剩余断面的剩余注浆孔全部注一遍。以此重复。

对每个注浆孔进行注浆时，采用长度依次推进的注浆方式，即第一次注浆时开孔位置深入注浆孔 20 cm，第二次注浆时利用开孔钻机重新开孔，深入注浆孔 40 cm 位置进行注浆，第三次注浆深入注浆孔 60 cm，以此类推，直至注浆位置至 2.5 m 为止。

⑧ 注浆结束(分别加入充填和融沉)。融沉注浆控制标准：土体全部融化，地表沉降不大于 0.5 mm/d，持续时间不少于 15 d，期间累计沉降量不大于 1 mm，则可停止注浆。

### (四) 信息化施工监测

#### 1. 冻结系统监测

为了能够实时了解冻结壁发展状况及冻结站运行状态，保障施工安全，采用信息化施工监测技术对冻结壁及冻结站三大系统参数进行实时监测。

(1) 温度监测。

采用基于组态软件的一线总线式测温系统对系统的各个参数进行监测，具体监测项目如下：

① 对每组盐水回水温度进行监测，判断冻结器运行是否正常；

② 对每组盐水干管进、回水温度进行监测，计算冷冻站实时制冷量；

③ 对每台冷凝器清水进水干管温度进行监测，判断冷却塔运行是否正常；

④ 对每台冷冻机冷却水出、入水口温度进行监测，判断冷却水系统是否正常；

⑤ 对每台冷冻机盐水出水口温度进行监测，判断冷冻机组制冷能力；

⑥ 上下行线分别设置 9 个测温孔，单个测温孔每隔 1 m 设置 1 个温度测点，实时监测冻结壁发展情况，根据监测结果指导现场开机情况。

(2) 流量监测。

① 对每组盐水干管流量进行监测，保证单孔流量满足设计要求；

② 对清水干管流量进行监测，保证供给单台冷冻机组的冷却水满足设计要求；

③ 对个别冻结器组流量进行监测，验证单孔流量是否满足设计要求。

(3) 冷冻机组参数监测。

对冷冻机电流、油温、吸气压力、排气压力等参数进行监测，及时发现问题并预警，保障现场施工安全。

(4) 盐水位监测。

对盐水箱水位进行监测，发生盐水泄露能及时发现并报警。

#### 2. 变形监测

(1) 施工监测目的。

冻结加固、开挖支护及融沉注浆施工过程中，必须保证上方土层的稳定，以确保车站施工的安全，从而不危及上方建筑物及管线安全。为此，施工过程中必须采取相应的监控保护措施，并通过监测数据的反馈，及时对施工参数进行调整，使施工工艺最优化，将施工过程中及施工后地表的最大变形量控制在允许的范围内。

① 监测和判断各种施工因素对地表变形的影响，提供改进施工、减少沉降的依据。

② 通过监测数据的反馈，及时对施工参数进行调整，使施工工艺最优化，将施工后地表的最大变形量控制在最小的范围内。

③ 根据前阶段施工的观测结果，预测下阶段施工对地表沉降和建筑物及其他设施的影响。

④ 检验施工结果是否达到控制地面沉降和结构沉降的要求。

⑤ 积累资料，为类似工程提供参考。

(2) 监测内容。

及时收集、反馈和分析上方环境要素（道路、管线及既有建/构筑物）在施工中的沉降变形信息和已施工完成的车站结构的沉降变形信息，实现信息化施工，确保施工安全。根据有关规程、规范及施工现场环境条件，确定本工程设置以下几方面监测内容：

① 施工区域上方地面沉降监测；

② 施工影响范围内管线监测；

③ 施工影响范围内建（构）筑物监测；

④ 车站顶部结构沉降监测；

⑤ 车站结构收敛监测。

(3) 监测方法。

采用经纬仪进行监测，以基本水准点为参照。在施工区域外 50～100 m 设置一定数量的水准工作点。

(4) 监测点位布置。

① 地面监测点的布置。

地面深层竖向位移监测点布设时须穿透路面结构硬壳层，沉降标杆采用 $\phi$25 mm 螺纹钢标杆，螺纹钢标杆应深入原状土 60 cm 以上，沉降标杆外侧采用内径大于 13 cm 的金属套管保护。保护套管内的螺纹钢标杆间隙须用黄砂回填。金属套管顶部设置管盖，管盖安装须稳固，与原地面齐平；为确保测量精度，螺纹钢标杆顶部应在管盖下 20 cm 为宜。深层监测点布设示意图见图 6-114。

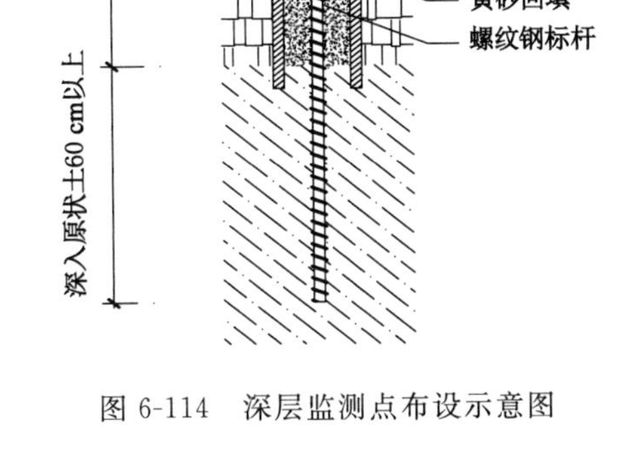


图 6-114　深层监测点布设示意图

在上方地面共布设地表剖面竖向位移监测点 151 点，其中，深层点为 24 点，模拟点为 127 点。

② 建筑物监测点。

周边土体和周边环境监测范围应不小于以结构轴线为中心的区域，且应不小于结构中心埋深的 1.5 倍。

对以车站结构轴径为中心、两侧 40 m 的范围内的主要建(构)筑物进行竖向位移监测，并注意裂缝观测。

(5) 监测精度。

① 水准闭合(附合)路线，闭合(附合)差。

$$f_w \leqslant 4\sqrt{L}\ (L \text{ 为千米数})$$

② 垂直位移监测精度。

最弱点观测高程中误差≤±0.5 mm；

相邻变形点的高差中误差≤±0.3 mm。

③ 管径收敛监测精度：测量中误差≤0.5 mm。

(6) 变形控制值。

监测项目报警值见表 6-31。

**表 6-31　监测项目报警值**

| 监测项目 | 累计报警值 | |
|---|---|---|
| | 日变化量/mm | 累计变化量/mm |
| 地面沉降 | ±2 | ±25 |
| 地面管线 | ±2(雨污水管±1) | ±10 |
| 地面建筑物 | ±1 | ±20 |
| 结构顶部沉降 | ±10 | |

(7) 监测频率。

根据有关规程、规范及招标文件中对施工监测频率的要求，施工前至少测 2 次初始值。施工过程中，本监测工程的监测频率设置见表 6-32。

**表 6-32　监测频率统计**

| 监测内容 | 监测频率 | | | |
|---|---|---|---|---|
| 施工阶段 | 钻孔期间 | 冻结期间 | 开挖及结构浇筑 | 融沉注浆<br>自然解冻 |
| 地面 | 1 次/d | 1 次/d | 1～2 次/d | 第 1 个月 1 次/d；第 2～3 个月 3 次/周；3 个月及以后 1～5 次/月 |
| 管线监测 | 1 次/d | 1 次/d | 1～2 次/d | |
| 建筑物监测 | 1 次/d | 1 次/d | 1～2 次/d | |
| 顶板沉降 | | | 1 次/d | |
| 车站结构收敛 | | | 1 次/d | |

注：① 开挖面附近各项监测应加大观测频率；② 监测频率可根据数据变化情况作调整；③ 异常时应加密监测频率。

(8) 量测结果分析。

在测得足够数据后,要及时将量测数据绘制成散点图,然后根据散点图得分布形状,选择合适的函数,对量测结果进行回归分析,即可求得时态曲线,由回归曲线可以预测该测点可能出现的最大位移值或应力值,预测施工结构及地铁车站的稳定状态。

为及时进行量测数据的分析和信息反馈,做到信息化施工,全部数据用计算机处理,对施工情况进行分析并提出相应的施工决策,其监控量测信息反馈程序见图 6-115。

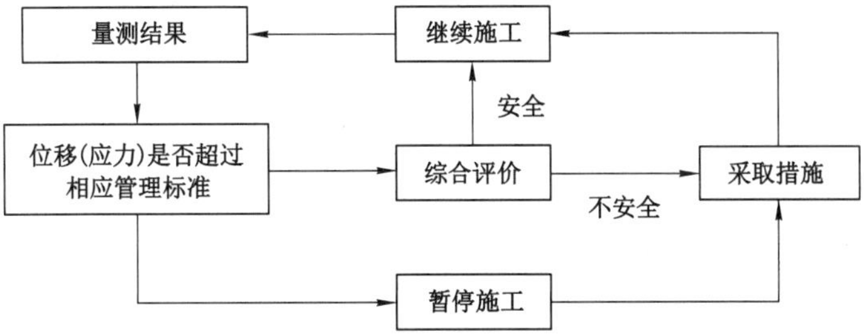


图 6-115　监控量测信息反馈程序图

# 参 考 文 献

[1] 北京城建勘测设计研究有限责任公司. 城市轨道交通岩土工程勘察规范:GB 50307—2012[S]. 北京:中国计划出版社,2012.

[2] 黑龙江寒地建筑科学研究院,大连阿尔滨集团有限公司. 冻土地区建筑地基基础设计规范: JGJ118—2011[S]. 北京:中国建筑工业出版社,2011.

[3] 建筑材料工业技术监督研究中心,中国疾病预防控制中心环境与健康相关产品安全所,北京中关村国际环保产业促进中心. 设备及管道绝热技术通则:GB/T 4272—2008[S]. 北京:中国标准出版社,2009.

[4] 马巍,等. 冻土力学[M]. 北京:科学出版社,2014.

[5] 南京水利科学研究院. 土的工程分类标准:GB/T 50145—2007[S]. 北京:中国计划出版社,2008.

[6] 上海申通轨道交通研究咨询有限公司. 旁通道冻结法技术规程:DG/TJ 08-902-2016 J 10851-2016[S]. 上海:同济大学出版社,2018.

[7] 沈季良,崔云龙,王介峰. 建井工程手册(第 3 卷)[M]. 北京:煤炭工业出版社,1986.

[8] 翁家杰. 井巷特殊施工[M]. 北京:煤炭工业出版社,1991.

[9] 岳丰田,翁家杰,张勇,等. 液氮地层冻结的理论与实践[M]. 徐州:中国矿业大学出版社,2015.

[10] 张胜利,杨杰. 冻结法施工手册[M]. 北京:应急管理出版社,2021.

[11] 中国煤炭建设协会. 煤矿井巷工程施工规范:GB50511—2010[S]. 北京:中国计划出版社,2011.

[12] 中国有色金属工业西安勘察设计研究院. 岩土工程勘察技术规范:YS 5202—2004[S]. 北京:中国计划出版社, 2004.

[13] 中冶建筑研究总院有限公司. 岩土锚杆与喷射混凝土支护工程技术规范:GB50086—2015[S]. 北京:中国计划出版社,2015.